生命科学・医療系のための
情報リテラシー
第4版

情報検索からレポート作成，研究発表まで

飯島史朗　石川さと子 著

丸善出版

まえがき

　パーソナルコンピューター（PC）の性能は年々向上しており、インターネットなどの情報通信技術（Information and Communication Technology, ICT）も常に進歩しています。ソフトウェアには便利な機能が次々と搭載されていますが、すべての機能を知っている人はどれだけいるのでしょうか。むしろ、PC を使っているものの、どの場面で、どのソフトウェアの、どの機能を利用すればよいのか、わからない人が多いのではと思います。

　インターネットを自由に利用できる環境が自宅にあって PC を使いこなしている学生が大多数だと思います。一方で、スマートフォンが普及し、PC と携帯電話の境目もなくなってきました。みなさんにとって、PC は携帯電話と同じレベルの便利なツールの一つなのでしょう。しかし、理系学生・研究者として PC を活用するためには、もっと深く理解してほしいことがあります。情報検索とその信憑性の判断、実験データの整理、論文の作成、学会発表の準備など、「調べて、まとめて、発表する」ために必要な ICT スキルが学生時代から必要であり、大学では専門分野に合わせてこれらのスキルを学びます。また、インターネット社会で安全に PC を利用するための基本的な ICT スキルも身につけなければなりません。現在、PC の操作について説明したさまざまな本が書店に並んでいます。どの本もカラフルでわかりやすく、PC が苦手な人でも読むのが苦にならないように工夫されていますが、それらの本をすべて読破したとしても、理系学生として大学や大学院に通う 4 〜 6 年間で必要な情報リテラシーは網羅できないと思います。

　2010 年 1 月に、この本のもととなる「化学・バイオ・薬学・医療系のための必ず役立つ情報リテラシー」を出版しましたが、その後、Windows 7 の普及、Microsoft Office 2010 の登場をはじめとして PC を取り巻く環境が大きく変わってきました。この本は、前書の内容を踏襲しながら、我々がこれまで大学における教育や研究に ICT を活用してきた経験に基づいて、大学 / 大学院生活で PC を活用するために必要な ICT スキルについて執筆したものです。その内容は、生命科学・医療系分野の学生にとって、これだけは知っておくと便利、というものに絞りました。そして我々が担当している情報科学の講義内容に加えて、なぜその操作を行うのか、どうやったら効率的にPC、ソフトウェアを扱うことができるのか、などの説明も充実させ、読んだ人が「理由はわからないが、何となく操作できるようになる」ではなく、「目的に応じて自分が行う操作を選ぶことができるようになる」ことを目指しています。この本を手に取ったみな

さんの中で、PC が苦手だと思っている人には、PC で楽に作業ができる方法が伝わり、少しでも興味をもって PC に向かってくれることを、すでに PC の操作に慣れている人には、PC を効率よく利用するために、こんなスキルがあったのかと思ってもらえることを期待しています。この本を読んだみなさんが、目的に応じて PC を自由自在に使いこなし、さまざまな情報を収集してまとめて発信し、社会へ貢献できるようになったとしたら、こんなに嬉しいことはありません。

　最後に、この本の出版を実現して下さった、丸善出版株式会社 安平進氏、糠塚さやか氏に深謝するとともに、講義プリントに関してさまざまな指摘をしてくれたり、仮原稿に目を通して分かりづらい点などを指摘してくれた学生のみなさんに感謝いたします。

　2011 年 8 月

飯島　　史朗

石川　さと子

第 4 版にあたって

　2018 年 5 月に第 3 版を発行して以来、ICT 機器の性能や通信速度はさらに向上し、今では多くの人がインターネットを介したサービスにスマートフォンでアクセスしています。PC の利用率が減少した結果、PC 利用のスキルを磨く機会が減少しました。しかし、感染症のパンデミックに伴いオンライン授業が急速に普及せざるを得なくなった結果、大学での学びに PC やタブレットが欠かせなくなり、これらを活用するスキルが必須になりました。ICT 技術の発展は止まることがありませんが、一方で悪意のある攻撃に備え、目に見えない相手に配慮した利用を心がけるという観点がますます重要になってきています。今回は、その点を意識して章の構成を大きく変更して記述しました。第 4 版での対応内容は主に以下の通りです。

- Windows 11 ／ macOS への対応 ・セキュリティに関する情報更新
- Microsoft 365 への対応 　　　　・ハードウェアに関する情報追加

　PC を利用するための原則と基本はほとんど変わっていません。この本で、みなさんがしっかり PC 利用の基本を身につけ、学生生活や将来実務に携わる際など多くの場面でのさまざまな情報活用に役立てば幸いです。

　2022 年 5 月

飯島　　史朗

石川　さと子

CONTENTS

生命科学・医療系のための情報リテラシー　第4版
～情報検索からレポート作成，研究発表まで～

x

ちょっとしたコツ　目次

表紙袖のコツ
● 同じ操作を何度も繰り返したい…F4 を利用しよう
● 発表当日の心がまえ―手元にメモ用紙を準備しよう

この本を読む人のために

Ⓐ この本の内容について

- PC に搭載されているオペレーティングシステム（OS）には、Windows OS, macOS, Linux, Chrome OS などがあります。この本は、家庭や大学の PC 室、企業などで普及率が高い **Windows OS** を中心に記述していますが、理系分野で利用者が多い傾向にある **macOS** にも配慮しています。セキュリティ、情報倫理、著作権、画像、情報検索や情報発信などの考え方や基本的な操作に関してはどの OS を利用していても十分に参考になるように記載しています。OS については第 2 章で説明しています。

- この本では **Windows 10** の画面を中心に説明しています。また、Windows 11 や macOS（Monterey）の画面も使っています。Word, Excel, PowerPoint などの Office ソフトウェアについての説明は、**Microsoft 365** を基本にしていますが、他のバージョンでもほとんど同じ操作です。

- この本はモノクロ印刷ですが、カラー表示が有効である場合は、本文に **Web** のマークを付け、以下の URL に補足資料を掲載しています（QR コード右記）。この本を出版した後の大きな変更なども補足資料として掲載することがあります。閲覧のためのパスワードはこの本の扉裏に記しています。

  https://www.maruzen-publishing.co.jp/info/n20446.html

- この本では、筆者の経験に基づいた簡便・適切な操作法を紹介しています。このため、同じ目的の操作を行うための他のアプローチがある場合があります。

- この本で紹介している Web サイトの URL は、変更される可能性があるため記載していません。必要な時にサイト名や本文中の単語で検索し、最新の URL でアクセスして下さい。

- 本文中にはちょっとしたコツと呼ぶコラムが登場します。「知っていると便利」というコツだったり、「困っているんだけど、理由がわからない、あきらめている...」というあなたの悩みを解決する内容だったりしますので、目を通してみてください。本書内に収載しきれなかった「ちょっとしたコツ」も上記 URL の Web 資料に掲載しています。（→ p. x ちょっとしたコツ 目次）

B この本での操作法の記述について

- ソフトウェアの操作について記載する場合、メニューやタブ、アイコンの名称を［　］、コマンドボタンやダイアログボックスの名称を「　」で囲んで表記します。また、→でつながっている場合は、連続して操作する、あるいは、操作の結果、起こる事項を示しています。
- 複数の操作を連続して行う場合、①②…で手順を示します。
- Windows 10 と Windows 11、または macOS で操作などが異なる場合は、次のマークで区別して説明しています。

    W10 Windows 10　　　**W11** Windows 11　　　**Mac** macOS

- 第8章では、2種類の化学構造式描画ソフトウェアについて、次のマークで区別して説明しています。

    Chem ChemDraw　　　**BIOVIA** BIOVIA Draw

    この場合、ChemDraw の操作を基本として、BIOVIA Draw で異なる点を記述します。大きく異なる場合は、個々の操作を併記しています。

    ① 結合ツールでベンゼンの1位と4位に二本の結合を書く。
    ② テキストツール〔**BIOVIA** 原子ツール〕に切り替える。
    ③ 左側の結合の先端をクリックして、「OH」と入力する。

    ChemDraw ではテキストツールを用いる
    BIOVIA Draw では原子ツールを用いる

C この本で用いられる基本的な操作について

　以下には、この本で用いられる基本的な操作を解説しました。この本を読むとき以外も、PC を使用するときに理解していると便利な操作ばかりです。

コンテキストメニューを表示：マウスを右クリックし、作業中の状況に応じたコマンドのリスト（コンテキストメニュー）を表示する。本文中では、**…を右クリック。→コンテキストメニュー→［コマンド名］**と表記する。

プルダウンから選択：メニューの右側にある矢印のボタンをクリックして表示される一覧から、目的のコマンドやオプションを選択する。

ダイアログボックスを表示：操作の確認、警告、さまざまな設定のためのウィンドウを表示する。Office ソフトウェアでは、リボン内のグループ右下に表示される小さなボタン（**ダイアログボックス起動ツール**）をクリックして詳細な設定を行う。

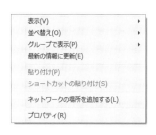

コンテキストメニューの例　　　プルダウンメニューの例　　　　ダイアログボックスの例

タブを挿入する：キーボード左側にある Tab キーを押して、カーソルを指定した位置に移動する（→ p. 111）。

タブを切り替える：複数の画面や機能を切り替えるための見出し（タブ）をクリックする。本文中で、［XXX］タブと表記された場合は、指定されたタブをクリックして切り替えることを示す。Office ソフトウェアではリボンの切り替えをこの操作で行う。

ちょっとしたコツ ❶ 何か作業したいときには右クリック：コンテキストメニュー

　右クリックしたときに表示されるメニューを「コンテキストメニュー」と呼びます。表示される内容は、ソフトウェアごと、作業のシーンごとに最適と判断されるもので、文字を選択したときにはフォント、段落の設定や、コピー、切り取りなどが選択できます。何かしたいと思ったときには、まず右クリックしてみましょう。（キーボード右下のアプリケーションキー 🗒 でも、表示させることができます。）
　macOS などでボタンが１つしかないマウスでは、control キーを押しながらクリックするとコンテキストメニューを表示できます。また、Windows OS、macOS ともに、ノート型 PC の場合は、２本指でタップするという方法もあります。

作業ウィンドウの例

作業ウィンドウを開く：Office ソフトウェア（Word、Excel、PowerPoint）で
 コマンドボタン（後述）を押すと開く。ダイアログボックス起動ツー
 ル、またはコンテキストメニューの ［…の書式設定］ で開く場合もある。

ミニツールバーから選択する：Office ソフトウェアで文字などの範囲を選択し
 て右クリックすると、書式設定のコマンドボタンの集まりが自動的に表
 示される。これを利用して、効率よく作業することができる。

Backstage ビューを表示：Office ソフトウェアなどで ［ファイル］ タブをク
 リックし、ファイルの情報表示、保存、印刷などをまとめた画面を表示
 する。

Backstage ビュー

ちょっとしたコツ ❷　　さまざまな設定が一度に可能：ダイアログボックス

　Office ソフトウェアのリボンやツールバーには、コマンドボタンが並んでおり、クリックしたり、プルダウンから選択するだけで文字サイズを変更したり、太字にしたり、段落を中央揃えにしたりすることができます。しかし、「太字」＋「下線」＋「赤字」のように、複数の修飾を施したいときは、3回の操作が必要となり、文字の選択が解除されたりすると、操作が煩雑に感じることがあるのではないでしょうか。

　このようなときは、ダイアログボックスを開き、一度にさまざまな設定を行うことができます。Office ソフトウェアでは、［フォント］、［段落］グループなどのダイアログボックス起動ツールをクリックすれば、対応するダイアログボックスが開きます。コマンドボタンになっていない、さまざまな設定項目がありますので確認してみてはいかがでしょうか。きっと操作の幅が広がります。

ちょっとしたコツ ❸　　リボンが勝手に切り替わってしまうのですが…マウスのホイール機能

　ソフトウェアでよく使われる機能をグループごとに並べたリボンは、Office ソフトウェアのほかにも Windows 10 で全面的に採用されています。複数のリボンがあるときは、タブの名称をクリックすると目的のリボンが表示されますが、マウスがリボンの上にあるときにホイールを回すと、リボンが次々と切り替わります。

　画面をスクロールするつもりなのにリボンの表示が変わってびっくりするかもしれません。マウスのカーソルが今どこにいるか、確認してみてください。

ちょっとしたコツ ❹　　ウィンドウの表示を最大化する

　PC で作業しているとき、ウィンドウの表示を最大化するときは、ウィンドウ右上にある最大化ボタンを使う、と習ってきたと思います。その小さなボタンをマウスでクリックする代わりに、その横のタイトルバーの何もない部分で、ダブルクリックしてみてください。最大化されましたか？　もう一度ダブルクリックしたらどうなりましたか？

　タイトルバー上でのダブルクリックは、ウィンドウの最大化と元の大きさを切り替える操作になります。ちなみに、macOS の最大化ボタンはウィンドウ左上にある緑色の ⊕ ボタンですが、同じようにダブルクリックでウィンドウを最大化できます。

　ちょっと便利だと思いませんか？

Ｄ PC 画面の構成要素の名称

　PC を起動して表示される標準的な画面およびソフトウェアを起動して表示されるウィンドウの例と、構成要素の名称を図に示しました。

W10

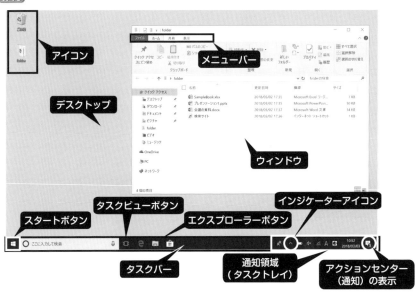

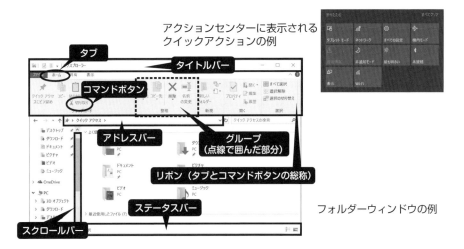

アクションセンターに表示される
クイックアクションの例

フォルダーウィンドウの例

W11

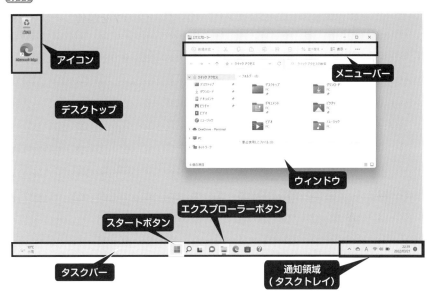

Mac

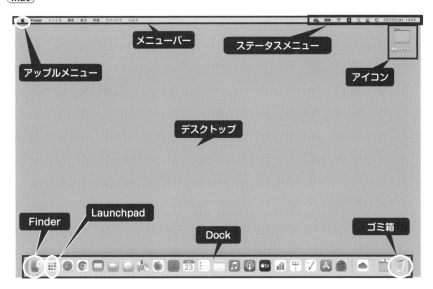

ちょっとしたコツ ❺　デスクトップをすばやく表示する

　たくさんのウィンドウを開いているときに、デスクトップ上にあるショートカットなどをクリックしたり、ファイルの参照が必要となったりすることはありませんか。

　Windows 10 や Windows 11 で、デスクトップ画面の下にあるタスクバーの一番右端をよく見ると、日付と時刻の右側に小さな細長い形の「デスクトップの表示」ボタンがあります（図の矢印の部分）。これをクリックすると、デスクトップが表示されます。Windows 11 ではマウスを近づけると「デスクトップの表示」とポップアップされます。また、タスクバーの何もないところで右クリックし、コンテキストメニューから「デスクトップの表示」を選択することもできます。

マウスを近づけると表示される

Windows 10　このあたりをクリック　　Windows 11　このあたりをクリック

　ところで、キーボードにある Windows ロゴキーを押しながら、D キーを押してみてください。ショートカットキーの操作で、簡単にデスクトップを表示することもできます。

ちょっとしたコツ ❻　ウィンドウがたくさん開いているときに、目的のウィンドウにすばやく切り替えるには？

　PC での作業を続けていると、いつの間にか、たくさんのウィンドウが開いていることがあります。最小化されているウィンドウもあり、ウィンドウを切り替えようと思っても、どれが目的のウィンドウなのか探したことはありませんか？　結局はすべてのウィンドウを開いてみる、ということもあるのではないでしょうか。Windows 10 では、各ウィンドウが格納されているタスクバーのボタンにマウスを合わせると画面のプレビューを見ることができますが、ウィンドウ内の詳細な内容まではわかりにくいと思います。

　そのようなとき、Windows 10 のタスクバーにあるタスクビューボタン が役立ちます。Windows 11 のタスクビューボタンは白黒のデザイン で、タスクバーの中央にあります。このボタンをクリックすると、作業中のウィンドウ一覧が表示されるので、目的のウィンドウをクリックすれば切り替わります。

　タスクビューボタンがわからないとき、あるいはキーボードから手を離したくないときは、Alt キーを押し続けながら Tab キーを押すと、開いているウィンドウの一覧が表示されます。Alt キーを押したまま Tab キーでウィンドウを一つずつ切り替え、目的のウィンドウであることを確認したら、Alt キーから手を離せば、そのまま作業が開始できます。

　後ろに見えているウィンドウを見たい、というときは、Alt キーを押しながら Esc キーを押してみましょう。Alt + Esc によって、現在のアクティブウィンドウがもっとも背面に移動します。しかも、最小化されているウィンドウはそのままなのです。

　macOS の場合は、Alt キーの代わりに command キーを押しながら Tab キーを押してみましょう。起動中のソフトウェアが順番に切り替わります。

第1章

PC を使うための
基礎知識

　スマートフォンが普及し、PC がなくても日常生活には支障がないような時代になっている。それでも、PC を利用する目的は何だろうか。

　この本の読者には、インターネットでものごとを調べたり、レポートを書いたり、サークル活動のお知らせを作ったりするときに PC を使う人が多いかもしれない。オンライン授業を受講したりプレゼンテーションに使うこともあるだろう。ここで、PC をただ使うだけでなく、ハードウェアの基本的な構成とソフトウェアの特徴を理解し、電子データを活用することができれば、PC を使った作業の効率化につなげることができる。例えば、同じ表でも、計算を伴う表、名簿、スケジュール表などによって、どのソフトウェアを使うかを考えるとよい。場合によっては、表計算ソフトを使ってから、そのデータを文書作成ソフトで利用するなど、複数のソフトウェアの組み合わせが有効なこともある。

　本章では、PC を使う上で知っておくと便利なハードウェアに関する基礎知識と、さまざまなソフトウェアの特徴、および電子データの基礎知識について概説する。PC を使いこなす第一歩としてほしい。

1　ハードウェアに関する基礎知識

　ハードウェアとは、物理的に存在する機器や部品などの総称であり、PC、タブレット、スマートフォンなどの**本体**と、プリンター、ディスプレイ、外部ストレージなどの**周辺機器**に分けられる。PC 本体にはデスクトップ型とノート型があるが、いずれも複数の部品から構成されており、それらは**入力装置**、記憶装置、制御と演算を担う装置（CPU）、**出力装置**などに分類される。ハードウェアは単独または単なる組み合わせでは、機能をほとんど発揮することができず、何らかのプログラムが必要である。

　以下では、　この本で用いている用語をはじめ、PC を使用する上で知っておくとよい内容についてまとめた。それぞれの項目について自分の PC 環境で実際に確認してみよう。

Ⓐ ハードウェアに関する用語

ストレージ‥‥‥‥‥記憶装置のこと。本体内部にある主記憶装置（メインメモリ）（→次ページ）も含まれるが、一般にストレージというときは、利用者が電子データを保管する補助記憶装置を指す。スマートフォンの内部メモリもストレージの一種である。ストレージの種類と容量については、p. 6 を参照。

デバイス‥‥‥‥‥‥PC、タブレット、スマートフォンなどの情報端末本体、およびそれらに接続して使用するプリンター、スキャナなどの周辺機器すべてを指す。ノート PC、タブレット、スマートフォンなどは**モバイルデバイス**（携帯情報端末）、スマートウォッチなどは**ウェアラブルデバイス**と呼ばれる。

ドライブ‥‥‥‥‥‥ストレージデバイスにデータを読み書きする装置本体。ハードディスクドライブ（HDD）、ソリッドステイトドライブ（SSD）、DVD ドライブ、ブルーレイ（BD）ドライブなどがある。Windows PC では、ドライブを識別するためにアルファベット 1 文字が割り当てられている。これを**ドライブレター**と呼び、コンピューターのドライブ一覧に「OS（C:）」、「BD ドライブ（D:）」などと表記される。

メディア……………… ドライブにセットし、データを記憶する媒体そのもの。USB
　　　　　　　　　　 メモリ、SD カード、CD-R、DVD、BD などはドライブか
　　　　　　　　　　 ら取り出すことができるため、**リムーバブルメディア**と呼
　　　　　　　　　　 ばれる。

メインメモリ……… プログラムの実行、計算処理などや、データの一時的な記
　　　　　　　　　　 憶に利用するために PC 内部に設置されている装置。主記
　　　　　　　　　　 憶装置とも呼ばれる。

コネクター…………… PC と周辺機器を接続して信号をやり取りするための部品。

Ｂ コネクターの種類と特徴

　PC には、さまざまな種類のコネクターが備えられており、ディスプレイ（モニ
ターともいう）、プロジェクター、外部ストレージ、Web カメラ、ヘッドセットな
どを接続することができる。ノート型 PC ではコネクターの数（ポート数）が不足
する場合や、接続したいコネクターがない場合がある。このようなときはハブと呼
ばれるポートの数や種類を増やす機器を接続すればよいが、接続する機器によって
電源が別途必要になることもあるので、注意が必要である。以下に、代表的なコネ
クターの概要を記す。

1 USB（Universal Serial Bus）

　USB とは、コンピューターを周辺機器と接続するための標準規格であり、デー
タの転送速度によって USB 2.0, 3.0, 3.1 などがある。USB 3.1 に対応した機器を低
速の USB 2.0 のポートに接続すると、本来の機器の性能を発揮させることができな
いので注意する。また、USB コネクターの形状には、Type A, Type B, Micro-
Type B, Type C がある。USB メモリやケーブルを選ぶときなどは規格とともに注
意するとよい。USB Type C コネクタには上下の区別なくケーブルを差し込むこと
ができる。また、最近では充電可能な USB PD（USB Power Delivery）の規格が
策定されてスマートフォンやノート PC にも採用されているほか、USB Type C の
コネクタを経由して映像を入出力できる場合もある。

2 HDMI（High Definition Multimedia Interface）

　HDMI は、映像と音声の信号を同時に伝送することができる標準規格であり、
テレビなどの家電製品にも採用されている。コネクターの形状には、標準的な
HDMI のほかにデジタルカメラやビデオカメラに採用されている miniHDMI およ
び microHDMI がある。信号の伝送速度や対応可能な解像度にも種類がある。プ

レゼンテーションのときに接続するプロジェクターのほとんどが HDMI コネクターに対応している。なお、ノート PC に備えられている HDMI コネクタのほとんどは外部出力のためのものなので、外部からの信号を PC に入力することはできない。

❸ DisplayPort

HDMI と同様に映像と音声の信号を出力する規格の一つ。HDMI よりも高い解像度に対応している。miniDisplayPort のコネクターが備えられているノート PC やタブレットもある。

❹ D-sub 15 ピン

映像信号をアナログ信号として伝送する規格である。VGA、アナログ RGB とも呼ばれる。HDMI や DisplayPort と異なり音声信号は含まれない。プロジェクターの中には、このコネクターしかないものもあるため、プレゼンテーションの際にはあらかじめ確認して、必要であれば変換コネクターを準備する必要がある。

Ⓒ キーボード上にあるキーと機能

キーボードはアルファベットや数字の情報を PC に伝える入力装置である。キーの配列は、OS や言語によって異なる部分もあるが、基本は同じである。（→ p. 5 ちょっとしたコツ⑦）自分の使っているキーボードを確認し、下記を参考にしてそれぞれの機能を理解すると、効率的な作業につながる。

テンキー……………… 電卓のように数字が並んでいるキー。デスクトップ PC や大型のノート PC のキーボード右側にある。（→ p. 145 ちょっとしたコツ㉝）

ファンクションキー… キーボード上部にある、F1 ～ F12 と印字されたキー。ソフトウェアによってさまざまな機能が割り当てられる。Fn（fn）キーと合わせて押し、音量調節、ディスプレイの明るさ調節、外部ディスプレイへの出力切り替えなどに利用されることもある。ノート PC や macOS の場合は、fn キーを合わせて押してファンクションキーとしての機能を使う。

Enter……………… キーボード右側にある表面積が大きなキー。テンキーの右下にも配置されている。改行や操作の確定などに使用する。

Esc………………… キーボード左最上段にある。コピー操作を途中でやめたり、スライドショーを中止するなど、操作をキャンセルするときなどに使用する。

Insert (Ins) ……… 文字入力時の挿入モードと上書きモードを切り替える。
〔 **Mac** Insert キーはない。〕

BackSpace (BS) … カーソルのある位置の左側の文字を削除する。〔 **Mac**
delete または ⊠ マークのボタンが同じ動きをする。〕

Delete (Del) ……… カーソルのある位置の右側の文字を削除する。〔 **Mac** fn キ
ーと一緒に delete を押す（fn + delete と表す）。〕

NumLock (NumLk) … デスクトップ PC ではテンキー右上段にあり、数字を
入力する際には ON となっている。このキーを 1 回押すご
とに、ON と OFF が切り替わる。ノート PC では、キーボ
ードの右上にあり、通常は OFF になっている。1 回押して
ON に切り替えると、キーボードの一部をテンキーのように
使用することが可能。

Tab …………………… キーボードの左側にある、 →| のマークが書かれたボタン。
一定間隔でカーソルを移動させたり、Web ページ内の入力
枠間のカーソル移動に利用する。

Ctrl …………………… キーボード下部の左右にある。他のキーを組み合わせたり、
マウス操作と組み合わせたりしてさまざまな機能を発揮す
る。〔 **Mac** 多くの場合 command キーが相当する。〕

Alt …………………… スペースキーの左右にある。Ctrl+Alt+Delete や Alt + Tab
などのように他のキーと組み合わせて使用する。〔 **Mac** 多
くの場合 option キーが相当する。〕

ちょっとしたコツ ❼　　Mac のマウスとキーボードって Windows と何が違うの？

　Windows OS を使い慣れた人が macOS を初めて使うとき、最初にマウスのボタンがな
い、ということに驚くかもしれません。右クリックはどうしたらよいのでしょう？　そんな
ときは、キーボードにある control キーを押しながら、クリックしてみてください。また
Windows OS で Delete キーを使い慣れた人は、動きが違うことに戸惑うと思います。

　他のキーはどうでしょうか？　Windows PC のキーボードにはない、option キーや
command キー、return キーなどがあります。表記が違いますが、command キーはシ
ョートカットに使いますし、return は Enter と同じです。最近は 2 ボタンマウスも使うこ
とができます。Macintosh PC を見かけたら、何が違うか、じーっと見て、いろいろなキ
ーとの組み合わせを試してみてください。ほとんど Windows と同じですよ！

Windows ロゴキー … キーボードの最下段にある ■ マークのボタン。押すとスタートメニューが開く。

アプリケーションキー … キーボードの最下段にある 📑 マークのボタン。押すとコンテキストメニューが開く。

＿（アンダースコア）… メールアドレスや Web ページのアドレスの区切りに使われることが多い。－（ハイフン）と間違えないように注意。

~（チルダ）…………… Web ページの URL の一部などに使用される。標準的な日本語キーボードでは最上段右に配置されている。

※その他のキーボード配列にある記号：″（ダブルクォーテーション）、′（シングルクォーテーション）、\（バックスラッシュ）、＊（アスタリスク）、｜（バーティカルバー）

Ⓓ マウスとタッチパッドの基本操作

マウスとタッチパッドは、いずれもポインティングデバイスと呼ばれる入力装置である。これらの基本操作を以下に示した。

クリック………………… マウス／タッチパッドの左側のボタンを 1 回押して離す。選択したり、コマンドボタンを押したりする場合などに使用。

ダブルクリック……… マウスの左側のボタンを 2 回連続してクリックする。ファイルを開いたりするときなどに使用。

タップ………………… タッチパッドを軽く叩く。

ドラッグ……………… マウス／タッチパッドの左側のボタンを押したままマウスを移動し、目的の場所でボタンを離す。範囲指定や、複数のファイルやアイテムを選択する場合などに使用。

右クリック…………… マウス／タッチパッドの右側のボタンを 1 回押す。コンテキストメニューを表示させる場合などに使用。タッチパッドの場合、2 本の指で同時にタップすると表示できる場合が多い。

ドラッグ & ドロップ… マウスで対象物を選択したままドラッグして別の場所でマウスのボタンを離す。アイテムを移動する場合などに使用。

Ⓔ ストレージの種類と容量

ファイルを保存するストレージは、デバイスの機器内に接続された内部ストレージ、PC のコネクタ経由で接続された外部ストレージ、およびインターネットを経由してアクセスするクラウドストレージに分類される。内部および外部ストレージ

として利用されるハードディスク（HDD）やソリッドステートドライブ（SSD）は500 MB（メガバイト）から数 TB（テラバイト）の容量のものが入手できる。また、外部ストレージとして利用されるリムーバブルメディアは種類ごとに保存可能な容量が異なり、USB メモリや SD カード：4 ～ 128 GB、CD-R/RW：700 MB、DVD：4.7 GB、BD：25 GB または 50GB である。保存したデータを編集する必要があるか、長期間保存するかなどの条件によって、適切なメディアを選択すればよい。クラウドストレージは、契約によって保存可能な容量が異なるが、GB（ギガバイト）単位のサービスが多い。

F 画素数と解像度

　画像を構成する最小要素のことを**画素**または**ピクセル**（pixel, px）とよぶ。デジタルカメラやスマートフォンのカメラの性能を「500 万画素」「1200 万画素」と表現するのは、記録可能な総画素数のことである。例えば、1 枚の写真を記録するとき、3（横）：2（縦）の画面に 3,552 × 2,664 px の画素があると総画素数は9,462,528 px になる。このようなデジタルカメラを「約 900 万画素（900 万 px、9メガピクセル）のデジタルカメラ」と呼ぶ。また、プリンターの性能を表すときは、面積に対する画素数を密度で表した**解像度**として、1 インチあたりに使用される点の数（dot per inch, dpi）で示される。例えば、1 inch 四方に4 × 4 = 16 個の点（情報）がある場合、解像度は 4 dpi と表現される。12 dpi では、情報量は 12 × 12 = 144 個になるため、4 dpi より高解像度で細かな画像が描ける。

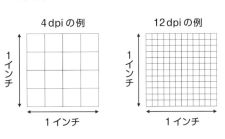

　ディスプレイ（モニターともいう）の画面の精密さである**画面解像度**も「幅 X ピクセル×縦 Y ピクセル」および総画素数で表す。また、同じ画面の大きさで画素の密度を比較するときには、ppi（pixel per inch）の値が用いられる。最近の機器で採用されている代表的な画面解像度を次ページの表に示した。縦横比はアスペクト比とも呼ばれるが、近年は 4：3 よりも 16：9 の方が主流である。縦横比はプレゼンテーションのスライドサイズを決めるときに意識する必要がある（→第 9章）。480p、720p という表示は動画の解像度を示すときに使われることが多い。「p」とはプログレッシブという映像の描画形式に関する単語の頭文字である。この数値

が大きい方が精細になるが情報量が多くなる。たとえば、総画素数を比較すると4K（2160p）の規格はFull-HD（1080p）よりも4倍の情報を表現できる。しかし、動画データを作成する場合、再生するディスプレイが対応していなければ情報を活かすことができないため、バランスを考えて解像度を設定する必要がある。

規格の通称		縦×横（pixel）	縦横比	総画素数
SD	（480 p）	640 × 480	4：3	307,200
		720 × 480	16：9	345,600
XGA		1024 × 768	4：3	786,432
HD	（720 p）	1280 × 720	16：9	921,600
UXGA		1600 ×1200	4：3	1,920,000
Full-HD	（1080 p）	1920 ×1080	16：9	2,073,600
WUXGA		1920 ×1200	16：10	2,304,000
WGHD	（1440 p）	2560 ×1440	16：9	3,686,400
4K QFHD	（2160 p）	3840 ×2160	16：9	8,294,400
8K FUHD	（4320 p）	7680 ×4320	16：9	33,177,600

　自分が使っているディスプレイの画面解像度は、以下の操作で確認することができる。ただし、推奨以外の値に変更すると、表示が不明瞭になることがあるので、注意しよう。

W10 **W11**

① ［スタート］→［設定］→［システム］→［ディスプレイ］

② 「拡大縮小とレイアウト」の項目にある「ディスプレイの解像度」のプルダウンで画面解像度を選択する。

※画面解像度を変更すると「ディスプレイの設定を維持しますか？」というダイアログボックスが表示される。「変更の維持」ボタンを押すと変更されるが、表示を見て取りやめるときはそのまま待つか、「元に戻す」ボタンを押す。

※文字を大きくする目的であれば、「拡大縮小とレイアウト」の項目から「テキスト、アプリ、その他の項目のサイズを変更する」の設定を変更するとよい。

Mac

① システム環境設定 🔘 →［ディスプレイ］

② 解像度の「サイズ調整」にチェックを入れると、「文字を拡大する」か「スペースを拡大する」かを選択できる。

※ Macintosh PC の場合、「文字を拡大する」は解像度を低くして画面上の情報を減らし、「スペースを拡大する」は解像度を高くして画面上の情報を増やすことになる。通常は「ディスプレイのデフォルト」を選択したままの方がよい。

2　ソフトウェアの種類と機能

Ⓐ 基本ソフトウェアの役割

　ソフトウェアは、**基本ソフトウェア**と**応用ソフトウェア**に分類できる。基本ソフトウェアは Operating System（**OS**）と呼ばれ、ファイルの管理、記憶装置やメモリなどの周辺機器やネットワークの管理、PC で実行するプログラムの優先順序や割り込み処理などの制御を行う。PC に電源を入れると最初にハードウェアを直接制御するファームウェアというプログラム、次いで OS が起動する。アプリケーションソフトから印刷したり、インターネットに接続したりするときは OS の機能が利用されている。

　代表的な OS は PC 向けの Windows OS、macOS、Linux であり、Windows OS には Windows 10 や Windows 11 などのバージョンがある。PC 以外の OS もあり、代表的なタブレット端末の Microsoft Surface には Windows OS が搭載されているが、Apple 社の iPad は iPadOS という独自 OS である。スマートフォン用の OS には、Google 社が開発した Android OS と Apple 社の iOS がある。

Ⓑ 応用ソフトウェアの種類と特徴

　応用ソフトウェア（**アプリケーションソフトウェア**）は、単にソフト、**アプリ**と呼ばれ、特定の目的を果たすために OS 上で動作するプログラムである。以下では、代表的なアプリの特徴や利用目的などについて、簡単に解説する。

1 文書作成ソフト

　文書作成するソフトは、以前は文書処理（word processing）を意味するワープロソフトと呼ばれていた。代表的な文書作成ソフトとして、Microsoft Word（マイクロソフト社）、一太郎（ジャストシステム社）などがある。このほか、OS に標準添付されているソフトとして、Windows PC のワードパッドや Macintosh PC に標準添付されている Pages がある。また、インターネットに接続した状態であれば Google ドキュメントを利用できる。文書作成ソフトの特徴は次の通りである。Microsoft Word の具体的な操作は第 6 章で解説する。

　　　○　レイアウトやフォントを詳細に設定できる
　　➡　　多様な（効果的な）文書の作成
　　　○　画面で見たイメージで印刷できる

○ 見出しの設定、目次を容易に作成できる

➡ 卒業論文などの長文作成

○ 文書に校正履歴をつけることができる

➡ 複数人による文書の編集

✕ 表の中のデータの再計算はできない

➡ 計算が含まれる資料の作成は苦手

② 表計算ソフト

Microsoft Excel（マイクロソフト社）などの表計算ソフトでは、スプレッドシートと呼ばれる表形式の枠の中に数値を入れ、その数値を用いて、関数計算、グラフ作成などを容易に行うことができる。Macintosh PC 標準搭載の Numbers や、Google スプレッドシートも同じ目的で使用する。次のような特徴があり、第7章でMicrosoft Excel の具体的な操作を解説する。

○ 数値データを表として簡単に表現できる

○ 合計や平均値などを、簡単に算出することができる

○ 条件式や数値を変えてもすぐに再計算できる

➡ 集計の伴う書類作成

○ 数値データをグラフ化して、比較することができる

➡ データの推移の分析、表データの視覚化

○ 名簿管理などのデータベースとしても応用できる

○ データの並べ替えができる　（文字データの並べ替えも可能）

○ 必要なデータだけを取り出すことができる

○ 簡単な統計処理ができる

✕ 段落書式が設定できない

➡ 長い文字列を含む文書の作成は苦手

✕ 使用するプリンターによって印刷結果が異なる

➡ 文書の体裁を整えるのが苦手

③ プレゼンテーションソフト

Microsoft PowerPoint（マイクロソフト社）などのプレゼンテーションソフトでは、同時に多くの人にアピールするためのプレゼンテーション用資料を簡単に作成することができる。例えば、図形や色などのさまざまな設定を活用することで、説得力のあるプレゼンテーションが可能になる。Excel のほかにも Macintosh PC には KeyNote というソフトが標準搭載されている。このようなソフトは次のような

特徴をもつ。PowerPoint の具体的な操作については、第9章で解説する。

- ○　プレゼンテーションに必要な資料が作成できる
  - ➡　スライド、ポスター、配付資料（ハンドアウト）、発表メモなど
- ○　図形の扱いが得意
  - ➡　複雑な図形を作成し、その後文書作成ソフトで利用することも可能
- ○　音声、アニメーション、動画などが表示可能

4 Web ページ閲覧ソフト

Web ページに表示される文字や画像などの情報を記述している言語を解析し、画面に表示するためのソフトであり、Web ブラウザーと呼ばれる。本来ブラウジングとは、さまざまな情報を拾い読みすることである。代表的な Web ブラウザーに Microsoft Edge、Google Chrome、Firefox、Safari などがある。ソフトウェアごとに、「高機能」、「動作が速い」などの特徴があり、また Web サービスによっては動作が制限される Web ブラウザーもあるので、目的に応じて比較し利用するとよい。Web ページを記述する言語については、第11章で解説する。

5 セキュリティ関連ソフト

インターネットに常に接続している PC を、コンピューターウイルスなどの悪意をもった第三者からの攻撃から守るために使用されるのが、ウイルス対策ソフト（アンチウイルスソフト）をはじめとするセキュリティ関連ソフトである。

ウイルス対策ソフトは、電子メールに添付されたウイルスや、Web ページ閲覧時にダウンロードされ実行されるウイルスに PC が感染するのを未然に防ぐためなどに使用する。無差別に大量送信される迷惑メール（スパムメール）を自動的に振り分ける機能が含まれていることもある。また、スパイウェア対策ソフトは、PC 内に保存されている情報や利用者の行動の情報を悪意をもって収集するスパイウェアから PC を保護するソフトであり、ファイアウォールは、使用している PC に対するインターネット上からの攻撃を防ぐための仕組みである。Windows 10/11 では Windows Defender というセキュリティソフトが備わっており、基本的なウイルス対策やスパイウェア対策を行うことができる。さらに多くの機能を揃えたインターネット統合セキュリティソフトも入手でき、PC を新たに購入した際にあらかじめ試用版がインストールされていることもある。この場合、試用期限を過ぎると機能が制限されるので、更新手続きを忘れずに行う必要がある。セキュリティに関しては、第3章で解説する。

6 PDF 関連ソフト

PDF（Portable Document Format）とは、アドビ社によって開発されたデータ形式で、OS に依存せず、文書のレイアウトを含めて保存され、ファイルサイズの圧縮も可能である。このため、さまざまな PC 間で電子データを共有するために広く用いられている。PDF 文書を閲覧し、印刷するためのソフト（例：Adobe Acrobat Reader）は PC にあらかじめインストールされていることが多い。また、Office ソフトウェアから PDF 形式の文書を作成することもできる（→ p. 103）。PDF 文書の編集には、有償ソフトウェアである Adobe Acrobat（アドビ社）や JUST PDF4（ジャストシステム社）などがあり、改変を防止するための複雑なセキュリティ設定を施したり、PDF 文書を編集することができる。このほかにも PDF 作成ソフトやページ単位での分割・結合などが可能な簡易編集ソフトは、無償利用可能なものがインターネットからダウンロードできる。目的に応じて PC にインストールするとよいだろう。

7 グラフィックソフト

◆ ドロー系ソフト

線画や図形を座標で取り扱うことのできるソフトウェアをいう。例えば、赤い色の直線のデータは始点と終点の座標と線の色の情報に基づいて描画される。このソフトを用いると、ポスターやパンフレットなどのデザインを効率よく行うことができる。ドロー系ソフトとしてアドビ社の Adobe Illustrator が有名である。また、マイクロソフト社の Word や PowerPoint の図形描画も、ドロー系と呼ぶことができる。画像データの詳細については、次項の内容とともに p. 18 以降で解説する。

◆ ペイント系ソフト

画像や文字を点の集合体で表現するソフトウェアをペイント系ソフトと呼び、Windows に標準添付されるペイントや、Adobe Photoshop（アドビ社）などがある。写真データの編集はペイント系ソフトで行う。

◆ 化学構造式描画ソフト

H_2O などの化学式は文書作成ソフトでも記述可能であるが、ベンゼンなどの構造を描画するのは容易ではない。専用の描画ソフトには、さまざまな化学構造式のテンプレートが用意されているおり、複雑な構造式の作成が可能になるほか、分子量を計算したり、自分で描画した構造式が正しいかをチェックできる。

多くの理系研究者が利用している有償ソフトとして代表的なのは、ChemDraw（パーキンエルマー社）である。また、BIOVIA Draw（ダッソー・システムズ社）

は、世界的な標準ソフトウェアであった MDL ISIS/Draw の後継ソフトであり、教育研究目的や個人利用目的であれば無償で利用できる。化学構造式の描画については、第 8 章で解説する。

❽ データベースソフト

大量のデータを効率よく整理し、利用するためにデータベースソフトが用いられる。代表的なデータベースソフトに Microsoft Access（マイクロソフト社）や FileMaker（クラリス社）などがある。データベースソフトでデータを管理すると、さまざまな条件を設定して、データを検索、解析することが可能となる。また、名刺管理や文献整理、文書管理など、専用のデータベースソフトもある。インターネット上で多く見られるブログタイプの Web サイトなどの記事はデータベースソフトで管理されている。

❾ Web 会議ソフト・ビジネスチャットツール

インターネットを介して遠隔授業を受けたり、自宅から会議に参加したりするために Web 会議ソフトが用いられる。Web 会議ソフトには会議中に利用できるチャットスペースが設けられているが、会議以外でも研究室などの組織やプロジェクトチーム内の連絡にチャットツールを利用することが増えてきた。

Microsoft Teams（マイクロソフト社）、Google Workspace（Google 社）、Webex（シスコ社）は、Web 会議とチャットツールの機能が統合されている。このほかにユーザーが多い Web 会議ソフトは Zoom Meetings（Zoom Video Communications 社）だろう。チャットツールとしては Slack（Slack Technologies 社）が代表的なものであり、これらを組み合わせたコミュニケーションが展開されている。これらのソフトは、スマートフォンのアプリとしても提供されており、さまざまな環境で利用することができる。

❿ その他のユーティリティソフト

データサイエンスにおいては、多くのデータを統計解析するためのソフトが用いられる。代表的なソフトに IBM SPSS Statistics（日本 IBM 社）や JMP（SAS Institute 社）などがある。また、効率良く技術計算を行うソフトに Mathematica（Wolfram 社）、数式を含む文書のレイアウトに長けた TeX などもある。

上記以外にも、ファイルの圧縮・展開（p. 37）、テキストデータの編集、画像データの管理、動画や音声データの編集、日本語入力、電子メールソフト（メーラー）やホームページ作成ソフトなど、PC を活用するための便利な機能を実現させるユーティリティソフトウェアがある。インターネットからダウンロード可能なソフト

ウェアの中には作者が無償で公開しているものもあり、自分の目的にあったユーティリティソフトを探すことも、PC を活用する楽しみの一つである。

3 電子データの基本

Ⓐ PC が取り扱う情報の単位

PC 内のすべてのデータは 0 か 1 で表現される 2 進数で取り扱われる。データの中の 1 桁をビット（bit）と呼び、8 桁（8 ビット）を一つの単位としたものをバイト（bite, B）と呼ぶ。多くの PC では、1 バイトを最小単位として処理しており、1 バイトは、00000000 〜 11111111 の 2^8 個の組み合せが可能であるため、256 通りの表現ができる。

- 1 バイト（8 ビット）で表現できる情報量は 2^8 = 256 種類
- 2 バイト（16 ビット）で表現できる情報量は 256 × 256 = 65,536 種類
- 3 バイト（24 ビット）で表現できる情報量は 256 × 256 × 256 = 16,777,216 種類

さらに情報量が多くなると、接頭辞のある単位が使われる。1,024 B = 1 KB（キロバイト）、1,024 KB = 1 MB（メガバイト）、1,024 MB = 1 GB（ギガバイト）、1,024 GB = 1 TB（テラバイト）である。一般的なファイルサイズは KB 単位であるが、動画など情報量が多いファイルでは数百 MB になる場合がある。

Ⓑ 文字コードとエンコーディング

PC で文字を識別するためには、一つ一つの文字を**文字コード**に変換して取り扱う必要がある。文字に割り当てるコードの情報量は、アルファベット（A 〜 Z, a 〜 z）と数字（0 〜 9）は、1 バイトで十分である。このため、これらの文字は**1 バイト文字**と呼ばれる。一方、日本語はひらがな、カタカナ、漢字と文字の種類が多く、記号なども含めてさまざまな文字を表示するために 2 バイトの情報量が必要である。ひらがなや漢字は**2 バイト文字**として定義され、これを**全角**文字とすると、1 バイト文字は**半角**文字になる。半角カタカナはコンピューターで 1 バイト文字しか扱えなかった時代に日本語を表現する手段として登場したため、現在では使用することが減っている。

文字符号化の規則に従ってコードを割り当てた文字の集まりを符号化文字集合（coded character set）とよぶ。代表的な文字集合には、1 バイト文字の ASCII（あすきー）、2

バイト文字の **JIS X0208** がある。現在は環境による切り替えの必要がなく、世界中の言語に対応可能な **Unicode** が登場し、標準的な規格になってきている。これらの符号化文字をコンピューター上で読むことができるように変換することを文字**エンコーディング**と呼び、符号化の方法に合わせてた方式が用いられる。日本語環境で用いられている代表的な文字集合とエンコーディングの組合せを次に示した。

文字符号化方法	エンコーディング方式	特徴
Unicode	UTF-8	多言語に対応している
JIS X0208	Shift-JIS	日本語環境で利用する
	EUC-JP	Linux などで用いられる

　現在、世界的に広く使われているエンコーディング方式は **UTF-8** である。しかし、日本において Windows OS の初期設定では **Shift-JIS** が使われているため、macOS や Linux OS との間でデータを交換するときに**文字化け**という現象が起こることがある。これは文字を符号化したときと画面に表示させるときのエンコーディング方式が異なるという不一致が原因である。できるだけ文字化けを起こさないために、相手の PC の環境がわからない場合は、電子メールの本文、ファイル名なども含めて**機種依存文字**と呼ばれる半角カタカナ、①、②などの丸囲い数字、Ⅳ、Ⅵなどの全角のローマ数字などを使わないようにするか、文字コードに UTF-8 を使うようにしよう。また、英語で文書や電子メールをやり取りするとき、全角文字が含まれると相手の環境では違う文字が表示される可能性がある。このため、英語の文章に不用意に全角文字が含まれないように注意するとよい。

Ｃ フォントの種類

　文書に用いる文字のサイズやデザインは、見やすさや印象に影響する。**フォント**（書体）はデザインを統一させて作られた文字セットであり、さまざまな種類がある。

１ 明朝体とゴシック体

　フォントの種類は大きく分けて明朝体とゴシック体がある。**明朝体**では、縦方向の線が横方向よりも太く、一つの文字の中に線の強弱がある。比較的文字数が多い文書に向いており、新聞、学術雑誌などで使われることが多い。一方、**ゴシック体**は、同じ線の太さで文字を表現しており、はっきりと見えることからスライドや Web ページで使われる。明朝体は、フォントによって太字に対応していないため、強調するために太字にして画面上でははっきりわかっても、印刷したときに違いが

わかりづらいことがある。このようなときなど、強調したい部分にゴシック体を使用すると効果的である。

> 明朝体　　明朝体（太字）　　　　ゴシック体　　ゴシック体（太字）

② 等幅フォントとプロポーショナルフォント

　別の分類として、等幅フォントとプロポーショナルフォントがある。等幅フォントとは、すべての全角文字の幅が同一であり、半角文字は全角文字の半分の幅になる。このため、等幅フォントを使用すると1行あたりの文字数が一定となり、行内での文字位置が一定の間隔で揃う。一方、プロポーショナルフォントは、アルファベットの「I」と「M」、ひらがなの「あ」と「り」などのように文字の幅が異なるとき、それぞれの文字に合わせたフォント幅となっている。

> **等幅フォントの例**
> 　MS 明朝、**MS ゴシック**、**HG 明朝 E**、Courier New
> **プロポーショナルフォントの例**
> 　MS P明朝、メイリオ、游明朝、Century、Times New Roman、Arial

等幅フォントとプロポーショナルフォントの比較

あいうえお
iiiiii
mmmmmm　　（等幅フォント：全角3文字＝半角6文字の幅になる）

あいうえお　　（プロポーショナルフォント：文字ごとに幅が異なる）
iiiiii
mmmmmm

③ ユニバーサルデザインフォント

　ユニバーサルデザインとは、年齢や能力に関係なく多くの人が利用できるように考えられたデザインのことで、名称に「UD」という文字が含まれるフォントは、誰でも読みやすく、視覚障がいのある人でも正しく認識できる目的で作られたものである。たとえば、「C」と「O」、「3」と「8」などを読み間違わないように、アキのスペースが調整されていたり、同じ明朝体でも横線が太くなっていたりする。また、ゴシック体であれば線の端の尖りを除いて視覚過敏の人でも読みやすくする工夫が施されたものもある。Windows 10/11 では UD フォントが標準搭載されており、macOS でもダウンロードして使うことができるので、実際に使って確かめてみるとよいだろう。

ちょっとしたコツ ❽　PDF ファイルなのに、レイアウトが崩れて表示されます

PDF ファイルは、環境が違っても同じレイアウトで閲覧できるという特徴があります。でも、インターネットからダウンロードしたり、電子メールで受信したPDF ファイルのフォントがおかしかったり、レイアウトが崩れて表示されたりすることがあります。

これはPDF ファイルのレイアウトに含まれるフォントの情報が作成側と閲覧側で異なることが原因です。使いたいフォントがないと、PDF 閲覧ソフトは代替フォントを適用するのです。Windows PC とMacintosh PC でファイルを交換するときも初期設定で使っているフォントが異なるので、同じようにレイアウト崩れが生じる可能性があります。

いつもと違うフォントを使って PDF ファイルを作成するときなどは、「フォントの埋め込み」という機能を使うと、自分が作成した通りに相手に見てもらうことができますよ！

Ⓓ コンピューターでの色の表現

１ 色を表現する方式

　PC で色を表現するときは、色の情報をデジタル化する必要があり、その方式には RGB 方式と CMYK 方式がある。**RGB 方式**は PC のディスプレイ、液晶プロジェクター、デジタルカメラなど、光で色を表現するときに用いられ、**光の三原色**を組み合わせて色を指定する。光の三原色とは、白色の光を合成するための光の種類で、赤（red）、緑（green）、青（blue）を組み合わせる。ディスプレイの画面は小さな画素（ピクセル）の集合であり、各ピクセルの色は R, G, B の光量を指定して表現されている。『光』が何もない、つまり赤、緑、青の光が何もなければ黒、三原色がすべて重なると白になる。三原色を合成して色を表現するため**加法混色**と呼ばれる。Web ページなどでは RGB 方式で色が指定されている（→第 11 章）。

　CMYK 方式は印刷物での色の指定に用いられ、シアン（cyan）、マゼンダ（magenda）、イエロー（yellow）の**色の三原色**に黒を加えた四色の組合せで色を表現する。色の三原色は、光の三原色とは逆に、白いキャンバスにインクを塗って光の反射を遮り、暗くして色を作るイメージであり**減法混色**ともよばれる。加える色が何もないと白、この三原色がすべて混ざり合うと黒に近い色になるが、この3つの色だけでは黒を正確に表現できないため、黒インクを追加している。なお、K とは黒インクを使って印刷時に画像の輪郭を明瞭にするための印刷板（Key Plate）が元になった頭文字と言われている。

▶ **Web** 光の三原色と色の三原色、色の指定方法の例を確認してみよう。

❷ 色の種類

画像の鮮やかさは、1つの画素に指定できる色の種類によって左右される。また、白と黒の二色でも濃淡をつけたり、明るさを段階的に変えることができると、滑らかなグラデーションを表現できる。これらの段階のことを**階調**と呼び、白と黒の階調で表される場合を**グレースケール**と呼ぶ。

色情報を符号化するとき、通常1バイト（8 bit）単位で割り当てることが多く、RGBカラーの場合、1ピクセルに割り当てる赤（R）、緑（G）、青（B）の情報量によって以下の階調がある。1,677万色での表現は、人間の色の識別能力の限界にほぼ等しくなるため、フルカラーとも呼ばれる。

256 階調：　　　　1ピクセルに1バイトの色情報を割り当てる。8ビットカラーと呼ばれる。

65,536 階調：　　　1ピクセルをR（5 bit）、G（6 bit）、B（5 bit）、合計16 bit（2バイト）で表現する。16ビットカラーとも呼ばれる。

16,777,216 階調：　R（8 bit）、G（8 bit）、B（8 bit）、合計24 bit（3バイト）で1,677万色を表現する。24ビットカラーと呼ばれる。

4 画像データの取り扱い

画像データは、ビットマップ形式とベクトル形式に大別される。それぞれのデータの特徴には違いがあり、理解して使い分けることが重要である。以降では、画像データの形式や情報量に関して主にビットマップ形式の画像データについて説明する。

Ⓐ 画像データの形式

❶ ビットマップ形式（ラスタ形式）

ビットマップ（bitmap）形式は、画像を格子状の多くの小さな点（ピクセル、pixel）に分割して取り扱う形式であり、主に写真、スキャナーで取り込んだ画像などのデータに用いられる。この形式は、Windowsの標準ソフトウェアであるペイントで扱うことができるほか、多くのソフトウェアで相互利用できる。

ビットマップ形式のファイルに文字列を入力したり、

拡大

ビットマップ形式

線を描くと、それらはデータ全体に含まれるピクセルの一部として取り扱われるため、文書作成ソフトでの操作のように文字列を修正したり、ある線だけを消す、といった処理は難しい。また、画像を拡大すると、個々のピクセルが大きく表示され、ギザギザが目立つようになる。

2 ベクトル形式（ベクタ形式）

拡大

ベクトル形式

　線の位置、曲がり方、色などを、座標と数式の組み合わせによって定義する画像形式をベクトル形式と呼ぶ。この形式では、拡大や縮小を行っても再計算して表示するため、画像は劣化せず、輪郭のはっきりした線を描くことができる。また、直線や四角形などの画像に含まれる要素が、それぞれ独立した図形として扱われているため、ビットマップ形式に比べて、個々の図形の移動などの編集が容易にできる。

　Word、PowerPoint で作成する図形や ChemDraw で描画した構造式はベクトル形式であるため、拡大、縮小や修正などが容易であるが、作成したソフトウェアでしか編集できない場合がある。

B 画像データの解像度

　画像データの解像度はビットマップ画像における画素の密度と考えることができるが、固定された値ではなく、印刷物の刷り上がりサイズなどによって変動する。例えば、9 メガピクセルのカメラで撮影した写真は 3,552 × 2,664 pixel の情報をもつ。この写真をハガキサイズ（14.8 × 10 cm, 5.83 × 3.94 inch）のサイズで印刷すると、1 インチ当たり約 600 個の点が配置できる 600 dpi になる。同じ写真を A3 サイズ（42 × 29.7 cm, 16.5 × 11.7 inch）のサイズで印刷すると約 220 dpi になるため、やや鮮明さが低下する。また、横縦比が 16：9 の一般的な PC のディスプレイで、横 1,920 ドット×縦 1,080 ドット＝合計 2,073,600 pixel を表示できる場合、写真の画像を PC 画面一杯に表示するために必要な画素数は、約 200 万画素でよい。しかし、2L サイズ（17.8 × 12.7 cm, 7.01 × 5.00 inch）に高画質で印刷するためには 300 dpi 以上が必要であり、仮に 350 dpi で印刷する場合（7.01 inch × 350 pixel）×（5.00 inch × 350 pixel）＝ 4,293,625 pixel すなわち 429 万画素が必要になる。このように、画像データを表示する媒体に応じて適切な画素数が大きく変わる。

　写真を撮影したりスキャナーで画像を取り込むとき、目的を考慮せずデータを取

得してしまうと、画像の情報量が少なすぎたり、多すぎたりしてしまう。情報量が不足すると印刷したり拡大したりするときに不鮮明な画像になるし、情報量が多くファイルサイズが非常に大きくなると PC の動作が遅くなる。このようなことを避けるために、画像データを作成する場合は、そのデータを何に使うかを考えて適切な解像度を選択する必要がある。

　スキャナーを用いて画像データを作成する場合、読み取った画像サイズと同じ大きさで印刷するのであれば、次に示した用途別の解像度でスキャンすれば、ほぼ良好な結果が得られる。拡大して印刷する場合、例えば画像を 4 倍に拡大するのであれば、解像度を 2 倍程度になるよう設定してスキャンする。

デジタルカメラのおおよその画素数と解像度に合わせた出力サイズ

有効画素数	記録画像サイズ (pixel)	総ピクセル数	100dpi での出力サイズ(cm)	300dpi での出力サイズ(cm)	400dpi での出力サイズ(cm)
約 1,000 万	3648×2736	9,980,928	91.9×68.9	30.6×23.0	23.2×17.4
約 700 万	3072×2304	7,077,888	77.4×58.1	25.8×19.4	19.5×14.6
約 500 万	2560×1920	4,915,200	64.5×48.4	21.5×16.1	16.3×12.2
約 300 万	2048×1536	3,145,728	51.6×38.7	17.2×12.9	13.0× 9.75
約 100 万	1152× 864	995,328	29.0×21.8	9.8× 7.3	7.3× 5.5

❶ 写真品質の出力が必要な場合：300～400 dpi 程度で画像データを作成

　写真品質の印刷物を得るためには、400 dpi 程度の解像度を持った画像が望ましい。400 dpi 以上の印刷物では、写真の細部でわずかな相違がみられるものの、全体的な印象にはほとんど差が見られない。プリンターも高解像度印刷ができるものを選ぶ必要があるが、現在市販されている家庭用のインクジェットプリンターで十分に対応可能である。

　B6 サイズ（ほぼハガキサイズ）の用紙に写真品質（400 dpi）で印刷する場合、必要な画素数は約 380 万画素であり、一般的なデジタルカメラで撮影していれば、鮮明な印刷結果が得られる。A4 サイズに写真品質（400 dpi）で印刷する場合、理論上約 1,500 万画素が必要になるが、データサイズも大きくなってしまう。大きなファイルサイズの画像を用意しなくても、情報の提示は十分に可能であることが多く、実際の印刷物を確認しながら、適切な解像度を選択するとよい。

❷ コピー用紙で印刷資料を作成する場合：300 dpi 程度で画像データを作成

　解像度が 200 dpi を下回ると、プリンターでは滑らかな線の表現ができないが、300 dpi 程度あれば、滑らかな曲線をもった字が描ける。写真入りの資料を作成する場合でも、プリンターによりわずかな差があるが、300 dpi 以上では大差がない。

3 Web ページ作成、プロジェクターでのプレゼンテーションを行う場合： 100 ～ 150 dpi で画像データを作成

PC のディスプレイや液晶プロジェクターは、100 dpi 程度しか表現できない。つまり、Web ページで表示する画像は 100 ～ 150 dpi 程度の解像度で作成すれば十分であり、高解像度にすると、むしろブラウザでの表示に時間がかかってしまう。液晶プロジェクターは PC の画面をレンズを通して拡大して投影しているので、この場合も同様に解像度を高くする必要がない。

C 画像データの圧縮

高解像度のビットマップ画像データは、計算処理によりデータサイズを小さくすることができる。そのためには、似たような色が続くときに、わずかな違いを統一する、重複する情報を削除する、などの処理を行う。これを画像データの圧縮と呼ぶ。圧縮の方式には可逆と不可逆の 2 種類がある。どちらの圧縮方式でも、人の目で判断できないような細部について、圧縮による画像の劣化がなるべくわからないように画像データをコントロールして情報量を減らしている。

▶ **Web** 写真データのファイルサイズを圧縮したときの映り方を確認してみよう。

1 可逆圧縮

元の画像データを保存することに重点を置いて圧縮することを可逆圧縮という。可逆圧縮では、圧縮のための規則が計算式として設定されており、同様の計算により元のデータに戻すことができる。

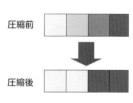

画像データの圧縮イメージ

2 非可逆圧縮

圧縮する際に、元データの保持よりも、サイズの小さなファイルを作成することに重点を置く方式。元のデータの一部が失われるため、完全に復元することができないが、圧縮率が高い。後から画像データを再利用する可能性がある場合は、非可逆圧縮する前のデータも合わせて保存するとよい。

D ビットマップ画像のファイル形式

ビットマップ形式の画像データには圧縮の有無以外にもさまざまなファイル形式がある。その特徴を理解し、目的に合わせて適切なものを選択しよう。拡張子については第 2 章で説明する（→ p. 36）。

❶ JPEG（Joint Photographic Experts Group）拡張子：jpg または jpeg

JPEG 形式は、写真データの保存形式として汎用されており、写真など色数の多い複雑な画像の圧縮保存に最も適している。インターネットでの写真の公開にもこの方式が用いられることが多い。画像によっては、圧縮によって画像のサイズを数分の 1 から数十分の 1 にできる。さらに、圧縮の程度が選択でき、さまざまな圧縮率を設定できる。圧縮の程度を決める際には、圧縮後の画像のサイズと見え方を確認し、最適なものを選択する。圧縮技術の特性上、何度も圧縮保存を繰り返すと画質が劣化してしまう。また、不可逆圧縮なので画像を再利用する可能性のある場合は、圧縮前に元データも保存しておく必要がある。このほか、色数の少ない画像を JPEG 形式へ変換すると色むらが出るため、模式図など類似する色の領域が広く、明るさが極端に異なる単純な画像の保存には適しておらず、GIF 形式や PNG 形式を利用する。

❷ GIF（CompuServe Graphics Interchange Format）拡張子：gif

GIF 形式はネットワーク経由の画像転送を目的として開発されたビットマップ画像形式であり、可逆圧縮により、同一色が連続する画像の圧縮率が高い。透明色を定義するオプションがあり、背景の色を消して文字だけをロゴとして表示できるため、Web ページのイラストやボタン画像などを表現するために汎用される。また、一つのファイル内に複数の画像データを保持でき、これを順次表示することでアニメーションを表現することもできる。ただし、最大 256 色までしか扱えないため、色数が多いと画質が低下する。

❸ PNG（Portable Network Graphics）拡張子：png

PNG 形式は GIF 形式を拡張、改良した可逆圧縮ファイル形式であり、透明色や半透明の指定もできる。PNG-8 形式は 8 ビットで色情報を取り扱うため、JPEG 形式や GIF 形式より圧縮率が高い。また、PNG-24 形式は 24 ビットの色情報を取り扱うためフルカラー（1,677 万色）の画像を可逆圧縮できるが、ファイルサイズが

GIF ファイルでロゴを表示

透明 GIF ファイルにすると、背景に溶け込んで見える

透明 GIF 形式の利用例

大きくなることがある。GIF 形式と比較すると扱える色数が多く、JPEG 形式と比較すると画質が劣化しないという特徴から、線画などのシャープな画像だけでなく、色数の多い画像にも利用される。現在、多くの Web ブラウザーで取り扱うことができ、Windows 10/11 や macOS でのスクリーンショットのデータは、初期設定だと PNG 形式で保存される。

4 HEIF（High Efficiency Image File）　拡張子：heif または heic

　HEIF 形式は、圧縮効率に優れたビットマップ画像の可逆圧縮ファイル形式であり、GIF 形式と同様に一つのファイル内に複数の画像データを保持できるが、Windows PC ではファイルを開くことができない場合が多いため、注意が必要である。（→ちょっとしたコツ⑨）

5 TIFF（Tagged-Image File Format）　拡張子：tif または tiff

　TIFF 形式は、ビットマップ画像をさまざまな PC 間で交換することを目的として開発されたファイル形式である。基本的には非圧縮だが、さまざまな圧縮方法がオプションとして用意されている。ほとんどすべてのペイントソフト、画像編集ソフトで取り扱うことができる。QuickTime（Apple 社が開発した動画、画像、音声を取り扱うソフトウェア）がインストールされた環境では、Web ブラウザーで表示可能であるが、ファイルサイズが大きいため Web 公開用には適さない。

6 BMP（Microsoft Windows Device Independent Bitmap）　拡張子：bmp

　BMP 形式は無圧縮の画像フォーマットであり、多くの PC で利用可能な画像記録用ファイル形式である。ビットマップ画像の 1 つの点それぞれに対して色情報を持っているため、1,677 万色を取り扱うことができる。圧縮されないためファイルサイズが大きくなるが、編集を繰り返しても画質の劣化は伴わない。

ちょっとしたコツ ❾　iPhone で撮影した写真を PC で表示できません

　iOS 11 以上を搭載した iPhone の初期設定では、カメラで撮影した写真は HEIF 形式で記録されます。2022 年 5 月現在、Windows PC の標準機能では、このファイル形式に対応していないため、HEIF 形式の写真を表示することができません。このため、iPhone ユーザー側が HEIF 形式から JPEG 形式に変換する、記録形式を JPEG 形式に変更するなどの対応が必要になります。

　Windows 11 であれば「HEIF Image Extensions」という拡張機能をインストールすれば問題が解決しますが、それ以外に画像編集ソフトや Google フォトで開くという方法もあります。この方法であれば Windows 10 でも対応できるので、やってみてください。

⑦ EPS (Encapsulated PostScript)　拡張子：eps

　PostScript とは、ベクトルデータをレーザープリンターで出力するためにアドビ社が開発した言語である。PostScript をベースにした EPS 形式には、ビットマップ形式のデータとベクトル形式のデータの両方を含めることができるが、一般的には、ベクトル画像のファイル形式として使用されることが多い。

利用目的に合わせた画像ファイルのデータ形式

データの種類／利用目的	データ形式
線画・イラスト・クロマトグラムなどのチャートデータの保存	BMP、GIF、PNG
写真・電気泳動像・組織標本などのデータの保存	JPEG、TIFF
Macintosh と Windows PC でのデータ交換	TIFF、JPEG
Web での写真表示	JPEG
Web でのロゴ、イラスト表示	GIF、PNG
図形・フローチャート・化学構造式など、単純な線や文字のみで構成されるデータ	EPS ソフトウェア独自のファイル形式で保存
実験データ	圧縮せずに保存するか、可逆形式で保存

Ⓔ 映像データと音声データの取り扱い

　これまで述べた画像は"静止画"である。これに対して、動画データには映像データ、音声データ、字幕データが含まれているため、静止画に比べて格段に情報量が多い。収録時間に応じてファイルサイズも大きくなるため、記録された動画データを符号化して保存したり、インターネットで配信する際にはデータの圧縮が行われている。このときに利用するエンコーディングプログラムを**コーデック**と呼ぶ。映像コーデック（ビデオコーデック）と音声コーデック（オーディオコーデック）があり、作成時と同じコーデックがない環境では動画を再生することができない。また、動画データを作成するときの設定には1秒間に何枚の画像を処理するかを示す**フレームレート**（単位 fps）や1秒間のデータ量を示す**ビットレート**（単位 bps）がある。どちらもファイルサイズに直接影響するため、画像データと同じく作成する前に目的に応じて調整する必要がある。

　動画データのファイル形式と特徴を表にまとめた。OS 標準のファイル形式は、いずれも圧縮率が低くファイルサイズが大きい。現在、OS を問わず汎用されるのは MPEG-4 形式だろう。同じファイル形式でも異なるコーデックが使用されている

場合があるので、動画データを取り扱うときにはコーデック情報も確認してみると
よい。

　音声データは、音の周波数と強弱の音声信号が時間経過とともに符号化されて
いる。データの中には音声の波形情報が左右別々に含まれており、左右の情報が
異なればステレオ音声、同じであればモノラル音声になる。OS 標準のファイル形
式はいずれも非圧縮ファイルであるためファイルサイズが大きい。広く普及してい
るのは非可逆圧縮された MP3 形式（拡張子 mp3）であり、圧縮率が高いためファ
イルサイズが小さい。また、MP3 形式の後継である AAC 形式は動画ファイルの
中の音声データやテレビ放送にも利用されている。インターネットで配信されてい
る音楽データがどの形式なのか、調べてみるのもよいだろう。

動画データと音声データの主なファイル形式

データの種類	ファイル形式	拡張子	特徴
動画データ	AVI 形式	avi	Windows OS 標準、低圧縮率
	Quick Time 形式	mov	macOS 標準、低圧縮率
	MPEG-4 形式	mp4 など	可逆圧縮、高圧縮率
	WMV 形式	wmv	コピーガード機能を付与できる
音声データ	WAVE 形式	wav	Windows OS 標準、非圧縮
	AIFF 形式	aif	macOS 標準、非圧縮
	MP3 形式	mp3	非可逆圧縮、高圧縮率
	AAC 形式	aac	非可逆圧縮、MP3 形式より音質がよい

第1章

ちょっとしたコツ ⑩　　　**画像ファイルを編集してみよう！**

　スマートフォンの普及により、写真を撮ることが身近になり、インターネットで写真デー
タを共有することがあたり前の時代になりました。多くの人が Instagram や Pinterest な
どの SNS を利用して、コミュニケーションのツールにもなっています。でも、完全に同じ写
真は二度と記録できない、ということを意識する人は少ないのではないでしょうか。これは
旅先の風景や友人との集まりなど貴重なチャンスに撮影した写真が全体的に暗かったりし
ても、同じ状況での撮り直しはできないことを指します。

　画像の加工や編集（レタッチといいます）を行うアプリの代表に Photoshop があります。
これ以外にも多くのアプリがあり、トリミング（切り抜き）や回転、文字の追加、画質調整など
を容易に行える機能が揃っています。「風景」「人物」「料理」などのカテゴリを選ぶと自動
的に適切な修正が施されるものもありますが、自分で写真の明るさ、コントラスト、色調補正
などの編集作業を行ってみると、写真を撮るときに気を付ける点が見えてきます。極端な修
正は不自然さを増すだけなので注意する、ということもわかるでしょう。

　実験結果の画像データは、「わかりやすく」修正しようとするあまり、本来の結果を誇張し
すぎたりすると、ねつ造と受け取られたりします。研究者としてどのようにデータを扱うか
は注意が必要ですので、経験豊かな指導者に教えてもらいましょう。

第2章

2

第

章

ファイルの作成と管理

　PC を使って作成する情報には、実験レポート、サークルの名簿、研究発表のスライドなど、さまざまな種類があり、これらはすべて電子データである。電子データの大きな特徴は、何度でも修正したり再利用したりできる点である。その特徴を活かすために、自分だけではなく、他者も利用しやすい電子データを作成するように心がけてほしい。

　ファイルやフォルダーとは書類を束ねて整理する文具だが、PC で作業する際のファイルとは記憶装置に記録された電子データを指す。また、ファイルを分類して整理するための箱にあたる場所をフォルダーと呼ぶ。ファイルやフォルダーを自由自在に扱うことは、PC を活用するために必須であり、スマートフォンやタブレットにも応用できる。本章では、ファイルとフォルダーなど、電子データを利活用する前提となる、ファイル操作に関する基本的な事項と、複数のソフトウェアでデータを共有して利用する方法を確認しよう。

1 ファイル操作

A ファイルに名前を付ける

電子データを利活用するためには、ファイルの名前をわかりやすくすることが必須である。新しく作成したデータを保存するとき、ソフトウェアによっては文書のはじめの文字列が自動的にファイル名に反映されたりするが、そのままでは、ファイルの内容を判別できないことが多い。既存のファイルから新たに別のファイルを作成するときは、あらかじめファイル名を変更しておかないと、名前と内容が一致しないだけでなく、上書き保存で以前に作成した内容を失うことにもなる。このため、編集作業のはじめにファイル名を確定し、いったん保存するように心がける。

後にファイルを整理、検索することを考慮し、ファイルに名前を付けるときには自分なりのルールを作成しておく。以下に、いくつかの留意すべきポイントを示す。

・誰が見ても内容がわかる

「レポート」というファイル名をつけても、何のレポート文書なのかわからない。提出日、科目名など内容を具体的に表すキーワードをファイル名に含める。再利用できるという電子データの特徴を活かすために、誰でもわかりやすいファイル名にする。

・簡単に識別できる

ファイル名が長すぎると途中までしか表示されず、名前の違いを区別できない。このため、ファイル名は全角20文字程度以下で考えるか、判別可能な文字列を始めにつけておく。

半角文字のファイル名（左）と、全角文字のファイル名（右）。アイコンの表示方法によって、長いファイル名は最後まで表示されないことがある。

・並べ替えることを考える

たとえば、連番を付けるときは01、02のように桁数を揃えると、ファイルを並べ替えたときに判別しやすい。

・更新したことがすぐにわかる。いつの書類なのかすぐにわかる

頻繁に更新されるファイルは、ファイル名に日付やバージョンを含めると、ファイルの新旧を見分けることが容易になる。また、研究発表に用いるファイルには、発表する日付をファイル名に含めると、いつ利用したファイルかわかりやすい。

・どの PC でも同じように表示される

Windows OS と macOS では利用可能な文字が異なるため、次項を参考にしてファイル名に利用できる文字の制限を確認するとよい。

ちょっとしたコツ ⑪　既存のファイルを活用しよう…コンテキストメニューからの新規作成

電子ファイルのメリットの一つに、既存のファイルをひな形にして新しいファイルを簡単に作成できる点があります。でも、ひな形ファイルを編集していて、うっかり上書き保存してしまい、元の情報が失われたことはありませんか？

このようなことを防ぐためには、フォルダーウィンドウでひな形ファイルを右クリックしてみましょう。コンテキストメニューに表示される「新規作成」をクリックすると、ひな形ファイルのコピーが新しいファイルとして開きます。編集後、閉じるときにはファイル名をつけるように促されるので安心です。

B ファイル名に利用する文字

以下の点に留意した上で、系統的なファイル名になるようなルールを自分で作成しておくとよい。

・ファイル名には下記の半角文字（記号）を利用できない

$$¥ \quad \backslash \quad / \quad : \quad * \quad ? \quad " \quad < \quad > \quad |$$

これらは、Windows OS のシステム中で特別な意味を持っている文字である。全角文字であれば利用可能であるが、紛らわしいため利用しない。macOS で利用できない半角文字はコロン（：）、スラッシュ（/）、ファイル名の先頭のピリオド（.）であるが、ファイルを相互利用する際のトラブルを避けるため、上記の記号は利用しない方がよい。

・ファイル名に下記の文字を利用することは避ける

$$; \quad . \quad , \quad \% \quad + \quad = \quad \{ \} \quad [ ]$$

この中でピリオドはファイル名の先頭や最後には利用できず、連続したピリオドも利用不可である。また、ピリオドは拡張子（p. 36）との区切りに使用され、ファイル名の中に拡張子と見誤るような文字列がいくつもあると紛らわしいため、原則として使用しない。

・英数字や記号はなるべく半角文字に統一する

全角と半角が混在するとファイルの並べ替えや検索などの際に紛らわしくなる。さらに、全角文字は多言語の環境では正しく表示されないことがある。このため、英数字や記号は半角に統一する。

・ファイル名の途中に空白文字は原則として使わない

ソフトウェアの中には空白文字を含むファイル名を正常に扱えないものがあるので、必要なときは区切り文字を使用する。

・途中の区切り文字には－(半角ハイフン)や＿ (半角アンダースコア)を用いる

半角アンダースコア（ ＿ ）は下線を引くと空白文字と判別しにくいため注意する。半角ハイフンが推奨される。全角文字で区切らないようにする。

・機種依存文字は使わない

半角カタカナ、①、②などの丸囲い数字、Ⅳ、Ⅵなどの全角のローマ数字などは、PC の環境によって異なる文字で表示される可能性があるため使用しない。

Ｃ ファイルを保存する場所

ファイルを保存する場所として、PC 本体の内蔵ディスクのほかに外付けのハードディスクや USB メモリ、SD カード、CD-R/RW、DVD-R/RW、BD（Blu-ray Disc）などの可搬性のメディア（リムーバブルメディア）がある。各メディアの特徴を確認し、目的に合ったメディアを利用しよう。このほか、OneDrive、Google ドライブ、iCloud Drive などのクラウドストレージ（オンラインストレージ）と呼ばれるインターネット上のサービスを利用することができる（→ p. 42）。

ファイルを新規保存する場所は、一般的に PC にログインするユーザーごとに用意される「ドキュメント」〔**Mac**「書類」〕フォルダーになる。デスクトップにも保存可能であるが、後から必要なファイルを容易に探し出せるように、フォルダーを利用してファイルを整理することを常に意識しよう。

ドキュメントフォルダーの内容を閲覧するためには、タスクバーまたはスタート

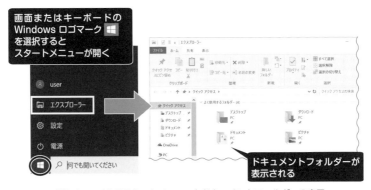

Windows 10 のスタートメニューとドキュメントフォルダーの表示

メニューから［エクスプローラー 💾］を選択し、開いたフォルダーウィンドウの
クイックアクセスから選択する。〔**Mac**〕［Finder 🐾］をクリックすると開いたウ
ィンドウから「書類」フォルダーを選択できる。〕

※スタートメニューの「設定」から「個人用設定」→「スタート」を選ぶと、スタートメニュー
（**W11** スタートメニューの電源ボタンアイコンの横）に「ドキュメント」フォルダーを表示する
ように設定を変更できる。

　ファイルをリムーバブルメディアに保存する場合は、タスクバーから［エクスプ
ローラー］を選び、［PC］を表示して「デバイスとドライブ」の一覧から目的のリ
ムーバブルメディアをダブルクリックする。

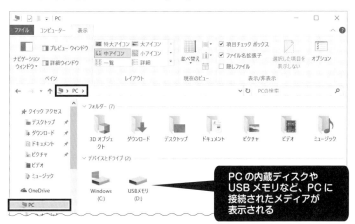

メディアが接続されると、「PC」に表示される

Ⓓ フォルダーの作成

　多くのファイルがあるときは、系統的なファイル名で整理するだけでなく、関連
したファイルをまとめて格納するフォルダーを作成する。フォルダーの中に、さら
にフォルダーを作成することもできる。

◆フォルダーウィンドウのメニューを利用して新規フォルダーを作成する

W10

① フォルダーを作成する場所を開く。

② ［ホーム］タブ→［新規］グループ→
　「フォルダー」

③ 青く反転した部分にフォルダー名を
　入力し、Enter キーを押す。

W11

① フォルダーを作成する場所を開く。

② ［新規作成］→「フォルダー」

③ 青く反転した部分にフォルダー名を入力し、Enter キーを押す。

Mac

① フォルダーを作成する場所を開く。

② 画面上部のメニューから［ファイル］→「新規フォルダ」

③「名称未設定フォルダ」と反転した部分にフォルダー名を入力し、Enter キーを押す。

◆コンテキストメニューを利用して新規フォルダーを作成する

① フォルダーを作成する場所を開き、フォルダーウィンドウ内の何もないところで右クリック。

② コンテキストメニュー→［新規作成］→「フォルダー」〔**Mac**「新規フォルダ」〕

③ 青く反転した部分にフォルダー名を入力し、Enter キーを押す。

※「新しいフォルダー」という名前で一度確定してしまったら、そのフォルダーを右クリックし、コンテキストメニューから「名前の変更」を選択。

E ファイル・フォルダーのコピーと移動

ファイル・フォルダーは、次にあげる方法でコピーや移動ができる。

◆コンテキストメニューを利用する

① 目的のファイル・フォルダーを右クリック。→コンテキストメニューを表示。

② コピーするときは［コピー］、移動するときは［切り取り］を選択。

③ コピー／移動先フォルダーを開き、ウィンドウ内の何もないところで右クリック。

④ コンテキストメニュー→［貼り付け］

◆マウスでドラッグ＆ドロップする

目的のファイル・フォルダーをコピー／移動先のフォルダーへドラッグする。このとき、同一ドライブ内の操作なのか、異なるドライブ間での操作であるかによっ

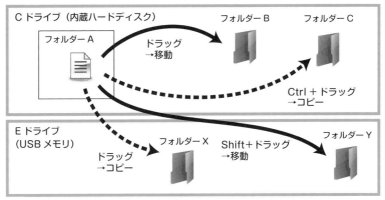

ファイル・フォルダーをドラッグ & ドロップしたときの動作

第2章

て、ドラッグ & ドロップの結果が異なるため、注意が必要である。

> 同一ドライブ内→　移動　　　　異なるドライブ間→　コピー

◆ Ctrl +ドラッグ & ドロップを利用してコピーする

　Ctrl キーを押しながら目的のファイル・フォルダーを元のフォルダーからドラッ
グ&ドロップすると、同一ドライブでもファイル・フォルダーのコピーになる。

◆ Shift +ドラッグ & ドロップを利用して移動する

　Shift キーを押しながら目的のファイル・フォルダーを元のフォルダーからドラッ
グ&ドロップすると、ファイル・フォルダーの移動になる。

　コピー／移動先のフォルダーに同じ名前のファイルが存在すると、上書きするか
を確認するダイアログボックスが表示されるので、日付、時刻などを参考にして、
本当に上書きしてよいかを十分に確認する。誤って古いファイルで新しいファイル

ちょっとしたコツ ⑫

右ドラッグ & ドロップでもファイルのコピー／移動ができる

　ファイル操作に慣れてくると、コンテキストメニューを表示させてコピーするのが面倒
になってくるかもしれません。また、ドライブが同じかどうか、Ctrl キーを押したかどう
かわからなくなることもあります。そんなとき、マ
ウスの右ボタンを使ってファイルをドラッグしてみ
てください。ボタンを離すと、コンテキストメニュ
ーが表示され、コピーするか、移動するか、を選択
することができます。

> ここにコピー(C)
> **ここに移動(M)**
> ショートカットをここに作成(S)
>
> キャンセル

を上書きしてしまうと、文書そのものを失ってしまうことになるので注意する。また、フォルダーをコピー／移動するときに同じ名前のフォルダーが存在すると、内容を統合するかを確認するダイアログボックスが表示される。

ファイルをコピー／移動するときに表示されるダイアログボックス

F ファイル・フォルダーの削除

　ファイルを削除するときは、デスクトップにあるごみ箱アイコン〔**Mac** Dock の右側にあるゴミ箱アイコン〕へファイルをドラッグ＆ドロップするか、ファイルを選択してから Delete キーを押す。内部ストレージに保存されたファイルは、ごみ箱フォルダーに移動し、完全に削除されるわけではない。このため、ごみ箱アイコンをダブルクリックしてごみ箱フォルダーを開き、ファイルを選択してデスクトップなどに戻すと復活する。ごみ箱アイコンを右クリックし、コンテキストメニューから［ごみ箱を空にする］を選択すると、ごみ箱の中のファイルは完全に削除される。初めから完全に削除するときは、Shift キーを押しながらファイルをごみ箱へドラッグすると、初めからごみ箱フォルダーに移動することなく削除できる。

　クラウドストレージに保存したファイルを削除すると、ごみ箱に相当するフォルダーへファイルが移動し、一定期間後に自動的に削除される仕組みになっていることが多い。このため完全に削除したい場合は確認する必要がある。一方、USB メモリなどのリムーバブルメディアなどに保存されたファイルは、ごみ箱にドラッグすると、そのまま削除され、復活させることはできないため、誤って必要なファイルを削除しないように十分注意する。

※ごみ箱を空にしたり完全に削除する操作を行っても、ディスク上には痕跡が残されているため、専用のソフトウェアを使うとファイルを復活することができる場合がある。

※ごみ箱にファイルが存在している間はその分もストレージ容量に含まれるため、保存可能な容量を増やしたいときはごみ箱を空にする必要がある。

Ⓖ ファイル・フォルダーの表示と並べ替え

　フォルダーを開くと、フォルダーウィンドウ内でファイルを一覧表示できる。初期設定では、フォルダーに保存されているデータに合わせて最適な方法でファイルの情報が表示される。この表示方法は、アイコンで表示したり、更新日時やファイルサイズを同時に表示することができる。しかし、そのままでは作業しづらい場合は、開いたフォルダーウィンドウの［表示］タブ→［レイアウト］グループにあるボタン〔 W11 ［表示］ボタンを押して表示されるプルダウン〕を利用して表示方法を切り替える。

　ファイルの表示方法のうち「詳細」を選択すると、ファイル名のほかに、更新日時やファイルサイズも一覧で表示できる。一覧表示された上部の項目名（たとえば「更新日時」）をクリックすると、その項目で並べ替えられる。クリックするごとに、昇順と降順が切り替わるので、ファイルを探すときに便利である。

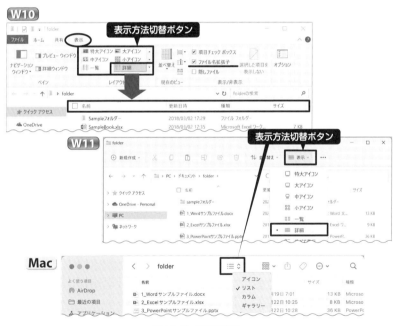

フォルダーの詳細表示

2 ファイルに関する情報：プロパティ

　ファイルには、文章など保存されている内容だけでなく、ファイルの作成日時、更新日時、ファイルの種類、ファイルサイズなど、さまざまな情報が付随している。これらの情報は、該当ファイルを右クリックし、コンテキストメニューからプロパティを選択するか、フォルダーウィンドウの［ホーム］タブ→［開く］グループから「プロパティ」ボタンを押すと確認することができる。〔**Mac** コンテキストメニュー→「情報を見る」、または［ファイル］メニュー→「情報を見る」〕

A ファイルの拡張子

　フォルダー内のファイルを見ると、さまざまなアイコンで表示されている。アイコンが異なると、ダブルクリックしたときに起動するソフトウェアも異なる。これは、ファイル名の最後にピリオドで区切ってから3〜4文字の**拡張子**と呼ばれる文字列が付けられており、ファイルとソフトウェアを関連付けているからである。ソフトウェアの種類に応じて拡張子にも多くの種類がある。代表的な拡張子を表に示した。

拡張子	ファイルの種類	拡張子	ファイルの種類
docx	Microsoft Word 文書（→ p. 103）	zip	ZIP 圧縮ファイル（→ p. 37）
xlsx	Microsoft Excel ブック（→ p. 143）	pdf	PDF 文書（→ p. 12）
pptx	Microsoft PowerPoint プレゼンテーション（→ p. 183）	jpg	JPEG 画像ファイル（→ p. 22）
txt	テキスト文書	gif	GIF 画像ファイル（→ p. 22）
mp3	MP3 音声ファイル（→ p. 25）	png	PNG 画像ファイル（→ p. 22）
mp4	MPEG-4 動画ファイル（→ p. 25）	heic	HEIF 画像ファイル（→ p. 23）
mov	Apple QuickTime 動画ファイル	tmp	一時データファイル

　多くの場合、購入したばかりの PC では拡張子が表示されないように設定されている。しかし、ファイルのアイコンだけでは種類を区別できない場合があるため、セキュリティ対策という意味も含めて、拡張子を常に表示させておくとよい。

W10

　① フォルダーウィンドウの［表示］タブ→［表示／非表示］グループ
　②「ファイル名拡張子」にチェックを入れる（前ページの図を参照）。

第
2
章

W11
① フォルダーウィンドウの［表示］プルダウン→［表示］
② 「ファイル名拡張子」を選択すると、チェックが入る。

Mac
① ［Finder］メニュー→［環境設定 ...］
② ［詳細］タブ→「すべてのファイル名拡張子を表示」にチェックを入れる。

B ファイルのサイズ

　ファイルサイズは、フォルダーの詳細表示や（p. 35）、ファイルのプロパティで確認することができる。一般的なファイルは数十〜数百キロバイト（KB）程度であるが、動画ファイルでは収録時間によって数百メガバイト（MB）になる場合もある。ファイルサイズの単位については第1章を参照のこと（→ p. 14）。

　ファイルサイズが大きくなると、電子メールに添付しても送信エラーになったり、PC の動作が遅くなるなどの不具合が生じる。このため、特に写真や動画のデータを含むファイルの場合は、ファイルサイズを意識して作業しよう。

C ファイルの圧縮と展開

　ファイルサイズが大きい場合でも、**圧縮**という操作によってサイズを縮小できる場合がある。圧縮した場合でも、**展開**操作により元のファイルを復元することができる。一般的な圧縮形式は ZIP 形式であり、特別なソフトウェアなしで利用できる。

　圧縮の目的には、ファイルサイズを小さくするほかに、複数のファイルを一つのファイルにまとめることがある。有効に利用することでファイル操作の効率が向上したり，電子メールによるファイル送信に役立つ。

◆ ZIP 形式の圧縮ファイルを作成する
① 目的とするファイルまたはフォルダーを右クリック。
② コンテキストメニュー→［送る］→［圧縮（zip 形式）フォルダー］〔Mac〕コンテキストメニュー→「圧縮」〕
③ ZIP 形式の圧縮ファイルが作成される。拡張子を表示している環境では、ファイル名の後に拡張子 zip が付与されたことを確認できる。

folder.zip

ZIP 形式の
ファイルアイコン

※①で複数のファイルを選択しておくと、1つの ZIP ファイルにまとめて圧縮できる。

◆ ZIP 形式ファイルから元のファイルを展開する

① フォルダーウィンドウで圧縮ファイルをクリックして選択。

② フォルダーウィンドウの［圧縮フォル
ダーツール］→「すべて展開」

③ ダイアログボックスで展開先を設定し
て「展開」ボタンを押す。

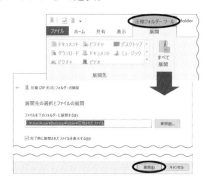

※フォルダーウィンドウを開かずに ZIP ファイルを
右クリックして、コンテキストメニューから「す
べて展開 ...」を選択してもよい。

※ **Mac** ZIP ファイルをダブルクリックすると、す
べて展開される。

3 ファイルの検索

　作成したファイルを不用意に保存してしまい、どのフォルダーにあるかわからな
いときや、以前に作成したファイルが見つからないときは、PC 内やリムーバブル
メディアに保存されているファイルを検索することになる。検索には、ファイル名
だけではなく、ファイルの作成日、更新日、ファイル中に含まれる文字列、ファイ
ルの拡張子なども利用することができ、これらのキーワードを上手に組み合わせる
ことで効率のよい検索が可能になる。

Ａ キーワードで検索する

◆ファイルを簡易検索する

① Windows ロゴキーの隣にある検索ボックスをクリック。〔 **W11** 検索ボタン
を押して表示される検索ボックスをクリック。〕

② キーワードを入力すると、ファイル名や内容にキーワードが含まれるファイ
ル、プログラム（アプリ）、Web サイトが
検索結果として表示される。

◆特定のフォルダー内を検索する

① フォルダーウィンドウ右上にある検索ボッ
クスにキーワードを入力すると、表示内容が自動的にフィルターされ、ファ
イル名や内容に含まれるキーワードがハイライトされる。〔 **Mac** メニューバ

ーやウィンドウ右上の Spotlight アイコン Ｑ をクリックすると、キーワード
を入力して検索できる。〕

② 検索範囲を変更したり、更新日時などの検索条件で検索結果を絞り込む場合
は、［検索ツール］→［検索］タブ→［場所］グループや［絞り込み］グルー
プのプルダウンを利用する。PC 内すべてを検索する場合は、「PC」をクリッ
クする。〔 W11 ［表示］ボタンを押して表示されるプルダウンから検索条件
を選択する。〕

B　ワイルドカードを利用して検索する

　検索用のキーワードを指定するとき、ファイルの名前の一部しかわからない場合
や、一連のファイル名の一部のみを指定する場合がある。このようなときには、ワ
イルドカードと呼ばれる任意の文字を意味する記号を用いる。ワイルドカードに
は、任意の一文字を示す半角の疑問符？、任意の文字列を示す半角のアスタリスク
＊が用いられる。

　ワイルドカードはさまざまな場面で利用可能であり、共通となる文字列の前、後
などに使うと種々の条件を指定することができる。

ワイルドカードを使ったファイルの指定

＊.＊	すべてのファイルが該当する。
＊.docx	拡張子が docx であるファイルすべてが該当する。
word＊.docx	word1.docx, word111.docx, wordprocessor.docx などが該当する。
word??.docx	word11.docx は該当するが、word1.docx や word111.docx は文字数が異なるのであてはまらない。

4 リムーバブルメディアへのファイルの保存

　ソフトウェアでファイルの保存を実行すると、通常は内部ストレージまたはクラウドストレージ上のフォルダーに保存されるが、ファイルを持ち運ぶ必要が生じたときは、USB メモリ、SD カードなどのリムーバブルメディアを利用する。USB メモリは取り扱いが簡単であり、大容量でも安価で購入できる。スマートフォンのデータ保存用に SD カードを利用している場合は、同じカードを使うこともできる。

　リムーバブルメディアを利用するメリットは、簡便に、大量のデータをコピーして持ち運べることであるが、その反面、保管中の紛失や盗難、メディアの破損などが起こる可能性がある。このため、個人情報を含むファイルを保存することを避けたり、重要なデータにパスワードを設定したり、事前にバックアップを別のメディアに取得したりしておくなど、管理に気を付けよう。また、複数の USB メモリを使い分ける場合などはメディアの所在を確認するなど、紛失したことに気付かないことのないようにするのが望ましい。

Ⓐ USB メモリの使い方

❶ USB メモリを PC に接続する

① USB メモリをスロット（　または　マークのある挿入口）に挿入。

② 初回のみ、しばらくすると「デバイスを使用する準備ができました」と表示される。

③ 次に行う操作のリストが表示されたら、「フォルダーを開いてファイルを表示」を選択。（自動的にフォルダーウィンドウが開く場合もある。）

④ PC の設定によりフォルダーウィンドウが開かない場合は、[エクスプローラー]→[PC]→デバイスとドライブに表示される USB メモリのアイコンをダブルクリック。

※ SD カードの場合は、USB のスロットの代わりに SD カード用のスロットにメディアを挿入する。それ以外は、基本的に USB メモリと同じ取り扱い方である。

※ ノート型 PC では、TypeB の USB スロットがなく、TypeC のコネクタしかない機種がある。この場合は、USB ハブと呼ばれる周辺機器を経由して、TypeB の USB メモリを接続できるようにする。

2 USB メモリを取り外す

◆コンテキストメニューを利用して取り外す

① USB メモリを使ったファイルをすべて閉じ、その際に利用したソフトウェア
も終了する。

② スタート画面→ [PC]〔**W11** [スタート]→[コンピューター]〕

③ USB メモリのアイコンを右クリック。→コンテキストメニュー → [取り出し]

④ 「コンピュータから安全に取り外すことができます」というメッセージが表示
されたら、メモリをスロットから取り外す。

◆インジケータアイコンを利用して取り外す

① USB メモリを使ったファイルをすべて閉じ、その際に利用したソフトウェア
も終了する。

② 画面の下にあるタスクバーの右下のインジケータアイコンの中から、「ハード
ウェアを安全な取り外してメディアを取り出す」のアイコンをクリック。

③ 「USB Device の取り出し」を選んでクリックする。

④ 「'USB 大容量記憶装置'はコンピューターから安全に取り外すことができま
す。」というメッセージが表示されたら、USB メモリを外す。

クリックして表示
されるメッセージを選択

このメッセージが表示されるまで待つ

※ドライブが複数表示されて、どのドライブが取り外したい USB メモリかわからないときは、
エクスプローラーから [PC] を開き、ドライブの内容やドライブレターを確認しよう。

◆ USB メモリが取り外せないとき

① PC をシャットダウンし、電源が切れたらメモリを取り外す。

B リムーバブルメディアへ直接保存する

　ソフトウェアからリムーバブルメディアに直接保存するときは、保存時の場所を
目的のメディア、フォルダーに切り替えればよい。ファイルを保存する際に「参照」
ボタンを押すと、「名前を付けて保存」ダイアログボックスが開き、ドキュメント
フォルダー以外のフォルダーや PC に接続されているリムーバブルメディアのリス
トが表示される。目的のリムーバブルメディアを選択して、その中のフォルダーを
選択することも可能である。上部のアドレスバーでドライブとフォルダーを確認し

「名前を付けて保存」ダイアログボックス

てから、「保存」ボタンをクリックするとよい。〔**Mac** 場所のプルダウンメニューで保存先を切り替える。〕

※アドレスバーに表示されたドライブやフォルダー名の右側にある小さな三角形のボタンをクリックすると、プルダウンから他のフォルダーを選択することも可能。

※アドレスバーをクリックして表示される￥マークは、フォルダーの区切りを示している。

5 クラウドストレージへのファイルの保存

　インターネットが普及し、**クラウドストレージ**（オンラインストレージ）の利用者が増加している。あらゆるファイルを保存できるが、インターネット上に存在するストレージが目に見えないため無意識に利用している場合も多いだろう。便利である一方、意識すべきポイントも多いため、以下を確認しておくとよい。クラウドストレージを含むクラウドサービス全般については第3章で説明する。

A クラウドストレージを利用する目的

　クラウドストレージは、アカウントをもつ本人が利用するだけでなく、複数人での協働作業にも利用できる。以下に、いくつかの利用目的を示す。

・複数のデバイス間でデータをコピー／移動したり共通利用する

　スマートフォンで撮影した写真をクラウドストレージに保存して、PCで閲覧したり、ファイルを管理することが可能であり、ノートPCで作成したファイルを、

外出先に持参したタブレットで参照することができる。個人で複数の PC を利用している場合は、PC のデータをクラウドストレージに同期させておくと、常に同じデータにアクセスすることができる。このほか、PC、スマートフォンに保存されたファイルを定期的にクラウドストレージにコピーしてバックアップに利用できる。

・複数人でファイルやフォルダーを共有する

クラウドストレージに保存されたファイルやフォルダーに共有設定を施し、複数人で編集することができる。サービスによって、同時に編集することも可能。

・大きなサイズのファイルを受け渡す

メールに添付できない大容量のファイルを一時的に共有するように設定し、相手にダウンロードしてもらうことができる。

・機密性の高いファイルを特定の人だけに渡す

セキュリティ上、電子メールに添付できない内容の場合、パスワードをかけたファイルをクラウドストレージに保存し、特定の人だけがアクセスできるように設定してファイルの取得を依頼する。このような注意が必要なデータは受け渡しが終わったらクラウドストレージに保存したファイルは削除しておく。

Ⓑ クラウドストレージの種類

代表的なクラウドストレージサービスを以下に示す。どのサービスも、Windows PC, Macintosh PC, タブレット，スマートフォンいずれのデバイスでも利用可能である。個人で使っているサービス以外にも大学から提供されて利用する場合もあるだろう。利用可能な容量などの特徴を把握して有効に使えるようにしておこう。

■ Google ドライブ

Google ドライブは、Google 社が提供している Web アプリケーションの一つで、Google アカウントで利用する。無料で利用できるのは1アカウントあたり 15 GB である。所属大学が Google Workplace と呼ばれるサービスを契約している場合は、そのアカウントで別の保存領域を利用できるが、大学によってセキュリティ設定が異なる場合があるので、共有して利用する場合などには確認が必要である。

■ OneDrive

OneDrive はマイクロソフト社によるクラウドストレージサービスであり、Windows PC へのログインに必要な Microsoft アカウントで利用する。個人で無料で利用できる容量は 5 GB であるが、Microsoft 365 のサブスクリプションを契約していると 1 TB になる。所属大学が Microsoft Office365 Education などを契約して

いる場合は、個人の Microsoft アカウントのほかに大学から配布されたアカウントで別領域（OneDrive for Business）を利用することができる。なお、Windows PC では初めから OneDrive を使用する準備が整っているが、同じ PC 内の一つのアカウントで利用できるのは、個人用とビジネス用の保存領域一つずつである。

3 iCloud Drive

iCloud Drive は、Apple 社の iCloud サービスの一つで、Apple 社の PC、タブレット、スマートフォンに初めから組み込まれている。利用するためのアカウント Apple ID は iPhone の利用者なら作成済みだろう。無料で利用可能な容量は 5 GB であり、有料プランにアップグレードして容量を増やすことができる。

4 その他のサービス

Dropbox と Box はいずれも法人向けサービスで大容量の保存領域を利用できる。個人が無料で利用できる容量は 2 GB（Dropbox）または 10 GB（Box）である。法人向けサービスは複数メンバーでのファイル共有する目的で利用され、共有するためのリンクに有効期限を設定できたり、共有相手のアクセス権限を詳細に設定できるなど、セキュリティ上の利点がある。このほかチームで文書を運用する目的で利用される法人向けサービスとして、マイクロソフト社の SharePoint がある。

C クラウドストレージを利用するときの注意点

クラウドストレージは、ブラウザ経由で利用するか専用のアプリケーションソフトウェア（アプリ）で利用する。専用アプリは、設定によってインターネットに接続していなくてもファイルの編集が可能であるが、編集後に必ずインターネットに接続して、クラウドストレージ上のファイルと同期させるなど、データの整合性の維持に注意しよう。

クラウドストレージのメリットは、データの一元管理や他者との共有のほかに、ストレージデバイスの管理が不必要でメディアを紛失する心配がないことがある。一方、インターネットに接続できないと最新の情報にアクセスできなくなったり、何らかの理由でデータが消失してしまう可能性がある。また、高度なセキュリティ設定を施していても、アカウント情報が漏れると情報流出につながる可能性もある。

多くの人が複数の種類のクラウドストレージを使い分けているだろう。自分がどのサービスを利用しているか、きちんと把握し、必要なセキュリティ設定を施し、保存しているデータは定期的にバックアップをとるなどして（→ p. 52 ちょっとしたコツ⑬）、クラウドストレージサービスを有効活用してほしい。

6　電子データの有効活用

　さまざまなアプリケーションソフトで作成・蓄積したデータは、必要なときに再利用することにより、電子データであるという価値が生まれる。この「再利用」には、同じソフトウェアで繰り返して利用するだけでなく、異なるソフトウェア間で相互利用することも含まれる。アプリケーションソフトの種類と特徴、目的に合ったデータの貼り付け方法を理解し、自由自在に電子データを相互利用することは、ICT 社会でのスキルとして必須である。

　例えば、効率よく報告書を作成するためには、すでに作成したデータを有効に活用すればよい。Word の場合、画像ファイルとして作成済みのデータは p. 123 に記載した方法で本文に挿入するが、Excel や PowerPoint などの別のソフトウェアで作成したデータを直接 Word へ貼り付けることもできる。このように、表計算ソフトで作成したグラフを、文書作成ソフトで作成するレポートや、プレゼンテーションソフトで作成する報告会の資料に利用できる。

Ⓐ 電子データの相互利用

　作成したデータをコピーすると、その内容は**クリップボード**という場所に一時的に保管され、その後、貼り付け先に複写される。一連の操作を**コピー＆ペースト**と呼ぶ。対象となるデータは、テキスト、図、表、グラフなどがあり、同じソフトウェアの中だけでなく、異なるソフトウェア間でも相互利用できる。例えば、Officeソフトウェアでは元の書式を保持することも、貼り付け先の書式に合わせることもできるほか、**貼り付けのオプション**を利用すると、必要な内容だけを貼り付けることができる。また、作成元のデータが変更されたときに、貼り付け先のデータも自動的に更新するような**リンク貼り付け**も可能である。

　プレゼンテーション用のスライドやポスターを作成する時点では、すでにレポート作成や実験データの整理が行われていることが多く、この蓄積されたデータを有効利用することで、効率よくプレゼンテーション資料を作成できる。このとき注意したいのは、Word や Excel では A4 程度の用紙に印刷することを前提としてデータを作成するのに対して、PowerPoint では、液晶プロジェクターで投影するスライドや、遠くからでも見やすいポスターを作成するという点で異なっていることである。つまり、レポート用に作成した Word や Excel などのデータをコピーして

PowerPoint で利用する場合は、フォントを大きくしたり、線を太くして、プレゼンテーション資料として見やすく加工する必要がある。

Office ソフトウェアでのコピー & ペーストは、次の手順で行う。対象データの種類、貼り付け方法、ソフトウェアの種類やバージョンによって貼り付け結果が一部異なる場合があるので、確認しながら作業してほしい。

① 対象となる文字、グラフなどをコピー。

② （必要ならソフトウェアを切り替えて）貼り付ける位置にカーソルを置く。

③ ［ホーム］タブ→［クリップボード］グループ→「貼り付け」プルダウンに表示された矢印をクリック。

④ 「貼り付けのオプション」から目的に合った形式のボタンを選択する。

⑤ 「形式を選択して貼り付け...」を選択した場合は、ダイアログボックスで目的にあった形式を選択し、OK ボタンを押す。

※「貼り付け」ボタンを直接クリックすると、既定の形式で貼り付けが実行される。Word の場合、既定の形式は、「既定の貼り付けの設定...」をクリックすると表示される、「Word のオプション」ダイアログボックスの「切り取り、コピー、貼り付け」欄であらかじめ設定できる。Excel と PowerPoint では、下記の「貼り付けのオプション」を利用して形式を選択する。

「貼り付けのオプション」ボタン

※貼り付け操作を行うと、貼り付けた場所の右下に「貼り付けのオプション」ボタンが表示される。これをクリックし、貼り付け形式を選択することができる（→次ページの表参照）。

Ⓑ Word で作成した文字、表や図形の利用

▇ 文字を PowerPoint に貼り付ける

Word で入力した文字には、フォントの種類やサイズ、太字や斜線などの書式設定が含まれている。PowerPoint のスライドに貼り付けるときには、Word の書式情報は破棄し、書式を作成中のスライドと合わせると統一感が生まれる。

　Word で段落記号 ↵ を含めた範囲をコピーすると、段落の書式情報もコピーの対象になる。この内容を PowerPoint へ貼り付ける場合、［ホーム］タブ→［クリップボード］グループ→「貼り付け」プルダウンから貼り付けのオプションを選択できる。また、貼り付け先で右クリックすると「貼り付けのオプション」ボタンも表示される。選択可能な形式は、下表にあるように「貼り付け先のテーマを使用」、「元の書式を保持」、「図」、「テキストのみ保持」などである。通常は「テキストのみ保持」を選択して貼り付け、フォントの種類やサイズは PowerPoint の設定を適用するとよい。箇条書きのテキストをコピーして貼り付ける（**コピー & ペースト**という）すると、箇条書きのレベル情報が保持されたまま貼り付けられる。

Office ソフトウェアの「貼り付けのオプション」の例

オプションの種類	説　　明
元の書式を保持	文字書式、段落書式を保持して貼り付ける
貼り付け先のスタイルを使用	文字書式などを貼り付け先に合わせて変更する Excel のグラフのデータは埋め込まれる
図	ビットマップ画像（→第 1 章）として貼り付ける 後から編集できない
テキストのみ保持	書式情報は破棄し、文字情報のみを貼り付ける
元の書式を保持しデータをリンク	Excel で設定したグラフなどの文字書式や色の情報を保持し、データを元のファイルにリンクさせる
貼り付け先のテーマを使用しデータをリンク	Excel のグラフなどを貼り付けるとき、文字書式や色を貼り付け先の文書に合わせ、データを元のファイルにリンクさせる

※ Word で段落記号を含めずに文字の一部だけをコピーした場合は、通常の貼り付けをしても PowerPoint での文字書式が適用される。

2 表や図形を PowerPoint に貼り付ける

　Word で作成した表や図形をコピーし、PowerPoint へ既定の貼り付けを行うと、貼り付け先のテーマに合わせた表、図形になる。貼り付け後は共通の表ツール、描画ツールを利用して必要な変更を簡便に行うことができる。

C Excel で作成した表やグラフの利用

1 Excel の表を貼り付ける

　Excel で入力し、整理されたデータを表として報告書に掲載するときは、Word で新たに表を作成するのではなく、Excel で作成した表を再利用すればよい。この場合は、Excel のワークシート上で利用したい範囲をコピーして Word へ貼り付

け、その後は Word の表として必要な編集を行う。頻繁に編集、更新する表の場合は、元ファイルとリンクさせて貼り付けてもよい。

　スライドやポスターで数値などを表として示す方がわかりやすいとき、Excel に入力されたデータがあれば、これを PowerPoint で再利用する。必要なデータ範囲はその一部であることが多く、また、Excel ではデータの並べ替えや再計算などが容易であるため、あらかじめ Excel で提示するデータを整理してから PowerPoint に貼り付けるとよい。Excel で作成した表をコピーして PowerPoint に貼り付けると、既定では貼り付け先のテーマに合わせてフォントの種類や表のデザインなどが変更される。見やすいスライド、ポスターにするためには、貼り付けた後にフォントの書式設定や罫線の色だけでなく、罫線の太さや背景の色なども変更するとよい。

② Excel からグラフを貼り付ける

　報告書にグラフを掲載するときは、Excel で作成したデータを再利用する。科学分野の学術論文では、一般的に外枠線のないグラフが多く、この方が文書との統一感がでるため、コピーする前に Excel でグラフエリアの枠線を「なし」と設定しておき、グラフのタイトルと図表番号は Word で入力するとよい（→ p. 133）。貼り付けるときは、編集中の Word 文書のデザインに合わせる（貼り付け先のテーマを使用する）か、元の Excel ファイルのデザインを保持するかをオプションで選択できる。Word に貼り付けた後は、Excel と共通のグラフツールを利用してグラフの大きさやデザインを適切に修正し、Word 文書の体裁に合わせる。

　PowerPoint でスライドやポスターに Excel で作成したグラフを利用する場合にも、貼り付け後にグラフの軸の線の太さ、マーカーのサイズ、フォントの大きさなどを加工して明確に識別できるようにした方がよい。また、グラフエリア、プロットエリアの色を「塗りつぶしなし」、グラフエリアの枠線の色を「線なし」にしておくと、PowerPoint に貼り付けたときにスライドの背景の色を活かすことができる（→ p. 169）。グラフのタイトルは PowerPoint で入力して、スライド上で適切に配置し、他のスライドと統一感をもったプレゼンテーション資料を作成してほしい。

◆グラフのデザインを修正可能な状態で貼り付ける

　Excel でグラフエリアをコピーし、PowerPoint に貼り付けるときは、貼り付けのオプションを利用して、貼り付け先のテーマを使用して貼り付けることも、元の書式を保持して貼り付けることも可能である。通常の貼り付けでは、次ページの図に示したようにフォントや軸の色にスライドデザインの配色設定が自動的に適用される。ただし Excel でグラフを作成する際にフォントの色やサイズを手動で変更して

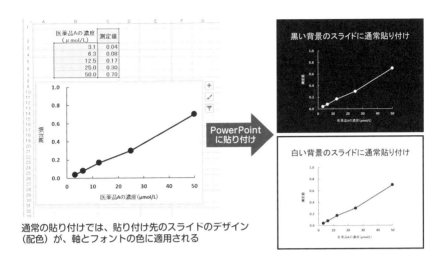

通常の貼り付けでは、貼り付け先のスライドのデザイン
（配色）が、軸とフォントの色に適用される

第2章

いると、多くの場合はそのまま設定が保持される。貼り付け後は、グラフツールを
利用してデザインを適切に変更するか、貼り付け前に調整しておくとよい。

◆元のファイルにデータをリンクさせて貼り付ける

　Excel のグラフエリアをコピーして Word へ貼り付けると、既定ではグラフがコ
ピー元の Excel ファイルにリンクした貼り付けになり、コピー元のファイルでデー
タを編集すると、次に Word ファイルを開いたときに自動的に内容が更新される。
編集途中の Word では、「グラフのデザイン」タブ→［データ］グループにある「デー
タの更新」ボタンを押すと、最新の内容が反映される。

　基本的に、貼り付けるグラフは Excel で完成させ、Word ではデータ修正を行わ
ないことが多い。データを修正する場合は、元の Excel ファイル上で作業を行い、
Word で「データの更新」ボタンを利用する方がよい。既定のオプションは「リン
ク貼り付け」なので、元の Excel ファイルを修正すると意図せず Word 文書のグラ
フが変わってしまうことがある。このため、不意に貼り付け後のグラフを更新して
しまわないように注意する。また、リンク貼り付けを選択した場合、グラフのデー
タはコピー元の Excel ファイルを参照しており、コピー元のファイルを削除したり

移動したりすると、データの編集ができないので十分に注意する。基本的には
Word や PowerPoint に貼り付けた後は、グラフのデザイン、書式の変更のみを行
うようにするとよい。

◆データを修正可能な状態で貼り付ける

　貼り付け後グラフを修正する可能性が少ない場合や、貼り付け時のデータをその
まま保持する場合は、「グラフを埋め込む」オプションを選ぶ。グラフデータが
Word に埋め込まれるので、グラフツールを利用して編集することができる。ただ
し、同じファイルに保存されているデータもすべて埋め込まれるので他者にファイ
ルを提供するときなどには不要なデータを含まないように注意が必要である。

◆グラフを画像として貼り付ける

　貼り付け後に修正が必要ない場合や他人に修正されたくない場合は、グラフをビ
ットマップ画像として貼り付ける方法が有効である。この場合は、Excel でグラフ
エリアをコピーし、貼り付けのオプションで「図」を選択するか、[形式を選択し
て貼り付け...] → 「図（PNG）」、「図（Windows メタファイル）」などを選択する
と、グラフが画像形式のデータに変換される。グラフの背景などに「塗りつぶしな
し」を設定している場合、画像形式として PNG や Windows メタファイルを利用
すると、「塗りつぶしなし」の範囲が透明となり、スライドの背景に馴染んだグラ
フになる。なお、画像として貼り付けたデータを、後からサイズを拡大すると画質
が劣化するため、先に Excel でグラフエリアのサイズを調整しておく。また、貼り付
け後はフォントサイズや色などの修正ができないため、あらかじめ Excel で貼り付
け先に合わせて調整しておくとよい。

Ⓓ PowerPoint で作成したデータの利用

1 PowerPoint から図形を貼り付ける

　PowerPoint は丸、四角、ブロック矢印などの図形（オートシェイプ）の取り扱
いが容易であるため、複雑な図形は PowerPoint で作成し、そのデータを Word で
再利用するとよい。

　PowerPoint で図形をコピーして Word に貼り付けると、色、線や塗りつぶしの
色などの情報がデータに含まれ、貼り付け後の図形編集が可能である。貼り付け後
に改変されたくないときなどは、PowerPoint で作成した図形データをビットマッ
プ画像として貼り付けることもできる。この場合は、Word の貼り付けオプション
で「図」を選択する。画像のファイル形式を確認して貼り付ける場合は、[形式を

選択して貼り付け ...］から「図（PNG）」などを選択する。画像のファイル形式については第 1 章（p. 18 〜）を参照のこと。

❷ PowerPoint からスライドイメージを貼り付ける

　PowerPoint で作成したプレゼンテーションの内容を利用して、学会参加の報告書などを Word で作成することができる。この場合は、スライドやポスターを 1 枚の画像として保存し、Word の本文に挿入すればよいが、後から編集可能な状態でスライドイメージを貼り付けることもできる。例えば、暗い背景のスライドでも、報告書に貼り付けてから配色を変更すると見やすい文書になる。

　Word に PowerPoint のスライドをそのまま貼り付けると、図としての貼り付けになる。編集可能な状態にするためには［形式を選択して貼り付け ...］→「PowerPointスライドオブジェクト」を選択する。

E 化学構造式の利用

　化学系の報告書では頻繁に化学構造式や反応経路、反応機構を記載する。化学系でなくても医薬品や生体関連物質の構造を含んだ文書を作成する機会がある場合、化学構造式描画ソフトウェアで作成したデータを利用するとよい。

　報告書、スライドやポスターに化学構造式などを挿入する方法には、描画した構造式を構造式描画ソフトでコピーして、Word や PowerPoint に直接貼り付ける方法と、画像ファイルとして保存してから挿入する方法がある。このとき、見やすい文書、スライド、ポスターにするためには、特に結合の太さやフォントサイズを調整する必要がある（→ p. 204）。スライドが暗い色の背景のときは、結合線やフォントの色を明るい色に変更してコントラストをつけることも有効である。

◆編集可能な状態で貼り付ける

　化学構造式描画ソフトで作成した化学構造式、反応式などをコピーして、Word や PowerPoint など他のソフトウェアへ直接貼り付けると、ダブルクリックすると元のソフトウェアが起動して編集可能な状態になる。貼り付け後にフォントの種類やサイズなどを設定することができるが、操作が煩雑になるので、できるだけ貼り付け前に結合や原子の色、結合の太さなどの設定を調整しておくとよい。設定方法や設定例については第 8 章を参照のこと。なお、この方法で貼り付けた構造式などのデータは、作成した化学構造式描画ソフトが PC にインストールされていないと編集することができないので、他の人とファイルを共有して共同作業するときなどは注意しよう。

◆構造式などを画像データとして貼り付ける

　貼り付け後の修正が不要なときは、［形式を選択して貼り付け...］から「図（拡張メタファイル）」を選択し、直接画像として貼り付けるか、貼り付けのオプションで「図」を選択する。PowerPoint の場合、［形式を選択して貼り付け...］→「図（Windows メタファイル）」を選択すると、背景が透明な図として貼り付けられ、統一感のあるプレゼンテーション資料を作成することができる。また、第 8 章（p. 188）で説明するように構造式などのデータを含んだ画像ファイルを作成し、p. 123 で解説する方法を用いて他のソフトウェアで利用することもできるので、目的に合わせて使い分けるようにしよう。

ちょっとしたコツ ⑬　データのバックアップを忘れずに！

　大切なデータを保存している PC が起動しなくなった、作業中の PC が突然フリーズした、USB メモリが認識されなくなった、など、さまざまなトラブルがあります。また、コンピューターウイルスに感染してデータが破壊されたり、PC のハードディスクを初期化しなければならなくなることがあるかもしれません。いざ、トラブルが起きたとき、これまで蓄積してきた重要なデータをすべて失ってしまわないように、日頃からデータのバックアップを行う習慣をつけましょう。

　例えば、時間をかけて取りまとめた実験データのファイルが壊れてしまうと、同じ実験データの解析を繰り返さなければならなくなります。また、旅行に行ったときにデジタルカメラで撮影した画像データなどは、二度と作成することはできません。そのような重要な電子データは、内蔵ハードディスクだけではなく、万が一 PC が壊れてしまっても利用できる外部メディアである CD-R/RW や DVD などに保存しておくと安心できますね。毎日更新する重要なデータは、毎日バックアップするなど、データの種類によってバックアップの頻度も変えるとよいでしょう。

第3章

インターネットと情報セキュリティ

　インターネットの普及により、国内、海外を問わず、すぐ近くに相手がいる感覚でリアルタイムの会話ができたり、外出せずに色々なものを買って届けてもらうことができるようになった。とても便利である一方で、目の前に実体がなく、正しいと思った情報が偽物だったり、単純な誤解を解消することができなくなったりというトラブルが生じる可能性もある。仮想空間でのサービスも登場して現実世界との区別がつかなくなる恐れもある。インターネットの世界には悪意を持って他人に害を及ぼす行動をとる人もいる。このため、自分が被害者にならないように、また意図せず加害者にならないように、一人一人がセキュリティの意識をもつ必要がある。

　本章では、インターネットの仕組みを概説し、セキュリティ対策で最低限とるべき事項について、わかりやすく記載した。これまでセキュリティに対してどのように対応してよいかわからなかった人も、よく読んでセキュリティ対策について、興味を持ってほしい。そして、常に危機管理を意識し、また、被害にあっても速やかに回復できるように対策をしておくなど、情報を適切に、安全に取り扱うことができるように行動してほしい。

1 インターネットへの接続

　PC やスマートフォンだけでなく、身の回りにある家電製品がインターネットに接続されたり、インターネット網を利用した電話回線が提供されたりする時代になった。世界中のネットワークが網の目のようにつながっており、情報が確実に伝わるために、利用者からは見えない多くの段階的で複雑な仕組みが機能している。それらの詳細な仕組みは本書では取り上げないが、自分がインターネットに接続していることを意識するためにも、いくつかの設定は確認できるようにしておこう。

A さまざまな接続形態と IP アドレス

　インターネットにアクセスするためには、はじめにローカルエリアネットワーク（Local Area Network; LAN）に接続する必要があり、その方法は、大きく分けてケーブルでつなぐ有線接続と無線による接続がある。それぞれ有線 LAN、無線 LAN と呼ばれることがある。**Wi-Fi**（Wireless Fidelity）とは、無線 LAN 規格の一つである。LAN に接続すると、その後徐々に広域ネットワークに接続していき、最終的にはインターネットの世界に到達するが、このときに利用される方法が世界で標準化されたインターネットプロトコル（Internet Protocol; IP）である。インターネット上の情報を利用するときは、アクセスしたい相手がどこにいるかを探すだけでなく、探し当てた情報を自分の手元に取り寄せるために自分の居場所を相手に知らせる必要がある。このためにネットワーク上の住所として **IP アドレス**が利用される。

　PC やスマートフォンなどをネットワークへ接続するには、IP アドレスを、個々の機器に設定する必要がある。IP アドレスには、インターネットでそのまま通用する**グローバル IP アドレス**と、組織内のみで利用することに制限された**プライベート IP アドレス**の 2 種類がある。個人が接続プロバイダーを経由して自分の機器をインターネットへ接続するとき、多くの場合はプロバイダーから一時的にグローバル IP アドレスが割り当てられる。スマートフォンなども基本的に同様であるが、キャリアによってはプライベート IP アドレスと個体識別番号が利用されている。

　自宅、大学や会社の中に複数の PC がある場合はどうなっているのだろう？ FTTH（光ファイバー）などの常時接続（ブロードバンド）回線を契約しており、インターネットとの接続を中継するルーターが設置されている場合は、PC から LAN ケーブルまたは無線でルーターへ接続する。LTE や WiMAX などの通信回

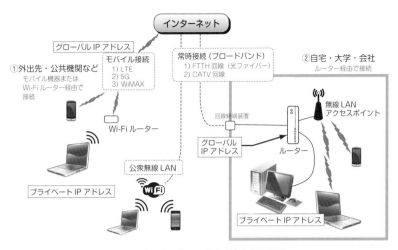

インターネットへのさまざまな接続形態

線を契約して Wi-Fi ルーターを経由してインターネットに接続することもできる。
このとき、ルーターにはグローバル IP アドレス、個々の PC にはプライベート IP
アドレスを設定し、ルーターで IP アドレスを変換してインターネットへ接続する
（この技術を Network Address Translation（NAT）と呼ぶ）。インターネットか
らの攻撃は、グローバル IP アドレスに向けられるため、ルーター経由の場合は、
プライベート IP アドレスが設定されている PC 自体はインターネットからの直接的
な攻撃から守られることになる。このため、光回線などで PC をインターネットへ
接続する場合は、できるだけルーターを利用し、PC にはプライベート IP アドレス
を指定することを推奨する。

　IP アドレスには、IPv4 と IPv6 があり、現時点でほとんどの機器には IPv4 アド
レスが付与されている。**IPv4 アドレス**は、8ビット分の情報である10進数の［0
～ 255］をブロック単位として、4つのブロックが組み合わさった 0.0.0.0 ～
255.255.255.255 という範囲、合計 2^{32} 個（約43億個）が可能である。これらの
IPv4 アドレスは国際的な管理組織によって重複がないように付与されているが、
高度情報化に伴って IPv4 アドレスが枯渇する問題が生じてきた。このため、IP ア
ドレスの新しい規格 IPv6 の運用が始まっている。**IPv6 アドレス**は4桁の16進数
の数字を8ブロック並べて表現するため、アドレスの数は 2^{128} 個とほぼ無限大であ
る。しかし、IPv4 アドレスとの互換性がないため、現時点ではまだ一部のサービ
スが提供されるに留まっている。

　自宅や大学の中で利用する限り、PC やスマートフォンにはプライベート IP アドレスが付与されているだろう。プライベート IP アドレスとしては、世界中の決まりとして以下のクラス A 〜クラス C の範囲で約 34,669,592 通りを利用できる。上記に記載された範囲以外の IPv4 アドレスはグローバル IP アドレスであり、世界で唯一のアドレスである。

- クラス A：10.0.0.0　　〜 10.255.255.255
- クラス B：172.16.0.0　〜 172.31.255.255
- クラス C：192.168.0.0 〜 192.168.255.255

　一度、自分の PC がどのような機器構成でインターネットに接続されているのか確認し、現在設定されている IP アドレスの種類を次の手順で調べておくとよいだろう。自宅などで無線ルーターを利用している場合、多くの場合はクラス C の IP アドレスが自動的に割り当てられる。同じ無線環境を経由してプリンターが接続されている場合、久しぶりに使おうとすると、割り当てられる IP アドレスが変わってしまうことがある。あらかじめ IP アドレスを決めてプリンターに設定しておくと、このようなトラブルを避けることができる。

◆自分の PC の IP アドレスを確認する

　PC がインターネットに接続している状態で、下記の手順で確認する。

W10 **W11**

① Windows ロ ゴ キ ー ■ ＋ X〔 ま た は Windows ロゴキーを右クリック〕→〔ファイル名を指定して実行〕

② 開いたダイアログボックスの「名前」欄に「cmd」と入力。→「OK」ボタンを押す。

③ 黒い背景のウィンドウで「ipconfig」と入力。→ Enter キーを押す。

④ ローカルエリア接続またはワイヤレスネットワーク接続の IPv4 アドレス欄で、設定されている IP アドレスを確認する。

⑤ 確認後、「exit」と入力して Enter キーを押し、ウィンドウを閉じる。

※ IPv6 アドレスが設定されている場合は、その情報も表示される。

Mac

① システム環境設定 ◉ →〔ネットワーク〕

② 左側から接続形態に対応する Wi-Fi または有線 LAN の項目を選択すると、ネットワークに接続している場合は右側に「状況：接続済み」と表示され、その下

に、現在の IP アドレスが表示される。

Ⓑ IP アドレスとドメイン

インターネットにアクセスするためには住所となる IP アドレスがあればよいが、すべての宛先の IP アドレスを覚えることは現実的ではない。このため、IP アドレスの代わりに使う名称を決めて、ネットワークやコンピューターを識別するために利用している。この名称を**ドメイン**と呼び、地域や組織の分類などによって、一定の規則のもとで重複がないように登録されている。インターネット上には、ドメインと IP アドレスを相互変換する仕組み（名前解決という）が用意されているため、一般の利用者は IP アドレスを気にせずにインターネットを利用できるのである。インターネット経由でサービスを提供しようとする事業者等は、ドメイン管理機関にドメインを登録し、さらにインターネット接続プロバイダーからグローバル IP アドレスを付与されて初めて、さまざまなサービスを開始できるようになる。

ドメインの情報からアクセスしようとしている相手の様子を知ることができるため、基本的なルールを知っておくとよいだろう。これは第 4 章で説明する電子メールの一部にも含まれる。ドメインは、ピリオドで区切られたいくつかのレベルで構成されている。最初に、一番右側のトップレベルドメインと呼ばれる国別コードを確認しよう。次にその左側を見ると組織の分類がわかる。例えば、下記の「abc.xxyzz.ac.jp」は、日本の学術研究機関のドメインである。サブドメインである abc の部分は、組織内の部署や提供サービスを区別するために使われる。例えば、サブドメインが「www」であれば、Web サイトを提供しているサーバーのドメインであることがわかる。サブドメインは、ドメイン取得後に組織内で自由に決められるが、名前解決の仕組みに登録しておかないと、インターネットからアクセスするのが難しくなる。

abc.xxyzz.ac.jp

jp ：国名を表示（uk はイギリス、au はオーストラリア）

ac ：組織の分類（ac: 学術機関、go: 政府機関、co: 商用、ne: 接続業者）

xxyzz：組織の固有名称

abc ：部署やサービスの種類などを示す（サブドメインとも呼ばれる）

※アメリカには国別ドメインがなく、.edu が高等教育機関、.gov が政府機関、.com が商用の組織に利用される。

※このほかに ac, co などの組織分類を示すレベルがないドメイン名（xxxx.jp）や、日本語を使用

したドメイン（○○大学.jp）などが利用できる。最近ではドメイン名登録のルールが大幅に緩和され、jpの前に地名が入った「xxx.yokohama.jp」などの都道府県型jpドメインや、「xxx.tokyo」のような地理的ドメインなどが登場している。

2　PCと情報の保護：情報セキュリティ

Ⓐ インターネット利用に伴う脅威

PCを利用する環境はさまざまな脅威に囲まれている。以下では、PC利用に伴う脅威と対策の必要性を概説する。

1 ICTの便利さに伴う危険——情報の流出

PCでは個人情報や配慮を必要とする情報など種々の情報を取り扱う。これに伴って、PCからそれらの情報流出が危惧される。

2 常時接続の落とし穴——不正アクセスを受ける危険性

インターネットには誰でも簡単に接続できる。しかし、無防備な状態のままインターネットに接続すると、悪意のある第三者からの攻撃をいつ受けるかわからない危険と常に隣り合わせになってしまう。PCのセキュリティ対策に不備があったり、ソフトウェアの開発時に気づかない弱点があると、その不備や弱点（脆弱性、セキュリティホール）を悪用した攻撃により、遠隔地から不正アクセスできるようになってしまうなど、さまざまな影響を受ける可能性がある。手軽に利用できるスマートデバイス（携帯端末）であるスマートフォンやタブレットについても、PCと同様、あるいはそれ以上に不正な攻撃の対象になる。

不正アクセスとは、通信内容の傍受、電子データや通信内容の改ざん、他人のIDを不正に利用したWebサイトへのアクセス、他人のPCをあやつる第三者によるPCへのアクセスなどの不正行為を指す。不正アクセスを許してしまうと、アカウント（ID）やパスワードが盗用されるだけでなく、PCからデータを流出させられたり、データが破壊されたり、公開されているWebサイトが改ざんされたりする。セキュリティ対策が不十分なPCは、インターネット上からさまざまな不正アクセスを受ける可能性があり、それによりPC内の情報が流出する場合もある。

3 無線LANの危険性

無線LANはケーブル配線が不要なため、複数のPCがインターネットに接続する公共の場所や家庭で広く普及している。しかし、便利である反面、ケーブルを接

続しなくても個人のネットワークや他の PC へ接続できる。さらに電波の特性上、近くにいれば接続しなくても受信できるため、セキュリティ対策が不十分だと盗聴や不正アクセスといった攻撃を受ける危険がある。攻撃を受けないまでも、ネットワークを無断で利用されてしまう可能性がある。

４ インターネットに接続しない場合の脅威

　PC をインターネットに接続しない場合、ウイルス対策ソフトの定義ファイルを更新できなかったり、ソフトウェアのセキュリティホールを塞ぐことができなかったりする。このような PC は USB メモリなどのリムーバブルメディアを介したコンピューターウイルスに容易に感染する。感染した PC に新たな USB メモリを接続した場合、その USB メモリもウイルスに感染し、感染を広げる原因になる。インターネットに接続していない PC は安全と考えがちであるが、何らかの方法でセキュリティを維持していないと、全く無防備な PC になる。

５ 開発元が不明、または修正プログラムが提供されないソフトウェアの危険性

　インターネット上からダウンロードできる無償のソフトウェア（フリーウェア）の中には、開発されたまま何の改修もされず、放置されているものがある。このようなソフトウェアでは、プログラムミスがあったとしても、その修正プログラムが提供されることは期待できない。そればかりか、開発されたソフトウェアの問題点がそのまま放置され、さらに危険性も開示されずセキュリティホールになる。すなわち、バージョンアップが定期的に行われないソフトウェアには、セキュリティホールが潜んでいると考えた方がよいだろう。有償のソフトウェアでも古いバージョンに対して修正プログラムの提供が終了するので、自分が使っているソフトウェアのバージョンを確認し、サポート期限に注意しよう。

Ⓑ 悪意のあるプログラム ― マルウェア

１ マルウェアとコンピューターウイルス

　マルウェアとは、PC やモバイル端末などの情報機器上で、ユーザーが意図せず不正に動作する悪意のあるプログラムであり、近年マルウェアによる被害が拡大している。**コンピューターウイルス**もマルウェアの一種であるが、その PC で不正に動作するだけではなく、他の PC へさらに感染する点でウイルスと呼ばれる。ほかにも、自己増殖するワーム（worm）、PC に潜入して PC 内の情報を流出させるきっかけをつくるトロイの木馬（Torojan horse）、インターネット上からの指令を受けて不正な動作を行なうボット（bot）などがある。

　マルウェアがいったん PC に侵入すると、多くの場合はユーザーにとって不利益な活動を始める。不利益な活動として PC の動作速度を遅くする程度であれば被害は少ないが、PC 内のデータを破壊してハードディスク内のファイルが消失してしまう、または、重要なプログラムが削除されたり、改変されて PC が起動できなくなってしまうことがある。機密情報がインターネット経由で第三者に転送されてしまったり、画面にメッセージが表示されてシステムに一切アクセスできなくなることもある。深刻なのは、感染した PC 内のデータの漏洩、他の PC から感染した PC を自由に操作されてしまう、他の PC からの指令によりインターネット上の特定のサーバーに対して多量のデータを送りつけて、サーバーの機能を麻痺させてしまうなど、見知らぬ人にまで迷惑をかけてしまうことである。また、ボットに感染すると、PC が乗っ取られて利用者が気付かないうちに、他のサーバーなどを攻撃することになる。下図で被害が拡大するイメージを確認してほしい。

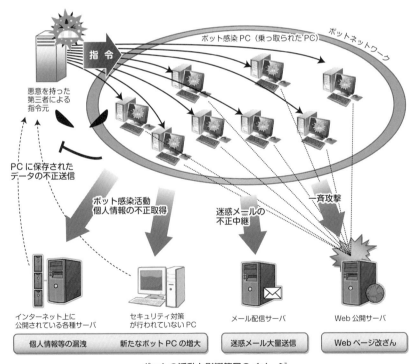

ボットの活動と影響範囲のイメージ

❷ ウイルスの感染経路

　コンピューターウイルスは主に次のような経路でPCに感染する。近年、Webサイトを閲覧した際に、ウイルスに感染しているというメッセージを表示し、偽のセキュリティ対策ソフトをインストールさせようとする手口や、ファイル名を巧妙に偽装してプログラムを実行させようとする手口も増えている。

- 電子メールソフト（メーラー）、Webブラウザーの脆弱性を利用し、HTMLメールやWebページを閲覧したときに感染する。
- メールの添付ファイルに潜み、受信者が添付ファイルを開くときに感染する。
- メールに記載されたURLをクリックし、ウイルスが潜んだWebページを閲覧したときに感染する。
- PCのインターネット接続に関する脆弱性を利用して、インターネット経由で感染する。
- インターネットからダウンロードしたファイル、または知人から譲り受けたファイル内にウイルスが潜み、プログラムが実行された際に感染する。
- WordやExcelのデータファイル内にマクロと呼ばれる自動実行プログラムとして潜み、ファイルを開いたときに感染する。
- USBメモリなどのリムーバブルメディアに潜み、PCにメディアを挿入した際に自動実行して感染する。

3 情報を守るための対策

　PCのセキュリティ対策にはウイルス対策が重要であるが、これだけでは不十分である。多くの有害なソフトウェア、攻撃者によるPC内のデータの改ざんや情報の漏えいなどが起きないための最低限の対策が必要である。重要なポイントを以下に記載したので、自分が関係するPCには必ず対策を施してほしい。

Ⓐ コンピューターウイルス対策を行う

❶ ウイルス対策の基本

　対策の基本は、ウイルス対策ソフトウェアを導入し、定義ファイルを定期的に更新することである。しかし、発生したばかりの新種のウイルスにはウイルス対策ソフトでも対応できない場合があるので、次のような対策と組み合わせる必要がある。

- OS を含むソフトウェアの脆弱性を塞ぐ。（→ p. 65）
- 新たに入手したファイルやプログラムファイルを開く（実行する）際には、ウイルスが潜んでいないか必ず疑う。
- 定義ファイルの更新頻度や、現在流行しているウイルスなどについて、ウイルス対策ソフトのメーカーの Web サイトや、p. 65 で紹介する Web サイトなどに掲載された情報をよく確認する。

2 メール経由のウイルス対策

　ウイルスの感染経路として多いのが、OS やメーラーの脆弱性を狙ったウイルスをメールへ添付したものであり、感染すると PC のアドレス帳に登録されているメールアドレス宛にウイルス付メールが自動的に送信される場合もある。この対策として最低限行うべきなのは、OS やメーラーにセキュリティホールが生じないように脆弱性情報を確認し、適時アップデートすることである。それ以外も、電子メールを利用するときは、添付書類は細心の注意を払って開くなどの基本的な注意事項を守ってほしい（→第 4 章）。友人のメールアドレスから添付ファイル付きの英語のメールが届いたなどは疑わしい例の一つである。大丈夫だと思っても、添付書類を開くときはウイルス対策ソフトが正常に稼働しているか確認しよう。

　メールサービスを提供しているプロバイダーは、メールサーバー上でウイルス対策ソフトを稼働させ、サーバーに届いたメールのウイルス検索を行うサービスを提供していることが多い。これにより、自分の PC までウイルス付メールが届かなくなるので、あわせて利用するとよい。

3 USB メモリを経由するウイルス対策

　USB メモリは手軽に利用できるリムーバブルメディアとして使用されるため、USB メモリを介したウイルスによる被害も想定しなければならない。この原因の一つは、PC に USB メモリなどを挿した時点で、PC が USB メモリ内にある自動実行ファイルを探し、それを実行してしまうことにある。ウイルスプログラムが実行されると、PC 本体が感染し、ウイルスとしての活動が開始される。この種のウイルスは USB メモリだけでなく、SD カードなど他のリムーバブルメディアにも存在する可能性を忘れないようにしよう。

　ウイルス対策ソフトを適切に設定していると、ウイルスに感染したリムーバブルメディアを PC に挿入した時にチェックされ、被害を未然に防ぐことができる。Windows OS の機能として、メディアを挿入したときの PC の動作を尋ねるダイアログボックスが表示されるので、よく確認する。PC 側の設定として、あらかじめ

リムーバブルメディアの自動実行機能を無効化しておくことも有効であり、信頼できないコンピューターでは自分の USB メモリは使用しないなどの対策もある。

4　ウイルス感染の兆候を見逃さない：感染してしまったら

　PC を利用していて、「いつもと何かが違う」と感じたとき、ウイルスに感染しているかもしれない。PC のハードウェアの障害の可能性も予想されるが、いずれにせよ、使用時の変化を察知することは、PC ユーザーにとって重要である。

　コンピューターウイルスに感染した場合、次のような症状を示す場合が多い。

- PC の動きがおかしい。
  - インターネットへの接続が遅くなる、接続できない。
  - 動作が遅くなる、突然停止してしまう。
  - ウイルス定義ファイルのアップデートや設定ができない。
- 知らないソフトウェアが起動している。
- 保存したはずのファイルがいつの間にか消えている。
- 知らないファイルが新しくできている。

　このような症状に気づいたら、ウイルス対策ソフトの定義ファイルを最新にしてスキャンしてみる。PC にハードウェアの動作をチェックするソフトウェアが付属していれば、それを利用してウイルスなのか、PC 本体の不調なのか確認する。自分では判断できず、ウイルスに感染したと思ったら、あるいは感染しているかもしれないと不安になったら、自分の PC の情報が流出しないため、また他人にウイルスを送り込まないためにも、インターネットとの接続を切断し、その後の対応については、詳しい人に相談してほしい。

Ｂ　ソフトウェアを定期的に更新する

1　アップデートの必要性

　ソフトウェアには、開発時に発見できなかったり、技術の進歩によって新たに発生した問題点などにより、他の PC から攻撃される脆弱性が存在する可能性がある。脆弱性がある状態でインターネットに接続すると、悪意のある第三者より PC が攻撃を受け、ウイルス感染、情報の流出、データの破壊などが起こる。このため、定期的に利用しているソフトウェアの更新情報を確認し、アップデートを行う必要がある。

2　アップデートの方法

　まず、自分の PC の OS とインストールされているアプリケーションソフトウェ

64

アを把握する。次いで、インストールされているソフトウェアの脆弱性に関する情報を収集する。このためには、ソフトウェアの開発元が公開している Web サイトや、また、セキュリティに関して多くの情報が集積されている次項の Web サイトのいずれかを、1 ヶ月に一度程度参照するとよい。自分の PC にインストールされているソフトウェアに関して何らかの脆弱性情報が公開されていた場合、その指示に従い対応する必要がある。これらの Web サイトを閲覧したときに書かれている内容が分かりづらくても、利用しているソフトウェアの名前がないかだけでも、確認してほしい。また、セキュリティに関係しなくても、利用しているソフトウェアの機能上の不具合も掲載されている場合もあるので、合わせて確認するとよい。

◆インストールされているソフトウェアの確認方法

　PC にインストールされているすべてのソフトウェアを覚えている人は少ないだろう。次を参考にして自分の PC で確認してみよう。

①　［スタート ■］→［設定 ⚙］→［アプリ］→「アプリと機能」

②　表示されるソフトウェアを確認する。

◆ Windows Update の利用

　マイクロソフト社は Windows OS に関するセキュリティ情報を定期的に公開しており、OS の脆弱性を修正するソフトウェアを **Windows Update** という機能で提供しており、初期設定で自動更新が有効になっている。また、Windows 10/11 ともに Windows Update で設定しておけば Microsoft 365 などの更新を同時に行うことができる。次を参考にして機能を有効にしよう。

W10

①　［スタート ■］→［設定 ⚙］→［更新とセキュリティ］

②　左側のリストから［Windows Update］を選択。→「詳細オプション」を開き、「Windows の更新時に他の Microsoft 製品の更新プログラムを入手する」のオプションにチェックを入れる。

W11

①　［スタート ■］→［設定 ⚙］→［Windows Update］

②　「詳細オプション」を開き、「その他の Microsoft 製品の更新プログラムを入手する」のオプションをオンにする。

※ **Mac** 同様のソフトウェア自動更新機能がある。［システム環境設定 ⚙］→［ソフトウェア・アップデート］で確認してみるとよい。

❸ ソフトウェアの脆弱性情報を公開している機関・サイト

以下は、ソフトウェアの脆弱性情報を公開している機関や Web サイトである。見やすいサイト、必要な情報が掲載されているサイトのいずれかを選び、定期的に閲覧してほしい。

JPCERT コーディネーションセンター（JPCERT/CC）

トップページに脆弱性情報、注意喚起情報が掲載されている。

独立行政法人 情報処理推進機構（IPA）

トップページに特に影響が大きいものを、緊急対策情報として掲示している。

Japan Vulnerability Notes（JVN）

JPCERT/CC と IPA が共同で運営している Web サイトで、さまざまな企業から発信される脆弱性情報をまとめて掲載している。

総務省 国民のための情報セキュリティサイト

トップページのトピックスに脆弱性についての注意喚起が掲載されている。

警察庁 セキュリティポータルサイト　＠police

トップページに脆弱性情報が掲載されている。

Ⓒ OS のセキュリティ設定を確認する

Windows OS には、Windows セキュリティというセキュリティ対策ソフトが標準搭載されている。以前は Windows Defender と呼ばれていた。このソフトウェアは、ネットワークを介した外部からの不正アクセスから PC を防御する**ファイアウォール**、ウイルス対策、スパイウェア、悪意のあるソフトウェアから PC を保護するなどの役割をもつ。macOS には標準でファイアウォールの機能が搭載されている。初期値では無効になっているので、機能を有効にしておくとよいだろう。

◆セキュリティ設定について確認する

① ［スタート ■］→［設定 ⚙］→［更新とセキュリティ］〔 W11 ［プライバシーとセキュリティ］〕

② 左側のリストから〔 W11 「セキュリティ」の項目から］［Windows セキュリティ］を選択。

③ 「Windows セキュリティを開く」をクリックし、セキュリティの概要を確認する。問題点がある場合は、各アイコンの下にメッセージが表示されるので、アイコンをクリックして内容を確認する。（次ページの図参照。）

Windows セキュリティの画面

※ Mac ［システム環境設定］→［セキュリティとプライバシー］→「ファイアウォール」から機能が有効になっているかを確認できる。

このように OS の機能だけで基本的なセキュリティ設定を施すことができるが、市販の統合型セキュリティ対策ソフトにはウイルス対策、セキュリティ対策に加えてプライバシー保護などの機能が付加されているため、併用することを勧める。他のソフトウェアを利用している場合はマニュアルなどで機能を確認してみよう。

◆ネットワーク探索の設定について確認する

ネットワーク探索が有効になっていると、ネットワーク上の他の PC が参照できる代わりに、自分の PC も他の PC から参照できるように設定される。セキュリティ対策上、設定を無効にしておく。

① スタートボタン ![] の横にある検索ボタンをクリック→「コントロールパネル」アプリを検索して起動→［ネットワークとインターネット］

② ［ネットワークと共有センター］→左側のリストから「共有の詳細

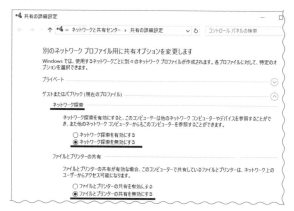

設定の変更」を選択。

③ 「ネットワーク探索」の項目で、「ネットワーク探索を無効にする」のラジオボタンをチェックする。

④ 「ファイルとプリンターの共有を無効にする」のラジオボタンにもチェックする。

⑤ ウィンドウ右下にある「変更の保存」ボタンを押す。

※ (Mac) ［システム環境設定］→［共有］から設定の内容を確認できる。

◆プライバシー設定について確認する

　現在、多くの OS やソフトウェア、Web サービスにおいて、PC の利用状況に関する情報を開発元にフィードバックする機能が搭載されている。このため、プライバシー設定を放置せず、自分で設定内容を確認することを推奨する。Windows 10/11 のプライバシー設定は、以下の手順で現在の設定を確認できる。必要であれば設定変更を行う。心配だが設定がわからないという場合は、PC に詳しい知人や大学の情報センターに問い合わせてみよう。

① ［スタート ■ ］→［設定 ⚙ ］→［プライバシー］〔 W11 ［プライバシーとセキュリティ］〕

ちょっとしたコツ ⓮

スマホのセキュリティ、プライバシー設定を確認しよう

　スマートフォン（スマホ）の利用率が急速に上昇し、20 代の人の個人所有率は 98% 近く、全世代でも 86% を超えました。インターネットに接続する端末は PC よりもスマホの方が多くなり、スマホのセキュリティ対策の重要性が高まっています。

　PC と同様に、スマホにも OS（Android、iOS など）がインストールされ、その上でさまざまなアプリが稼働しています。特徴的なのは、一人一人の個人が常に持ち歩く情報端末であり、アドレス帳や写真、メール、メッセージのデータなどがすべて小さな筐体の中に詰まっていることです。また、スマホ本体の紛失、盗難、破損などの心配もありますし、無線で接続されるため、第三者が無断でデータを盗んだり、書き換えたりしてもわからないかもしれません。つまり、スマホの中の情報の保護については、PC と同等か、それ以上に考えなければなりません。

　スマホのセキュリティ対策、プライバシー保護の対策にはスクリーンロック、セキュリティ対策ソフトのインストールなどがありますが、このほかにアプリが要求してくる権限の確認などがあります。特に新しいアプリをインストールするときなどは、表示されるメッセージや利用規約などをよく確認しましょう。もちろん、メールに添付されたファイルを直接開かない、URL をクリックしないという原則は PC と同じです。

② プライバシーのオプションおよび「音声認識」「位置情報」「カメラ」「マイク」などの項目への OS やアプリのアクセスについて許可するだけを残し、不必要な設定をオフにする。

※ **Mac**　［システム環境設定］→［セキュリティとプライバシー］→「プライバシー」から設定を確認することができる。

Ⓓ アプリケーションソフトウェアの設定を確認する

▋ Office ソフトウェアの設定

　Word、Excel などのソフトウェアでは、同じ作業を自動化するためのマクロプログラムを利用することができる。一般的にマクロプログラムを利用する頻度が高いのは Excel である。他人から受け取った Excel のデータを開いたとき、マクロを無効にしたというセキュリティの警告が表示されたことはないだろうか。これは、コンピューターウイルスを潜り込ませたマクロプログラムを不用意に実行しないために表示されている。ソフトウェアの既定状態では、すべてのマクロの実行を無効にするように設定されているので、本当に必要なときだけ、一時的にマクロの実行を許可する。念のため、Excel などの Office ソフトウェアを起動し、下記の手順でマクロの実行に関する設定を確認するとよい。

W10 **W11**

① ［ファイル］タブ→［オプション］

② 左側のリストから「トラストセンター」をクリック。

③ Microsoft Excel トラストセンターから、「トラストセンターの設定」をクリック。

④ 左側のリストから「メッセージ バー」をクリック。→「ActiveX コントロールやマクロなどのアクティブコンテンツがブロックされた場合、すべてのアプリケーションにメッセージバーを表示する」が選択されていることを確認する。

⑤ 左側のリストから「マクロの設定」をクリック。→「警告を表示して VBA マクロを無効にする」であれば、既定状態である。

Mac

① ［Excel］メニュー →［環境設定 …］

② 「Excel 環境設定」→「共有とプライバシー」→「セキュリティ」をクリック。

③ 「マクロセキュリティ」が「警告を表示してすべてのマクロを無効にする」であれば、既定状態である。

※ Word や PowerPoint でも同様に確認できる。

② 電子メールソフトの設定

　HTML 形式のメールにはコンピューターウイルスが含まれる場合があるため、HTML 形式のメールもテキスト形式で表示する、プレビュー機能は利用しないなどの設定を行うとよい。メールの形式については、第4章を参照のこと。

③ Web ブラウザーの設定

◆セキュリティレベルの設定

　Microsoft Edge の場合は、ウィンドウ右上の「…」メニューから「設定」を選択すると、［プライバシー、検索、サービス］からセキュリティ設定を管理できる。各項目に関して細かな設定を行うことは困難であるが、セキュリティレベルがどのように設定されているか、確認しておこう。Google Chrome においても、右上の「⋮」メニューから「設定」を選択して［プライバシーとセキュリティ］の設定を確認できる。macOS に標準添付されている Safari では、［Safari］メニューから［環境設定 …］に進むと、「セキュリティ」や「プライバシー」の項目がある。

　Web ブラウザーのセキュリティのレベルを低くすると、Web ページ閲覧時にさまざまな警告が出なくなり利便性が向上するが、悪意のある Web サイトから有害なソフトウェアが PC へインストールされることがあるので注意が必要である。また、JavaScript や ActiveX コントロールなど、Web ページ閲覧時の利便性を向上させるプログラムについては、これらの機能を悪用し、PC に悪意のあるプログラムを侵入させることも可能である。信頼できるサイトで、必要な場合のみこれらの実行を許可するとよい。

◆ Cookie の設定

　Web サイト開設者が閲覧ユーザーを識別するために、Cookie と呼ばれるファイルを閲覧者の PC に保存することがある。このファイル内には、特定のサイトにログインするための ID とパスワードなど、ユーザーの識別情報が記録されている。一方、悪意のある Cookie を送り込まれ、その Cookie が流失した場合には、個人情報の流出も危惧される。このため、利用する Web サイトに影響しないことを確かめ、不要な Cookie を保存しないようにする。Web ブラウザーのプライバシー設定で必要に応じて Cookie の処理方法を変更する。

　インターネットの利便性は、常に脅威と抱き合わせになっている。このため、ユーザーは、各ソフトウェアの機能を正しく理解し、不必要な機能はあらかじめ動作しないよう設定するなどの対策を講じることが望ましい。

70

E クラウドストレージ経由のファイル共有設定を確認する

　電子メールにファイルを添付する代わりに、クラウドストレージを介してファイルを共有する場合、共有設定を確認する癖をつけよう。相互が同じサービスを利用している場合は、ファイルを受け取る側のアカウントを設定すればよいが、受取人がログインしないで済ませるには**共有リンク**を発行してアクセスしてもらう必要がある。リンクを知っている全員がアクセスできる設定にすればもっとも広範囲に共有できるが、同じ組織内の相手であればセキュリティ維持の観点から、アクセスできる範囲を限定する、あるいは共有リンクに有効期限をつけるなどの対策を施し、共有したまま放置しないように気を付けなければならない。

F 無線 LAN のセキュリティ設定を確認する

１ 無線 LAN（Wi-Fi）通信の暗号化設定

　無線 LAN は、周囲に広がって発信される電波の特性により、その電波が無関係の受信器で傍受された場合は、通信内容を読み取られる可能性がある。従って、無線 LAN のセキュリティ対策で最も重要なのは、通信の暗号化である。

　例えば、メールの送受信を暗号化されていない無線 LAN 経由で行うと、メール本文の内容が読み取られるだけでなく、メールを送受信するためのアカウントやパスワードも判明し、第三者が勝手にメールを送受信するなど悪用されてしまう。クレジットカードを利用したインターネットショッピングなども同様であり、これらを防止するためには、通信内容を高度に暗号化する必要がある。

　現在利用可能な暗号化規格として、**WEP**（Wired Equivalent Privacy）、**WPA**（Wi-Fi Protected Access）、**WPA2**（Wi-Fi Protected Access 2）がある。初期の規格である WEP は、暗号を解読する方法がすでに公開されているため安全とは言えず推奨されない。WPA は TKIP（Temporal Key Integrity Protocol）や PSK（Pre-Shared Key）と呼ばれる認証技術が使われ暗号の解読が困難であるが、それでも万全ではない。WPA2 では、より強力な暗号化技術である AES（Advanced Encryption Standard）が採用され、現時点では解読が不可能である。可能な限り暗号化規格として WPA2 を利用すべきだが、アクセスポイントや PC が古いと選択できない場合もある。そのようなときは、機器を更新するまで PSK 認証方式による WPA（WPA-PSK）を利用する。

２ 無線 LAN アクセスポイント・Wi-Fi ルーターの電波強度の調整

　無線 LAN を利用するためには、無線 LAN に対応した PC と、無線信号を送受

信してインターネットへ接続するためのアクセスポイントや Wi-Fi ルーターが必要
である。市販されている機器には、発信する電波の出力強度を調節する機能が備
わっているため、他人が電波を受信できない程度の強度に調節するとよい。自宅の
場合は、アクセスポイントの電波強度を設定したら、ノート PC などを自宅外に持
ち出し、電波を受信できないかどうか確認してみよう。

❸ 無線 LAN アクセスポイント・Wi-Fi ルーターのセキュリティ機能の利用

　無線 LAN ネットワークに接続するためには、PC やスマートフォンなどに SSID
（Service Set Identity）と呼ばれるネットワーク名を設定する必要がある。SSID が
公開されていると、アクセスポイントの存在が他人にわかり、不正利用される可能
性が高くなる。このため、ステルス機能を利用して SSID を非公開にする設定や、
手動でアクセスポイントの接続設定を行った PC からしか接続を許可しないように
制限する（Any 接続を不許可にする）。セキュリティ設定と無線 LAN 機器の接続
を容易に行う WPS（Wi-Fi Protected Setup）機能を利用すれば、煩雑な設定操作
なしで、無線 LAN の接続を容易に確立することができる。メーカーごとに WPS
に類似した機能を搭載したアクセスポイントや Wi-Fi ルーターが市販されているの
で、自分が使用している機器でどのような暗号化が可能か、どのようなセキュリテ
ィ対策機能があるか、一度確認することを勧める。

❹ 公衆無線 LAN 利用時の確認事項

　無線 LAN 対応 PC やスマートデバイスの普及に伴い、鉄道の駅や空港、ホテ
ル、ファーストフード店など多くの人が出入りする空間に無線 LAN のアクセスポ

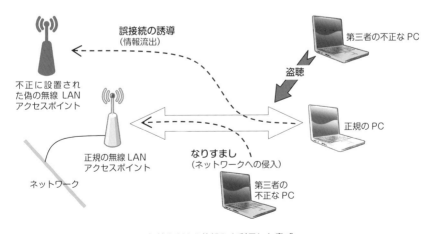

無線 LAN の仕組みを利用した脅威

イントが設置されるようになった。また、車内で無線LANが利用可能な公共交通機関も増えている。このようなサービスを公衆無線LANと呼び、有償サービスと無償サービスがある。これらの空間は不特定多数の人が共通で利用する環境であり、同じアクセスポイントに接続しているPC同士が見えないように設定されているが、中には（特に無償サービスでは）、セキュリティに関する設定が不足している場合がある。　公衆無線LANは大学内や会社内のように誰かが守ってくれる空間ではないため、他者からの攻撃に対して、自分のPCをいつも以上に厳密に守ることを意識するように心がけよう。そのためには次項を参考にして、Webサイトの閲覧やメーラーの設定などで通信内容が暗号化されているか確認するとよい。また、公衆無線LANを経由して他者がPC内のファイルにアクセスできないように、ファイル共有機能は必ず解除しておくほか、接続しようとするアクセスポイントが本来あるアクセスポイントに見せかけた偽物ではないかを確認する癖をつけるとよい（→ p. 71）。

便利だからといって安易に公衆無線LANを利用するのではなく、安全性を考え、十分なセキュリティ設定を行った上で必要なときだけ接続することを推奨する。

Ⓖ Webページ閲覧時の注意事項

1 ファイルのダウンロード

インターネットを利用していると、特定のファイルをダウンロードして利用したいことがある。そのようなときには、利用するWebサイトが信頼できるかを確認し、またダウンロードしたファイルをウイルス対策ソフトでスキャンして、安全なファイルであることを確認する。

2 Webサイト証明書の確認

フィッシング詐欺対策については第4章（p. 83）でも記載するが、アクセスしようとしているWebサイトが本物であるか確認する必要がある。Webサイトの真偽を確認するためには、ブラウザで表示されているURLを確認することから始める。ただ、この方法では正規のWebサイトを1文字入れ替えただけの非常に紛らわしいURLも存在するので、一見するだけでは見誤ることがある。

信頼できるWebサイトを確認するために、最もよく利用されているのが、認証局（Certification Authority, CA）と呼ばれる第三者機関によって、そのサイトの実在性を証明する方法である。Webサイトの開設者（運用組織）は、その開設者が実在していることを公的機関が証明した書類をCAへ提出し、CAではその書類

に基づいて実在性が審査される。Web サイト開設者の実在性が証明された場合、サイト証明書（サーバー証明書とも呼ばれる）が発行される。

　Web サイトを閲覧しているとき、サイトシールと呼ばれる画像が貼られていることがある。サイトシールは、実在している開設者が公開している Web サイトであることを CA が確認している指標になる。ただし、このシールはコピーできてしまうため、これだけで実在性を完全に証明できるわけではない。サイトシールの存在だけででなく、シールをクリックし、証明内容を自分の目でよく確認しよう。

　このような Web サイトでは、SSL（Secure Socket Layer）／ TLS（Transport Layer Security）方式による暗号化通信が可能になっており、閲覧している Web ブラウザとアクセスしている Web サーバー間の通信が暗号化され、安全に情報を送受信することが可能になる。この時、URL 欄には、https:// で始まる URL が表示されており、通信が暗号化されているというサインが Web ブラウザーに表示される。右図は Web ブラウザーのアドレスバーに表示される、暗号化通信が行なわれていることを示す鍵のアイコンである。通信が暗号化されていない Web サイトを閲覧している場合には鍵が開いた状態で表示される Web ブラウザーもある。近年では、ほとんどの Web サイトが常時 SSL 化されているが、個人情報を入力するときは、他人に情報を盗み見られることのないように、Web サイトとの通信が暗号化されているかどうかを確認する癖をつけよう。

　CA の組織は大小さまざまである。近年、CA による実在性の証明を厳格に行うための規格が制定され、認証された Web サイトにアクセスすると、ブラウザのアドレスバーが緑色になり、鍵のアイコンと CA 名、企業名が表示される。この意味を知り、視覚的に確認できるようになったことを活用してほしい。

H アカウントとパスワードの管理

　インターネットに常時接続する時代に、PC などのセキュリティ対策が重要である理由をこれまで説明してきた。PC のみならず、スマートフォン、タブレット端末の中には個人情報を含む多くの重要な情報が保存されている。どんなにセキュリティ対策を施しても、その機器を他人が容易に操作できれば、インターネットに接続していなくてもこれらの情報を悪用される危険性があることは想像できるだろう。PC などを利用している途中で席を立ったり、万が一、盗難にあったりしたときに情報を守るために、PC やスマートフォンなどにはログインパスワードを必ず

設定し、一定時間操作しないときは機器をロックする設定をしておこう。重要な情報は常に暗号化して保存するなども有効である。

　アカウント（ID）と**パスワード**（PW）は、PCなどの機器だけでなく、会員制のWebサイト、インターネットショッピングなどの電子商取引、ネットバンキングなどにも利用される。これらの情報を盗み、不正に利用しようとする**フィッシング詐欺**の事例は後を絶たない（フィッシング詐欺については、第4章でも解説する）。このため、複数のサービスで共通のアカウントとパスワードを使い回すと、パスワードが漏洩したときの影響が非常に大きく危険である。アカウントとパスワードを適切に管理することは、非常に重要である。パスワードには、英単語や生年月日など他人が類推できるものではなく、英数字や記号を混在させた長めのパスワードを自分のルールで作成し、定期的に変更したり、可能であればワンタイムパスワードを利用することを推奨する。また、Webブラウザーにはプライベート設定が強化された機能が備わっている。Microsoft Edgeには **InPrivate** ブラウズ、Google Chromeには**シークレットモード**と呼ばれるモードがあり、このモードを利用すればWebサイトの閲覧履歴や入力したアカウント、パスワードは保存されない。共用PCを利用するときは、アカウントやパスワードをPCに保存することなく、意識してこのようなモードを使用するようにしよう。

　社会人になると、自分や友人の個人に関する情報だけでなく、医療に関する情報、企業の機密情報など、より多くの重要な情報を取り扱うようになる。これらの情報を安全に取扱い、うっかりしたミスで情報を流出させることがないように、学生のうちから情報端末と情報を守るという意識をしっかりと身につけてほしい。

第4章

電子メールの利用

　近年、PC やスマートフォンを利用した電子メールに加えて、LINE や Instagram、Facebook メッセンジャーなどのメッセージアプリが連絡手段に加わってきた。また、ビジネス用のチャットツールも利用され始め、日常的に電子メールを利用しない人も増える傾向にある。このため、電子メールの特徴やメッセージアプリとの違いなどを十分に理解していない人が多く見受けられるほか、電子メールの添付ファイルを利用してマルウェアに感染させたり、なりすまして詐欺を試みたりする悪意のある行為が後を絶たない。

　ビジネスやフォーマルな連絡には未だ電子メールを使用することが多い。電子メールの基本は、PC、スマートフォン、タブレットなど、いずれのデバイスを利用しても同じであり、メールならではの特徴、注意点を理解した上で使うことが大切である。どのような連絡手段でも、自分の伝えたい内容を相手にきちんと届けられるように心がけよう。

1 電子メールの特徴

電子メール（E mail）は手紙（郵便物）とは異なり、気軽に連絡できることが特徴の一つである。電話連絡は相手がいないと成立せず、通話中は相手を拘束することになるが、電子メールではそのようなことがない。また、一通の電子メールにより、一度に多くの相手に同じ内容を連絡することができ、重要な内容のやり取りだけを取り出してまとめることができる。一方で、相手が外出中、会議中の場合などは、即時に電子メールを確認することができないため、緊急の連絡には向かない。

さまざまな連絡手段の特徴

	利点・得意なこと	欠点・苦手なこと
手　紙	・依頼状などの正式な文書で、内容の把握が容易である。 ・推敲を重ねた手紙を送ることで、相手に礼儀正しい印象を与える。 ・手書きの手紙には書いた人の気持ちが込められている、と考えられる。	・配達されるまでの時間がかかるため、緊急連絡が困難。 ・手書きの場合は、自分の手元にコピーが残らず、連絡内容が不明になる。 ・多くの相手に連絡するにはコストがかかる。
電　話	・緊急連絡などは、相手が電話に出れば、その場で用件をすませることができる。 ・声のトーンなどで、相手の気持ちを推しはかることができる。	・相手が不在だと連絡できない。 ・相手を拘束してしまう。 ・複雑な図面などを正確に伝えることができない。 ・後で内容を確認する手段が乏しい。
ＦＡＸ	・図面や手書きのメモなどの情報を、早く伝えることができる。 ・送信した内容を、手元に残すことができ、後に確認することが容易である。 ・相手が不在でも連絡できる。	・番号を間違えると、間違った相手に一方的に不必要な情報を送ってしまう。 ・相手がすべての情報を正確に受信したかは、別の手段でないと確認できない。
電　子メール	・電子データをやりとりできる。 ・引用して返信することで、議論の経緯を確認することが可能。 ・送受信の時間に制限がない。 ・相手を拘束しない。 ・一度にたくさんの相手に連絡できる。 ・通信コストが比較的安い。	・常に相手がメールを確認しているわけではないので、緊急連絡には不向き。 ・一方的な連絡なので、相手の気持ちの移り変わりに気がつくことが難しい。 ・感情的になってしまうことがある。 ・挨拶などが簡略化され、相手への敬意が伝わりにくくなる。
メッセージ・チャット	・複数人でも会話（チャット）と同じようにリアルタイムのやり取りができる。 ・スタンプだけで気持ちを伝えることができる。 ・アプリによって既読状況がわかる。	・相手が同じメッセージアプリを使用している必要がある。 ・一連の議論をまとめることが困難。 ・重要な用件、個人情報などのやり取りには不向き。

　表に示したように、電子メールはさまざまな連絡手段の中でも気軽に利用できるものであるが、適切な書き方、マナーを理解して利用できるかどうかで、相手の印象が大きく変わってしまう。大切なのは、これらの連絡手段の特徴を理解し、もっとも適切な方法でコミュニケーションを行うことである。

2　電子メールに関する基本事項

A　メールアドレスが意味していること

　電子メールを送るためには、自分のメールアドレスと相手のメールアドレスが必要である。メールアドレスは、郵便物で言う住所と宛先にあたるものであり、@（アットマーク）を含む半角文字（アルファベット、数字、記号）で表される。メールアドレスに用いることができる記号には制限があり、¥や＊などの特別な意味をもつ記号は使うことができず、−（ハイフン）がよく使われる。

　「xxxxxxx @ abc.xxyzz.ac.jp」という電子メールアドレスの場合、@の左側の文字列は宛名に相当し、組織内の個人を識別する。@の右側は電子メールを管理するサーバーのドメイン名である。ドメインについては、第3章を参照（→ p. 57）。

※国際標準規格（Request for Comment, RFC）では、ピリオドは区切り文字として使用することができるが、メールアドレスの@の直前に使ったり、連続させたりすることは認められていない。電子メールの利用環境によって、このようなメールアドレスに対して送信できないことがあるので、メールアドレスを設定する際は留意する必要がある。

　電子メールアドレスは@の文字を含めて半角で正確に記述しなければ相手に届かない。例えば、ドメインの部分のスペルが違うと、自分が使っているメールサーバーが相手のサーバーを探し出すことができない。@よりも前の部分を間違えると、相手のサーバーが電子メールを個人に届けることができない。誤字があっても届く可能性が高い郵便物と違い、コンピューターが正確な情報に基づいて伝送しているためである。（→ p. 78 ちょっとしたコツ⑮）

B　電子メールの構造

　電子メールの構造は、大きく分けてヘッダー部分と本体部分からなる。ヘッダー部分に書かれる差出人の情報は、詐称可能であり迷惑メールの多くは、この部分が変更されている。しかしながら、メールの件名など送信日時やメールが相手に届く

までの経路情報は、電子メールのヘッダー情報として格納され、発信者が使っていたメールサーバーや途中で経由したサーバ情報が次々と追加されていく。このため、ヘッダー情報は迷惑メールを解析するときに重要な情報になる。

ヘッダー部分	to	宛先 （半角で入力すること）
	from	差出人
	subject	メールの件名 （メールの内容がわかるように簡潔に必ず書く）
	cc	carbon copy （参考として同時に知らせたい相手を宛先にする）
	bcc	blind carbon copy （受信者全員のアドレスを通知しない時に利用する）
本体部分	本文	相手がPCの画面で読むことを考えて、1行30文字程度に
	署名	必ず自分が誰であるか、明らかにする （→p. 80）
	添付ファイル	大きいサイズのファイルは添付しない （→p. 86） 相手が受け取れないことがあるので、送付可能サイズを確認する 開くためのプログラムを受信者が持っているか確認する

ⓒ テキスト形式メールと HTML 形式メール

　PC を利用した電子メールには、テキスト形式、HTML 形式、リッチテキスト形式がある。**テキスト形式**は、文字情報のみから構成されるシンプルな形式である。文字修飾や画像表示など制御のための情報がないため、メールを作成するときの形式として、セキュリティ対策上、もっとも推奨される。また、電子メールソフト（メーラー、メールアプリ）の初期の表示設定をテキスト形式にしておくのもよい。しかし、メーラーの機能として本文中の Web ページの URL を、クリック可能なリンクに自動的に変換する場合がある。このため、テキスト形式であっても、メール本文に URL が含まれているときは、そのままクリックせずに確認を怠らないようにしよう。

ちょっとしたコツ ⑮
メールを送った直後に英語のメールが届いたのですが…

　電子メールを送ったとき、メールアドレスの@の右側に書かれたドメインが存在しないと、「メールを送るためのサーバーが見つからない」というエラーメッセージが送信人に送られてきます。このとき、英文メールの中には「Host Unknown」と書かれています。@の左側が間違っていると「相手が見つからない」という意味の「User Unknown」のエラーが返ってきます。英語のメールが届いても、落ち着いて読めば、間違っていた内容を確認して再送信できますので、確認するとよいでしょう。また、メールを送信した後には、エラーメールが届いていないかを確認することもお勧めです。

HTML 形式では、Web ページと同じ仕組みを使って文字の色、大きさ、段落などの修飾を施したり、写真などを自由にレイアウトしたメールを作成することができる。Web ページの仕組みは第 11 章を参照のこと。**リッチテキスト形式**は、同様の仕組みで文字の色や大きさなどを設定可能であるが、複雑なレイアウトはできない。なお、特定のメーラーでリッチテキスト形式のメールを作成すると、受信側で正しく表示できないことがあるので、注意が必要である。

※ Outlook というメーラーでリッチテキスト形式のメールを送信すると、受信環境によっては winmail.dat というファイルが添付され、文字修飾や添付ファイルが正しく表示されない。原因は Outlook のエンコーディング方式であるため、Outlook ではリッチテキスト形式を避けるとよい。

コンピューターウイルスや詐欺メールは、HTML の仕組みを使って受信者にマルウェアをダウンロードさせたり、悪意のある Web サイトに誘導したりする。このため、多くのメーラーには、メール内の画像を自動的に非表示にしたり、リンク URL を無効したりする機能がある。自分でこの機能を解除するときは十分に確認し、本文内の URL をすぐにクリックしないことが重要である。(→ p. 83)

Ⓓ 電子メールで使う文字コード

電子メールを送信するときは相手が利用している PC や OS の環境を考慮する必要がある。これは、文字コードや文字エンコーディング方式の違いが原因である（→第 1 章 p.14 ～）。以下のような文字は、「■（ゲタ）」「・（中黒）」「□（四角）」などに置換されて文字化けしてしまう確率が高いため、電子メールを作成する際には注意しよう。

文字化けする可能性がある文字、注意して使わなければならない文字

半角カタカナ：　ｱ、ｲ、ｳ、ｴ、ｵ、ｶ、ｷ、ｸ、ｹ、ｺ

丸囲い数字：　①、②、③

ローマ数字を全角 1 字で表した文字：　Ⅰ、Ⅱ、Ⅲ

省略文字：　㍉、㎜、№、℡、㊥、㈲、㍻、√

絵文字：　☺、✧、➴

その他の漢字：　髙（はしごたか）、﨑（たつさき）、彅 など

※インターネット経由で日本語のメッセージをコード変換する方法は RFC1468 という国際的なドキュメントで定義されている。この中に半角カタカナが定義されていないため、半角カタカナは電子メールに「使用できない」文字になる。

E 署名

電子メールを送るとき、差出人が誰であるかを明確に伝える必要があるが、差出人のメールアドレスだけでは正しく伝わらない。このため、本文の終わりに名前を書くのが一般的である。このときに利用する定形文を**署名**と呼び、メーラーやWebメールシステムでは、メール作成時に本文の終わりに自動的に挿入するための署名のテンプレートを設定できる。署名を作成しておくと毎回同じ内容を入力したり、署名を入れ忘れずに済むので設定しておこう。

署名の例を以下に示した。自宅住所や携帯電話の番号は必要な場合のみ追加すればよい。少なくとも名前と連絡先のメールアドレスは含める。学生であれば、所属学部や学年などの情報を署名に含めてもよい。署名の作成方法や利用方法については、利用しているメーラーのマニュアルを参照してほしい。

署名の例（目的に応じて必要な項目を選んだり、追加して作成する）

和文の例	英文の例
------------------------------------	------------------------------------
芝　太郎 **SHIBA Taro** XYZ大学○○学部▲年 E-mail　shiba@abc.xxyzz.ac.jp Tel & Fax　03-5400-xxxx ------------------------------------	SHIBA Taro XYZ University Faculty of ○○ × - × , ○○ cyo ○○ -ku, TOKYO 105-0000, JAPAN E-mail　shiba@abc.xxyzz.ac.jp Tel & Fax　+81-3-5400-xxxx ------------------------------------

※区切り線は、署名と本文との境目をはっきりと区別するために使用している。

3　電子メールの送受信方法

電子メールを送受信する方法には、Webブラウザーを利用する方法と、メーラーを利用する方法がある。さらに、メーラーがサーバーからメールを受信する方式としてPOP3（Post Office Protocol version 3）や、モバイル環境での利用に便利なIMAP4（Internet Mail Access Protocol version 4）などがあり、利用環境に合わせてメールの受信方法を選択するとよい。

■ 共用PCを使う場合

大学に設置されている共用PCなどでメールサービスを利用する場合は、Webブラウザーを利用したメール（Webメール）の送受信を推奨する。その際、履歴

の残らないシークレットモード（セーフティモード）を利用する方がよい。Web メールでは、すべてのメールデータがサーバーに保管されており、データのバックアップは、メールサービスを提供している部門（プロバイダー）が行うが、重要なメールは本文をコピーして保存するなど心がけるとよい。

② 専用 PC を使う場合

専用の PC 1 台でメールを受信する場合は、メーラー（メールアプリ）を用いて POP3 方式でメールを受信するとよい。この場合、メールデータは使用している PC に保管されるため、ネットワークに接続していなくても、過去に送受信したメールを参照することができる。ただし、データのバックアップは、ユーザーが行わなければならない。もし、専用 PC 以外、例えば大学の共用 PC でメールを確認したいときは、Web ブラウザーを利用すればよい。

③ 2 台以上の専用 PC を使う場合

自分が専用で利用する PC が 2 台以上あり、どの PC でも同一のデータを利用して作業したい場合は、メーラーを用いて IMAP4 方式でメールを受信するとよい。IMAP4 では、Web メールと同様に、メールデータはメールサービスを提供している部門のメールサーバーに保存されている。各 PC からメールサーバーへアクセスすると、サーバー内に保存されている最新のデータを表示できる。PC のメーラー内には、前回アクセスした際の履歴が残されており、IMAP4 サーバーに再接続すると、サーバーとメーラーでメール情報を同期する。メーラーを利用していると、移動中にインターネットに接続できなくても、それまでのメールを確認したり、メールを作成することができる。

ちょっとしたコツ ⑯ 　　　　電子メールのアプリって？

携帯電話、スマートフォンのキャリアメールや Gmail、Yahoo! メール、iCloud Mail など、複数のアカウントを使っている人は、それぞれのメールアカウントをどのようなメーラー（メールアプリ）で利用していますか。Web メールを利用する場合は、Web ブラウザーからアクセスすればよいですが、メーラーを使う場合はどうでしょうか。

Windows 10/11 に標準搭載されている「メール」アプリや、Microsoft 365 の Outlook、スマートフォン用のメールアプリでは、複数のアカウントを設定できます。プロバイダーの違うアカウントごとにメールアプリを使いわけてもよいですが、一つのメールアプリでアカウントを切り替えて使っても便利です。大学がメールアプリを推奨している場合もありますので、どのメールアプリを使ったらよいか、どの環境でメールを読めばよいか、わからない場合は情報センターの人に聞いてみるとよいでしょう。

④ スマートフォンを使う場合

スマートフォンで電子メールを送受信する場合も PC と同様に Web ブラウザーを利用できるが、メールアプリを利用する方が効率がよいだろう。いずれの場合も保存容量を考慮して、受信する方式は IMAP4 にする方がよい。また、多くのメールアプリはアカウントを切り替えて使うことができるため、メールアカウントごとに別のアプリを使う必要はない。

4　ウイルスや詐欺などの被害にあわないために

電子メールはコンピューターウイルスをばらまく常套手段であるほか、一方的に広告を送る迷惑メール、受信者の心理を巧妙に突いた詐欺メールも横行している。この場合、差出人（送信元）が詐称されていることが多い。万が一、このようなメールを受信しても、絶対に返信せず、無視することがもっとも効果的である。

Ⓐ メールが届いたら — まずはじめに

電子メールは、特定の相手に必要な情報を届けるだけでなく、不特定多数に不必要な有害な情報（広告、コンピューターウイルスなど）を送りつけることも可能である。このため、電子メールを受信したときには、少なくとも次に示した項目をチェックして、そのメールがどのような目的で送信されたものか見分けるようにする。

1)　差出人の確認

- 見知らぬ人からのメールではないか。
- 知人からのメールであっても、通常と表記が異なっていないか。

2)　タイトルの確認

- 「re: 」がついていれば自分が差し出したメールへの返信である。ただし、はじめから re: をつけて送ってくる迷惑メールもあるので、re: の後のタイトルが、前に自分が送ったものかどうかを確認する。

3)　自分のアドレスが to にあるのか cc にあるのか

- to に自分のアドレスがある場合は返信する必要があるか考える。
- cc に自分のアドレスがある場合は内容を把握する。

4)　添付書類はないか

- 知らない人からの添付書類は絶対に開かない。

- 知っている人からの添付書類も、必要があるものか考える。疑わしいものは絶対に開かない。
- 添付書類は直接開かず、必ずウイルススキャンしてから開く。

B メールに潜んだコンピューターウイルスに注意する

前項であげたチェック項目も含めて、メールを介したコンピューターウイルスに感染しないために、次の基本的事項を理解し、実践してほしい。

- ウイルス対策ソフトの定義ファイルの更新を定期的に確認する。(→ p. 61)
- 不審なメールの添付ファイルは絶対に開かない。
- 知っている人からのメールでも不審なメールには十分に注意する。
- コンピューターウイルスを警告するメッセージや、ソフトウェアのアップデート通知を装ったウイルス付メールもあるので注意する。
- メールに記載された Web ページの URL は、不用意にクリックしない。

C 迷惑メールに注意する

① 架空請求メール

身に覚えのない請求や債権回収の最終通告を装ったメールが送られてくることがある。このようなメールには、絶対に返信せずに無視するのがベストである。

② フィッシング (phishing) メール

phishing という言葉は、相手をだまして釣る、ということより「釣り」を意味するfishing を語源とするが、手口が洗練されていることから (sophisticated)、ph と綴るようになったらしい。**フィッシングメールとは、既存のサイトに似せた偽の Web サイト（フィッシングサイト）にアクセスさせてユーザーをだまし、クレジットカード番号、銀行口座番号などの個人情報**

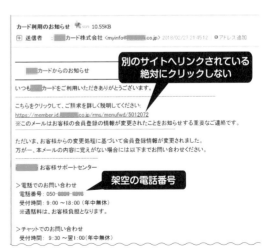

実際に届いたフィッシングメールの例

を入力させ、収集するものであり、このようなメールは、個人情報の確認・入力を促す本文と、Web サイトの URL が明記されているというパターンが多い。メール本文を見て不審に思ったときは、対象となる Web サイトのドメイン名が本当にその組織のものであるか、リンク先が一致しているかなどを確認した方がよい。このときは、電話で問い合わせたりするなどインターネット以外の手段でドメイン名の正当性を確認してもよいだろう。最近では、国内金融機関や有名なオークションサイトを装ったフィッシングサイトの開設が報告されているため、類似のメールが横行していないかインターネットで検索することも推奨される。金融機関などが送信したと思われるメールを受け取っても、メールに記載された URL には直接アクセスせず、十分に確認しよう。

Web サイトに個人情報を入力する際には、そのサイトに鍵のマークが表示されているか（サイト証明書があるか）など、そのサイト、開設機関が信頼できることを確認する。サイト証明書に関しては p. 72 を参照。

5 電子メール利用上のマナー

非常に多くの電子メールを受信する人は、まずメールのタイトルを見て、どのような内容なのかを判断し、次に誰からのメールかを確認する。忙しい時間内などでは特に、内容がわからない電子メール、差出人がわからない電子メールへの対応は後回しになる。電話では、声を聞けば相手がわかるが、メールではそのようなことはなく、送信人が誰かを理解するには文字しかない。電子メールが読まれるかどうかは、正しいマナーで作成されているかどうかにかかっている。そのようなマナーを身につけることが情報社会において必須である。

Ⓐ メール送信時のマナー

1）送信者が誰であるか明らかにする

- メールアドレスから送信者の名前を類推することは困難である。自分（送信者）が誰であるか、相手に確実にわかるようにメッセージ本文の終わりに名前、所属などを明確に書く。このために署名を活用する。（→ p. 80）
- 初めてメールを送信する相手の場合は、次ページの例のように、本文の始めに名乗ってもよい。

メールの書き方の例

○○ ○○先生　　　　　　　　←できればフルネームで（漢字を間違えない）
　　　　　　　　　　　　　　　　伊東 or 伊藤？　柴崎 or 芝崎？

○○大学○○学部の大門 花子と申します。
大学院進学についてご相談したいことがあります。　・何のためにメールしたかを、簡潔に
お伺いして……　　　　　　　　　　　　　　　　　　書く
どうぞよろしくお願いいたします。　　　　　　　・長文にしない
　　　　　　　　　　　　　　　　　　　　　　　　・右端まで書かないで、適当なところ
2022 年 5 月 1 日　　　　　　　　　　　　　　　　　で改行する

大門　花子　　　　　　　←自分が誰であるか、明らかにする
DAIMON Hanako　　　　　　　　　　　　　　　　　　　署名をあらかじめ
○○大学○○学部　　　　　　　　　　　　　　　　　　作成しておくとよい
hanako-daimon@xxx.xxxx.ac.jp

第4章

2）わかりやすい件名をつける

- 内容を反映した、わかりやすく短い件名を必ず記載する。
- 件名のない電子メールを送ると、相手に不信感をもたれる。迷惑メール検知システムで除外されて相手に届かず、読まれないこともある。

3）読みやすいメールを心がける

- 内容はできるだけ簡潔に。
- メールを作成する場合、適当なところで改行する。1 行の長さは、全角 30 文字（半角 60 文字）程度を意識するとよい。段落が変わるところなどは、途中で空白の行を入れてもよい。
- 機種依存文字を使わないように気をつける。（→ p. 79）
- 誤字脱字などのないように、送信前に必ず読み返してチェックする。特に人の名前、本文中に書いた日付や曜日は十分に確認する。

4）素早い返事を期待しない

- 受信者の事情を考える。
- 返事を受け取りたい期日がある場合は、本文中に明確に記載する。

5）激情的なメッセージを送らない

- メールでは相手の顔が見えないため、議論が思わぬ方向へ進み、誹謗、中傷につながる恐れがあるため、冷静にメールを作成する。
- 自分が激情的なメッセージを受け取っても、応答しないのが賢明。
- 感情的な文章と考えたときは、メールを送信する前に一晩待ち、冷静な気持ちでもう一度内容を確認してから、本当に送信してよいか考える。

6) 電子メールは、いつ、だれに読まれるかわからない

- クレジットカード番号、パスワード、個人情報、非公開情報などを含めないように気を付ける。
- パスワード付ファイルを添付する場合、同じメールにパスワードを記載しない。組織内の場合は、クラウドストレージにファイルを保存して共有することも考えるとよい。

7) サイズが大きいファイルを添付しない

- メッセージのサイズが非常に大きくなると、送信できなかったり、インターネット通信に影響を与える可能性がある。相手の環境によっては大容量のファイルを受信できない場合がある。
- 添付するファイルのサイズの目安は 10 MB 程度であるが、5 MB 以上のファイルを送る場合は、あらかじめ相手にどのくらいまで送ることができるか確認しておくとよい。p. 37 を参照してファイルサイズを圧縮してもよい。
- 画像ファイルやデータなどを添付する場合は、相手に、ファイルを開くためのソフトウェアがインストールされているか、あらかじめ確認してから送る。

8) 他人のメールアドレスをむやみに送信しない

- 迷惑メール対策として、メールアドレスを公開する相手をできるだけ制限する。to や cc にメールアドレスを記載すると受信者全員に通知されるため、互いに面識のない多くの人に同時にメールを送る場合は bcc を利用し、受信する相手に全員のメールアドレスが公開されることを防ぐとよい。

9) 宛先の cc に注意する

- メールのヘッダー部分の cc に自分のメールアドレスが記載されている場合、自分は主要な受信人ではなく、参考のため送られてきたものであるため、原則として返信不要である。
- 自分が受信したメールに複数の宛先がある場合、返信するときに全員へ送信すべきか考える。メール本文に返信先が書かれていないか、確認するとよい。

10) 著作権に注意する

- 他人が書いたメールの本文（文章）には、原則として書いた人に著作権が生じる。このため、自分が受け取ったメッセージを他人に転送したり、再投稿する場合には、著作権に注意する。
- 転送や再投稿の場合は原文を変えず、もとのメッセージの送信者にあらかじめ許可を得るなどが必要である。また、もとのメッセージを引用するときは自分

のメッセージと明確に区別し、元の発言者を特定できるような情報を必ず示す。

Ｂ 社会人のメール

　LINE などのメッセージアプリで日常の連絡をとり、電子メールをほとんど利用していない学生が多くなっている。友人や家族とのやり取りではメッセージでの会話（チャット）が便利かもしれない。社会人にとっても利便性の高いツールであり、Slack などのビジネスチャットツールを活用する場面が増えているが、仕事をする上では保存性、機密性が比較的高い電子メールを用いることが多い。つまり、電子メールは、内容によってビジネス文書として考える必要がある。学生から教員へのメールなども同様であり、送信する相手がよく知っている教員だったとしても、ビジネス文書としてのマナーを忘れないようにしよう。

　友人とメッセージをやり取りしているときは、伝えることよりも相手とのやり取りに注力し、内容を送信前に吟味することが少ないのではないだろうか。電子メールは、送信した相手がすぐに読み、すぐに対応すると思ってはいけない。また、誤った情報でも正式な連絡事項と受け取られる可能性もある。時と場合に合わせて、電子メールと紙ベースの文書を使い分けたり、電話連絡と組み合わせたりすることも必要である。学生のうちに電子メールを正しく利活用できるようになることが、相手から信頼される社会人になるための一歩になるだろう。

ちょっと したコツ ⑰ PPAP を廃止するって、どういうこと？

　PPAP とは大流行した歌のことではなく、セキュリティ上、問題になっている用語です。Password 付の ZIP 形式のファイルを添付して送り、Password を別のメールで送る、ZIP ファイルの暗号化（A）を利用した方法（プロトコル，P）という意味で PPAP と言われています。機密情報を含むファイルを圧縮したり、複数のファイルをまとめるときに利用する ZIP ファイルにパスワードを設定する方法は、ファイルの共有方法として広まってきました。しかし、下記に挙げるセキュリティ上のリスクがあるため、2020 年 11 月には政府が内閣府等で PPAP を廃止する方針が打ち出され、他の企業も追従する方向にあります。

- メールの誤送信や盗聴により PW 付ファイルと PW の両方の情報が第三者に伝わり、情報が漏えいしてしまう
- 暗号化されたファイルはウイルスチェックできない可能性があり、ウイルス感染のもとになる
- ZIP ファイルにした複数のファイル名などが展開前にわかることがある

送信前に相手を確認すればよい、という注意だけでは済まなくなってきているのです。

第4章

第 5 章

責任ある情報の利用
―情報倫理と著作権

　情報倫理は、情報モラルや情報マナーなどとも呼ばれ、情報を扱う上で必要な倫理である。倫理には、決められたルールやマナーを守るということだけでなく、嘘をつかない、ものを盗まないなど、人として求められる正しい行動が含まれる。例えば、日常生活において、他の人の情報を勝手に公開したり、他の人が書いたレポートを丸写して自分のレポートにしてしまうことは、倫理に反する行動であると誰もが認識しているはずである。インターネット空間でも同様である。

　第 3 章では、情報社会において、情報を守る方策を情報セキュリティという観点から情報を守る方策について解説した。本章では、責任をもって情報を利用するという観点から、知的財産権の一つである著作権を取り上げる。著作物の利用方法、および情報発信する際に著作権やその他の権利を侵害しないために留意すべき点について考えよう。

1 情報倫理とは

　情報社会において ICT を活用するためには、情報が持つ特徴を理解し、適切に取り扱うように心がけなければならない。このときに持つべき意識、行動規範を**情報倫理**という。全世界に広がっているインターネットには、接続方法などの標準的な技術仕様として Request for Comments（RFC）が策定されている。しかし、情報倫理に関しては各国のルールに基づいて自主的に運用されており、統一的な法規制や罰則はない。また、技術の進歩が非常に速く、常に変化しているだけでなく、さまざまな考えを持った人が利用しており、悪意を持って利用している人もいる。そのような人から大切な情報を守るのがセキュリティの意義であり、PC を活用するために不可欠な知識である。

　情報倫理の範疇にはセキュリティの維持も含まれており、守るべきものを守る知識を持つこと、さまざまな問題に対処および回避するための的確な行動をとることなどが求められる。さらに、不正アクセスや、コンピューターウイルスの頒布、ソフトウェアの不正使用などの法に触れるような行為はもちろん、個人情報の取り扱いに十分に留意し、著作権や肖像権など他人の権利を侵害してはいけない。また、閲覧者に不快感を与えるような情報を発信してはならない。本章では、インターネットを活用する上での個人情報の保護、**ソーシャル・ネットワーキング・サービス**（**SNS**）や Web サイトを利用する上での注意事項、および情報検索で得た情報の活用について詳細に記載する。情報セキュリティの詳細については、第 3 章を参照してほしい。

A ソーシャルメディア等に情報を発信するときの倫理観

　ソーシャルメディアとは、インターネット上に発信された映像、音声、文字情報などを通して、双方向にコミュニケーションをとったり、情報を拡散することを想定した情報発信技術であり、インターネットに接続した環境であれば誰でも利用できるメディアとして普及してきた。これに伴い、社会的に注目を集めるような事件が起こると、インターネット上でさまざまな意見が飛び交うようになっている。Twitter、Instagram、TikTok や Facebook などの SNS はソーシャルメディアの一部として考えることができ、SNS に情報を書き込んだり、自分の情報を発信することに抵抗を感じない人も増えている。LINE や WhatsApp を通してメッセージを

やり取りすることは、日常生活の一部になっていると言って過言ではないだろう。

　事実に基づいて自分の考えを書くことは、一定のルールを守ることを条件に認められているが、その中で特定の個人を誹謗中傷することは絶対に許されない。特に、事実を自分自身で確認せず、憶測、他人から聞いた話などをインターネットという公衆の場に一方的に提示し、人権やプライバシーを侵害し傷つけたり、守秘義務違反になる行為は絶対に行ってはいけない。また、自分の独自の意見を書き込む場合も同様であり、その情報を受け取った人がどのように感じるか、社会に対してどのような影響を及ぼすのかについて、十分に理解してから行動することが望ましい。発信する情報の中に、自分の職業や所属学部等の情報が加わると、発信された情報がその職業等と紐付けられる可能性があることを認識しよう。

　情報を発信するということは、その情報を受け取る人にとっての情報源になるということである。大学生・大学院学生・社会人として、物事や情報の本質を見極める力を持ち、責任をもった行動をとるように心がけてほしい。

2　個人情報保護の必要性

A　個人情報の考え方・扱い方

　個人情報の保護に関する法律（個人情報保護法）において、**個人情報**とは、生存する個人に関する情報であり、氏名、生年月日、番号、記号、符号、画像や音声など個人を特定できる情報、および、他の情報と組み合わせて容易に個人を識別できるものと定義される。また、病歴や心身の障害に関する情報など他人に知られたくないものを**要配慮個人情報**と呼び、家族・家庭の状況などとともに、注意して取扱う必要がある。さらに、2022 年 4 月の改正個人情報保護法の施行により、Webブラウザーに保存されている Cookie による閲覧履歴、インターネットサービスの利用状況、商品の購買履歴、位置情報などが**個人関連情報**として定義され、第三者への提供が制限されるようになった。

　第三者が個人情報を収集しようとする目的の一つに、ダイレクトメールの送付などがある。高校生のときに、登録した覚えがないのに予備校から案内が届いたことはなかっただろうか？　これは、あなたの情報を企業がどこからか入手したのかもしれない。予備校のダイレクトメールが届くだけでは大きな被害にはならないが、電子メールを利用し多量の迷惑メールが送り付けられたり、フィッシング詐欺やワ

ンクリック詐欺に悪用される可能性がある。知らない人が自分の住所や生年月日を知っていたら、あなたは、どう感じるだろうか。

従来、紙媒体で管理されていた個人情報は、ICT の発展によりデジタル化され、それにより、簡便にコピー／再利用が可能となった。現在、多くの人が PC を利用して住所録などの個人情報を管理し、社会では、顧客情報や患者情報など多くの情報が PC を利用して管理されている。顧客の情報や患者の病名が他人に知られてしまったら、その顧客や患者はどう思うだろうか。そして、あなたの信頼はどうなるだろうか。このようなことが起こらないように、個人情報の取り扱いについては慎重を期さなければならない。

一度、個人情報等を含むデータがインターネット上に流出してしまうと、短時間で広範囲に伝搬される可能性があり、拡散してしまったすべてのデータを消去することは不可能である。このため、自分自身の個人情報だけでなく、PC 内に保存してある他人の個人情報や関連情報の取り扱いには十分に注意を払わなければならない。情報化が進んだ現代では、いつ自分の個人情報が漏洩して、被害者になってもおかしくない。実際に、個人情報を取り扱う企業から多くの個人情報が流出した事件も発生している。逆に自分の PC の管理が不十分でデータを流出させてしまった場合は、加害者になることを忘れないようにしよう。情報を守るためのセキュリティ対策については第 3 章を参照のこと（→ p. 58）

B 個人情報の書き込み

インターネットによる通信販売を利用する場合、名前や電話番号さらにはクレジットカード番号などを入力することが必要になる。ここで書き込んだ個人情報は、Web サイト運営会社のサーバーに記録されるため、自分の手では守れず、会社が定めたルールに基づいて保護されることを念頭に置くべきである。このことを理解し、どうしても必要な場合に最小限の個人情報を書き込むことを推奨する。当然、p. 73 を参考にして信頼できる Web サイトであることを確認してから利用しよう。

自分で開設する Web サイトなどでは、掲載する情報の信憑性を高める目的など、必要な場合に限って自分の名前や職業などの情報を掲載する。また、メールアドレスを公開すると、迷惑メールが大量に届くことになるので十分注意する。どうしても必要な場合は、メールアドレスを画像で表示するなど工夫する、リンクを作成しない、問い合わせフォームを利用するなどを考える。一方、他者を特定できる情報は、許可を得た場合以外は絶対に掲載しない。写真を掲載する場合も、本人

の了解が得られた場合以外は、後方から写したりして個人が特定できないようにする。人権に配慮することが基本であり、特定の個人に関する住所、電話番号、生年月日、本籍地、思想、医療情報などを書き込むことはしない。

C　プライバシーと肖像権・パブリシティ権

すべての人は自分の生活を許可なく撮影、描写、公開されないための権利（プライバシー）を有している。この中でも、特に人の姿、形およびその画像などを対象として、自分の肖像を写真や絵などとして表現して公表されることを拒否することができる権利を**肖像権**と呼ぶ。次節の著作権と異なり、肖像権を明確に規定している法律はないが、人格権の一部と考えられている。無断で撮影され、個人が特定できる写真を、本人の承諾なく利用すると肖像権の侵害になる。ただし、報道などで公益性が認められ、記事と一体となった写真で、それが事実である場合は、肖像権の侵害とはならないと理解されている。

一方、タレントやスポーツ選手などの有名人はプライバシーが保護される範囲が狭い反面、名前や写真が利益を生む可能性がある。このため、有名人には肖像権のほかに、著名性を有する肖像が生む財産的価値を保護する権利（パブリシティ権）が認められている。有名人の写真を無断で使用すると、肖像権や写真を撮影した人の著作権などの権利を侵害するほか、パブリシティ権も侵害する場合がある。

人に関する情報を発信する際には、その人の個人情報を保護するとともに、プライバシーを侵害しないように十分注意する必要がある。

3　著作権を侵害しないために

A　著作権と著作物

著作権などの権利は、音楽・出版・放送などの業界では、著作物の不正コピーを防止するためにも重要であり、これまでも議論の的となってきた。一方で、PCやインターネットの普及により、個人でも自分の著作物を簡単に公開できたり、情報検索で入手した他人の著作物を容易に複製できたりするようになった。また、デジタルカメラやスマートフォンが普及したこと、自分でブログや Web ページを公開したり、Facebook、Twitter、Instagram などの SNS に参加することで、インタ

ーネット上へさまざまな情報を発信することが容易になった。このため、デジタル化、ネットワーク化が進んだ情報社会において、著作権、肖像権は理解しておくべき身近な話題である。

　知的財産権とは、知的所有権とも呼ばれ、平成14年に公布された知的財産基本法において、「特許権、実用新案権、育成者権、意匠権、著作権、商標権その他の知的財産に関して法令により定められた権利又は法律上保護される利益に係る権利」と定義されている。このうち、**著作権**（copyright）の範囲と内容について定めている法律が、著作権法である。

　著作権法において、著作物とは、「思想又は感情を創造的に表現したものであって、文芸、学術、美術又は音楽の範囲に属するもの」と定義される文化的創造物であり、著作者とは、「著作物を創作する者」とされる。著作物の具体例として、講演、レポート、作文、絵画、イラスト、写真、音楽、アニメーション、地図、新聞記事、辞書の内容、コンピュータープログラム、データベースなどがある。

　著作権は、著作者が著作物を完成させた時点で申請や登録を行わなくても、自動的に付与される権利であり、著作物を勝手に複製されない、頒布されない、口述されない、公衆に対して送信されない、インターネット等で閲覧可能な状態とされない、無断で翻訳などをされないなどの**著作者財産権**がある。また、無断で改変されたり、公表されない権利など著作者の人格的権利を保護するために**著作者人格権**が存在する。また、音楽や演劇などでは、実演家にも権利（著作隣接権）が発生する。

　一方、法律や条例、裁判所の判例などは、著作物の条件は満たすが著作権は生じない。さらに、「富士山の標高は3,776 mである」などの事実や実験データは著作物ではなく、それらをそのまま記載した文章にも著作権は生じない。学生が実習でさまざまな濃度のリン酸溶液のpHを測定した実験結果をただ列挙しだけでは事実なので著作物とはならないが、見やすく図表化したなど創意工夫されたものは、著作物になる可能性がある。

Ⓑ 著作権を考慮すべき具体例

❶ 著作権などの侵害と考えられるケース

　SNSなどに情報発信する際に、著作権や肖像権を侵害する可能性があるケースについて、いくつかの例を次ページに記載した。これらに限らず、他人の著作物や他人が写った写真などの情報を発信する際には、さまざまな権利を侵害しないよう

に細心の注意を払う必要がある。

権利を侵害するさまざまなケースの例

- 新聞社の Web ページに掲載されたニュースのタイトルと文章を、そのまま自分の SNS に貼り付けて公開した。
- 他人が撮影した自分の写真を、自分の Instagram に公開した。
- 自分が撮影した友人の写真を、友人に断らず自分の Facebook に公開した。
- 自分が書いた有名キャラクターの似顔絵を、自分の Web ページで公開した。
- 購入した CD の音楽を、許可なく自分の Web ページの BGM として利用した。
- 購入した音楽データを、オンラインストレージに保存して友人がダウンロードできるようにした。
- 他人が書いた歌詞を、許可なく自分の Web ページに転記した。
- 他人が書いた歌詞を、許可なく替え歌として公開した。
- 雑誌の写真やイラストを、スキャナーで取り込んで Web ページで公開した。
- テレビドラマを録画したデータを、動画投稿サイトにアップロードした。

2 著作物の複製が認められるケース

　著作権法では、一定の範囲内で著作物を複製して自由に利用することが例外として規定されている。しかし、著作者の不利益を生じないように、その条件は厳密である。

私的利用：自身で著作物を利用するための複製（私的複製）。例えば、家庭でのテレビ番組の録画。新聞のスクラップ。ただし、CD-R、DVD、BD などのデジタル方式の機器・メディアを用いた録音、録画については、補償金を支払う義務がある。実際には、機器・メディアの購入時の価格に補償金が含められて徴収されている。

図書館：公的図書館や大学の図書館など、政令で定められた図書館で、図書館が所蔵している資料の最低限の複写。

教育目的：教員または学生が教育目的で行う、最低限の資料の複写。例えば、授業が行われる場所で利用するための複写。ただし、教科書一冊全体の複写や、ワークブックのように本来一人一人が使うことが前提となっている冊子の複写は許されない。

試験：試験実施に際して目的に合致した範囲の複写。しかし、営利性の高い試験は除かれ、実施後にインターネット等で試験問題を公開することは許されていない。

○C オンライン授業での著作物の利用

前項に記載したように、教育目的での著作物の利用は一定の条件下で認められている。しかし、これは対面授業や、対面授業を行いながら遠隔地に同時中継することを前提としたものであり、いわゆるオンライン授業は、コンテンツを公衆送信することになり、著作権法の規定では著作者の許諾が必要だった。そこで、著作権法の一部が改正され、2020 年度から授業目的公衆送信補償金制度が導入された。この制度により、学校等が決められた額の補償金を授業目的公衆送信補償金等管理協会（SARTRAS）に対して支払って申請すれば、国内外のほとんどの著作物を許諾なく公衆送信できるようになった。つまり、該当する授業の遂行に必要な範囲で、著作権者の利益を不当に害しない限り、教材をメール等で送ったり、授業中に映像コンテンツをインターネット経由で提示したりすることなどが可能になった。

※一部の医学系コンテンツはこの制度では利用できないため、注意が必要である。

○D 著作権を侵害しないために

入手した情報を利用して情報発信するための注意事項と対策について列記した。Web ページやパンフレット、スライドなどを作成するときは一度確認してほしい。

●他人の文章を勝手に使わない

- 他人が作成した資料は、自分の Web ページ等にそのまま掲載しない。どうしても必要な場合は、Web ページに他人の資料を参照するためのリンクを作成して対処する。
- 事実そのものには著作権はないので、完全に理解してから自分自身で文章を作成し、掲載する。
- 妥当性が認められる引用は可能だが、引用の条件を越えないように気を付ける（次節を参照）。

●他人の書いた絵や写真を勝手に使わない

- 他人の書いた絵や写真を作者の許諾なしに自分の Web ページに載せない。
- 素材集として公開されているものを利用する場合は、使用条件などをよく確認する。

●著作物の著作権表示について確認する

- Web サイトなどによっては、著作物の複製や利用に関する規定が掲載されている。条件によって自由に利用できたり、利用範囲が決められていたりする場合があるので、よく確認する。（→ p. 100 ちょっとしたコツ⑱）

4　公表された情報の利用

A　引用と転載

引用は、他者の主張や資料等の一部を利用して自分の著作物を作成することを目的とする場合に例外として認められているもので、厳密に条件が定められている。下記の条件すべてを満たしていれば、著作者の許諾なく利用することができる。研究や授業などで作成するスライドに必要な情報を引用するときなどは、次ページの例にあるように、どの情報が引用部分であるかを明確にし、必ず情報源を記載することを心がけよう。

著作物の引用が許可されるための条件

1) 引用する著作物が出版物や Web ページなどの方法で公開（公表）されたものであること。
2) 自分の意見を他者の意見と比較して表現する場合など、自分の著作物に引用するための必然性があること。
   - 報道、論評、研究などの目的で著作物を使用する場合のみ認められる。
3) 引用の目的に照らして正当、かつ最低限必要な範囲であること。
4) どこから引用したか、引用している部分の近くに、引用元を辿ることができるような情報を明示すること。（→ p. 273）
   - 著書の場合：著者名・書名・出版社・出版年など。
   - 論文の場合：執筆者名・題名・雑誌名・発行年月など。
   - Web ページの場合：URL、タイトル、情報を確認した日時など。
5) どの部分を引用したか、カギ括弧や空白行などを利用して明確に区分すること。
6) 同一性を保持するため、変更しないこと。
7) 引用する側と引用される側で、主と従の関係があること。
8) 原著者の意図に反した使用をしないこと。

一方、引用の範囲を超えて、著作物中の文章や図表などを別の場所にそのまま掲載することを**転載**という。この場合は、必ず著作者の許諾が必要になる。ときに、Web ページに新聞記事の文章をそのまま掲載し、「○○新聞○月○日朝刊より」などと記載したものを見かける。記事のみが掲載されている場合など、引用する必然性が認められない範囲の掲載は転載となり、著作者の許諾が必要である。

第5章

98

Web ページに掲載された情報を利用した例

出典：国立がん研究センターがん情報サービス『がん統計』（2022.5.27 参照）

B　適切な情報の利用

　授業の課題レポートを書くときに、多くの資料を参考にして自分の意見をまとめることがある。また、卒業研究などでは、それまでに行われてきた研究成果（先行研究）を参考にして自分の研究を進め、最終的に論文としてまとめるだろう。このようなとき、参考にした資料からそのまま文章を抜き出して丸写ししていないだろうか。言うまでもなく、すでに公表されている情報をそのままコピー＆ペーストして自分の作品にすることは剽窃行為であり、またすべての情報が他者の著作物であれば、これは盗用になる。このことを常に念頭に置き、適切に引用しながら自分の考えをきちんとまとめて文章で表現するように心がけなければならない。

　一般的に、自然科学の現象を記録したデータ自体は著作物ではなく、得られた事実について論理的に書かれた文章は表現がほぼ同じになるため、創作性が少ないとされる。一方で、論文全体またはある程度まとまった文章で考えたとき、著者の創造性が認められる場合がある。参考にする資料を引用しなければ自分のレポートや論文が成り立たない場合は、情報源を明確に示した上で、適切に引用することが求められる。情報源の記載方法については、第 10 章を参照してほしい。

C　著作物を利用するときのマナー

　本章では、情報倫理の一つとして、著作権の保護および著作物の利用上の注意点について記載した。実験や調査研究で得られたデータそのものは客観的なものなので著作物とはならないが、工夫して表現したグラフや解析の結果、それを説明する文章には著作権が生じる場合がある。自然科学の研究では、先人の報告を参考にしながら新たな考えを展開していくことが重要である。たとえ著作権が生じない場合でも、必要な箇所を剽窃にならないように注意しながら適切に引用しなければならない。

　しかし、これだけを守ればよいわけではない。マナーの基本になるのは、他人が不愉快な気持ちになるような行動は慎むという倫理的な態度である。インターネットで情報が公開されてしまうと、回収することはほぼ不可能である。すなわち、他人が不愉快に思ったり、他人の権利を侵害したりする情報をひとたび公開すると、公開したデータは絶対に回収できず、また消すことができない。そのことを心に留め、情報発信する際には、著作権などの権利を保護するとともに、常に他人の気持ちを考えて行動してほしい。

第 5 章

ちょっとしたコツ ⑱ クリエイティブ・コモンズ・ライセンスって何ですか？

　イラストの挿入は、文書やスライドのわかりやすさを向上するのに効果的です。インターネット上には、さまざまな画像データがありますが、検索エンジンで見つけたイラストや、Web ページ中の画像を使用するためには、著作権に留意しなければなりません。Microsoft 365 では、［挿入］タブ→［画像］グループ→「オンライン画像」ボタンでインターネット上の画像を挿入できます。オンライン画像の検索ダイアログボックスには、キーワードを入力して探し出した画像とともに、図のような注意喚起のメッセージが表示され、各画像の著作権についての情報が提示されます。

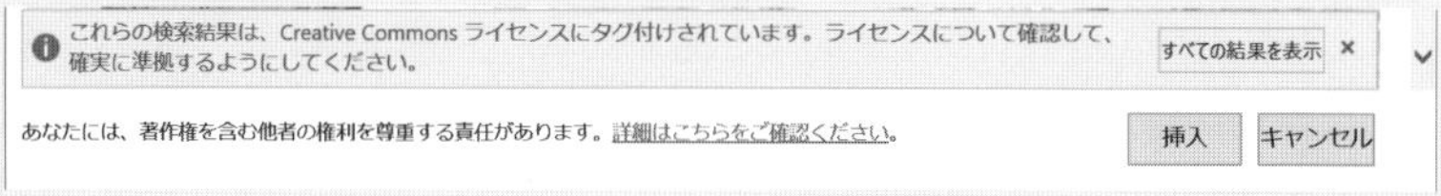

　クリエイティブ・コモンズ・ライセンスは、情報社会における新しい著作権ルールの普及を目指して定義されたツールで、あらかじめ自分の作品の著作権について意思表示することができます。利用者側は、全 6 種類のマークで、非営利目的に限る、改変不可、など著作権者が主張する権利の種類を見分けることができます。Office の検索で見つけた画像だとしても、自分の目的が著作権違反にならないかを確認する必要があるのを覚えておいてください。参考）https://creativecommons.jp/licenses/

第6章

報告書の作成
（文書作成ソフト）

　文書作成ソフトでは、文章をただ入力するだけではなく、文字の色、大きさ、段落の設定、図表の挿入などによって、体裁が揃った、印象的な文書を作成できる。また、筋道を立てて考えながら文章を書くときに役立つ機能や文章チェック機能などが用意されており、効率よく報告書や論文を作成することができる。

　本章では、報告書・論文作成を念頭に置き、代表的な文書作成ソフトである Microsoft Word の使い方を中心として、レポート、卒業論文、修士論文などの作成に必要な事項を解説する。さまざまな機能を活用して効率よい文書作成のスキルを会得してほしい。

1 Word の基本操作

Ⓐ Word の起動

① ［スタート］ → 〔**W11** すべてのアプリ〕 → Word 〔**Mac** [Launchpad]
→ Microsoft Word〕

② 開いたウィンドウから、「白紙の文書」などを選択。

※すべてのアプリで見つからない場合は、検索ボックスで Word を探することができる。

Ⓑ 画面構成の確認

OS が異なっても基本的な画面とメニュー構成はほぼ同じである。ただし、
macOS では、［ファイル］タブの代わりに、上部のメニューバーに［Word］メニュー、［ファイル］メニューがある。macOS の利用者は、以降の説明にある［ファイル］タブは、［ファイル］メニューと読み替えてほしい。

※ルーラーが表示されていないときは、p. 105 を参考にして、表示させよう。

※ **Mac** 初期設定ではグループ名が表示されていないため、［Word］メニュー→［環境設定 ...］
→［作成および校正ツール］→「表示」。開いたダイアログボックスで「グループタイトルを表示」にチェックを入れて表示させよう。Apple メニューの右側が［Finder］になっている場合は、Word 文書のどこかをクリックすると［Word］メニューに切り替わる。

Ⓒ 作成済みのファイルを開く

① ［ファイル］タブ→［開く］

② Backstage ビュー「開く」→「その他の場所」から「参照」（または OneDrive
など）を選択。

③ 「ファイルを開く」ダイアログボックスが開くので、目的のフォルダを選び、ファイル名をクリック。→右下の「開く」ボタンを押す。

Ⓓ ファイルの保存

　文章を入力し、編集作業が終了したらファイルを保存することになる。長時間編集作業をしているときは、一区切りがついた時点で、随時文書保存を行うように心がけよう。これにより、PCの電源が突然切れたときなどの損失を最小限に抑えることができる。また、ファイルを新規作成したときは作業開始時にファイル名を確定し、作業中は、こまめに上書き保存する癖をつけてほしい。なお、保存先がOneDriveの場合、自動保存の設定をオンにしておくことができる。

◆ファイル名を変更して保存する場合

① ［ファイル］タブ→［名前を付けて保存］

② 「このPC」または「参照」ボタンを押し、保存先のドライブ、フォルダーを開く。

③ 必要に応じてファイルの種類のプルダウンリストから、目的のファイル形式を選択する。

④ ファイル名を入力し、「保存」ボタンを押す。

※ PDF形式で保存することも可能。

ファイル保存ダイアログボックスと
選択可能なファイル形式

◆ファイル名が確定している場合

① ［ファイル］タブ→［上書き保存］

ちょっとしたコツ ⑲

**簡単にデータを保存したい…
左手に「Ctrl ＋ S」を覚えさせよう**

　時間をかけて作成したファイルを、うっかり保存しないで悔しい思いをしたことはありませんか？

　一般的なソフトウェアでは、Ctrlキーを押しながらSキーを押す「Ctrl＋S」が上書き保存のショートカットです〔**Mac** command+S〕。作業に一区切りがついたら、まずCtrl＋Sを押す癖をつけておくとよいでしょう。ちなみに、SはSave＝保存のことです。Sキーは左手で押しますが、左手の小指が届く位置にちょうどCtrlキーが位置していると思います。まず、Ctrlキーを押しておき、それからSキーを押すと、うまくいくでしょう。

　このとき、注意したいのは、編集作業のいちばん最初に、必ずファイル名を確認することです。ひな形とするファイルを開き、編集してから上書きしてしまうと、元のファイルの情報が変わってしまうからです（p.29のちょっとしたコツ⑪も参考にしてください）。

E Word の終了

　Word を終了するとき、作業中のファイルが変更されている場合は、保存するかどうかのメッセージが表示される。変更がないと思っても、念のため Word を終了する前にはファイル名を確認した上で保存操作を行うとよい。また、複数のファイルを開いているとき、ウィンドウ右上のクローズボタンで閉じると、一つずつしか終了しないが、次の方法では、すべてのファイルを閉じて、Word が終了する。

　① Alt キー →[F] キー →[X] キー 〔**Mac** command + [Q] キー〕

F 作業を始める前に

■ ユーザー名の指定と確認

　Microsoft Office のデータファイル内には、ファイルの作成者などの情報が記録される。この内容は、ユーザー名として Office ソフトウェアのオプションで指定でき、いつでも変更可能である。登録したユーザー名は、校閲機能を利用するときに使われ、ファイルの内容と共に開示されるので、誰が作業したかわかるようなユーザー名を付ける。

　①［ファイル］タブ→［オプション］

　②「全般」のリストで表示される「Microsoft Office のユーザー設定」のユーザー名と頭文字を確認し、OK ボタンを押す。

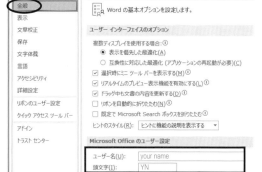

■ 編集記号を表示させる

　文書作成ソフトでは、文字情報のほかに、空白文字（スペース）、改行など、印刷されない種々の編集記号が使用されているが、Word の初期設定では、段落記号しか表示されない。画面上で作業を行う際には編集記号を表示させた方がわかりやすく、作業の効率が上がる場合が多い。

知っておくと便利な編集記号		
段落区切り：↵	行区切り：↓	タブ：→
全角スペース：□	半角スペース：・	

◆コマンドボタンを利用して簡単に設定する

① ［ホーム］タブ→［段落］グループ

② 「編集記号の表示／非表示」ボタン ↵ を押す。

◆ダイアログボックスを利用して設定する

W10 **W11**

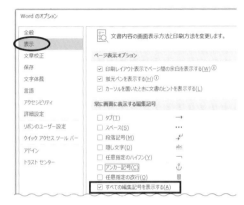

① ［ファイル］タブ→［オプション］

② 左側のリストから「表示」を選択。

③ 「常に画面に表示する編集記号」の中から、「すべての編集記号を表示する」にチェックし、OKボタンを押す。

Mac

① ［Word］メニュー → ［環境設定...］

② ［作成および校正ツール］の中から「表示」を選択。

③ 「編集記号の表示」の項目をすべてチェックする。

※段落区切りの記号 ↵ には、その段落に設定されている書式情報が含まれる。このため、文字列をコピーするときは、選択範囲に段落区切りの記号を含めるかどうかで、貼り付け後の結果が変わる。記号だけをコピーすることもできる。段落書式については p. 109、貼り付けについては p. 46 を参照。

❸ ルーラー（目盛）を表示する

ルーラーは、編集画面の上部および左側に表示されているスケール（目盛）のことであり、本文の編集領域などを把握するために役立つ。Word の初期状態ではルーラーが非表示であるため、次の操作で表示する。

① ［表示］タブ→「表示」グループ→「ルーラー」をチェックする。

2　文字列の編集

Ａ　編集範囲の指定

　文書を編集するときは、特定の文字列や段落に対して、さまざまな設定を行う。対象とする範囲を指定するためには、いくつかの方法があり、目的に応じて使い分けると作業効率が大幅に向上する。基本的な範囲選択は文字単位であるが、単語単位、行単位、段落単位での選択も可能である。これらの方法は、Windows 上で動作する他のソフトウェアでも共通の場合が多い。

1) 文字単位の選択

　　マウスでドラッグ：選択範囲の開始部分にカーソルを置き、そのまま終了位置までドラッグする。

　　Shift ＋クリック：選択範囲の開始部分にカーソルを置き、Shift キーを押しながら、範囲の終了位置をクリックする。

　　矢印キーの利用：Shift キーを押しながら、キーボードにある上下左右の矢印キーを押すと、カーソルのある位置から文字単位で選択できる。マウスでは扱いにくい 1 文字単位の選択が容易にできるほか、入力中にキーボードから手を離さなくても範囲指定できるので作業効率がよい。範囲が複数の行にわたるときは、下矢印キーを使うと 1 行ずつ選択することができる。文字列の一部をマウスで選択しようとして、うまくいかないときは、矢印キーを使うとよい。

1) マウスでドラッグして範囲指定する（矢印はマウスの動き）

2) 行単位の選択

　　マウスカーソルは、文字列の上にあるときは Ｉ の形をしているが、マウスを左側の余白へ動かすと、右に傾いた矢印（）に変化する。この状態でクリックすると、カーソルの右側にある行が選択される。ドラッグすれば、複数行を容易に選択できる。

2) 行単位で範囲を指定する（矢印はマウスの動き）

3) 単語単位の選択

　　単語の前または途中にカーソルを置き、ダブルクリックすると単語単位で選択できる。

4）段落単位の選択

　文字列中にカーソルを置き、3回クリックすると、段落全体を選択できる。

5）ブロック単位の選択（Alt キーの利用）

　始点にカーソルを置き、Alt キー〔**Mac** option キー〕を押しながらドラッグすると、ブロック単位で範囲を選択できる。

6）複数範囲の選択（Ctrl キーの利用）

　上記の操作で範囲を選択してから、さらに他の範囲を追加したいときは、Ctrl キー〔**Mac** option キー〕を押しながら同様に操作すると、範囲を追加指定できる。

5)Alt キーを使ってブロック単位で範囲を指定する（矢印はマウスの動き）

B　文字列の挿入、削除

　文書を作成するときに、文字列を特定の場所に挿入したり、一度入力した文字列を削除することがある。Word での文書編集には、挿入モードと上書きモードがある。挿入モードでは、入力した文字列がカーソル位置に挿入されるが、上書きモードでは、入力した文字で既存の文字を上書きする。編集画面の初期設定は挿入モードとなっているため、文字を挿入する場合は、該当部分にカーソルを置き、そのまま入力すればよい。Insert キーを押すと、上書きモードとなり、入力した文字で元の文字列が削除される。

入力モードは、ウィンドウ下のステータスバーで確認できる

※ステータスバーに挿入／上書きモードが表示されていないときは、ステータスバーを右クリック〔**Mac** control ＋クリック〕→開いたコンテキストメニューから「上書きモード」を選択してチェックを入れる。

　文字列を削除する場合には、Delete キーまたは BackSpace キーを利用するが、これらの2つのキーは動作が異なる（→ p. 5）。また、範囲を指定して削除する場合は、前項で説明した方法で範囲選択してから Delete キーまたは BackSpace キーを押すと、選択範囲が削除される。

※ **Mac** delete キーまたは fn ＋ delete キーを利用する（→ p. 5）。

3 文字列・段落のレイアウト

A フォントの指定

　第1章で説明したように、フォントの種類は大きく分けて明朝体とゴシック体がある。Word で作成することが多い報告書や論文は文字情報が多いので、基本的には明朝体を指定することを推奨する。また、英文フォントのほとんどはプロポーショナルフォントのため、フォントを選ぶときは和文フォントとデザインが揃うようなものを選ぶとよい。太字のフォントが別に準備されているフォント（游明朝など）や斜体の利用が前提になっている英文フォント（Times New Roman など）などもあるため、文書の目的に合わせていろいろなフォントを選んでみるとよいだろう。必要に応じて UD フォントの利用もお勧めである（→ p. 16）。

B 文字列の修飾

　文章中で強調したい部分があるときは、文字を太字（bold）、下線（underline）などで修飾し、微生物や植物の学名などラテン名で表記するものは、一般的に斜体（italic）で表現する。例えば、「大腸菌」は *Escherichia coli* (*E. coli*)、「ヤマザクラ」は *Prunus jamasakura* と表記される。また、数式や指数表現、分子式の入力には、フォントの大きさを変えたり、テキストボックスを使ったりせずに、上付き文字（superscript）や下付き文字（subscript）を利用する。

$$\text{例：} \quad H_3PO_4 \qquad y = x^2 + 2x - 3$$

◆コマンドボタンを利用して簡単に設定する

　① 修飾する文字を選択する。

　② ［ホーム］タブ→［フォント］グループ→目的の設定ボタンを押す。

※ W10 W11 文字列を選択すると表示される書式設定ミニツールバーを利用してもよい。

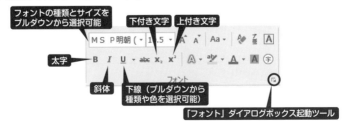

◆ダイアログボックスを利用して詳細に設定する

① 文字修飾を施す部分を選択する。

② ［ホーム］タブ→［フォント］グループの右下にあるダイアログボックス起動ツールをクリック。

③ 「フォント」ダイアログボックスで目的とする設定を行う。

※文字列を選択し、反転している上で右クリック〔**Mac** control ＋クリック〕して表示されるコンテキストメニューから［フォント...］を選択してもダイアログボックスが開く。

C 行内の文字配置：段落の設定

1 行内の文字配置の設定

　入力した文字列をページの中央に寄せたり、右端に配置する場合、スペースを使って調整してしまうと、文字列の修正や、フォント変更時に文字の位置がずれて再調整が必要になる。このような場合は、段落の書式で文字の配置を指定する。段落とは、文字列を入力するときに Enter キーを押すと表示される段落記号↵で区切られる単位であり、書式設定は段落単位で行う。

　段落内の文字配置には、次の種類があり、標準の状態では左揃えまたは両端揃えに設定されていることが多い。

左揃え：　　文字列の開始位置が行の左端になる

中央揃え：　文字列が行の中央に表示

右揃え：　　文字列の終了位置が行の右端に揃う

両端揃え：　行の始まりと終わりがどの行でも一致する（英文の場合、スペースの幅で調整される）

均等割り付け：行全体に文字が均等に表示される

◆コマンドボタンを利用する

① 文字位置を指定する段落のどこかにカーソルを置く。

② ［ホーム］タブ→［段落］グループ→目的

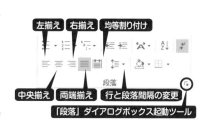

　とする文字配置のボタンを押す。

※複数の段落にわたって設定する場合は、目的とする段落をドラッグして選択しておくとよい。

◆ダイアログボックスを利用して設定する

　① 文字配置を指定する段落のどこかにカーソルを置く。

　② ［ホーム］タブ→［段落］グループの右下にあるダイアログボックス起動ツールをクリック。〔**Mac**〕［フォーマット］メニュー →「段落...」〕

　③ 「段落」ダイアログボックスの「インデントと行間隔」タブで目的とする設定を行う。

2 行間隔の調節

　読みやすい文章のレイアウトは、フォントのサイズ、文字間隔だけではなく、行間隔を考慮していることが多い。Word の設定での行間隔（行間）とは、文字の下端から次の行の文字の下端までの間隔のことをいう。設定値は段落書式に含まれており、フォントサイズに対応した設定と絶対値での設定ができる。

倍数で設定： 　1行、1.5行、2行など。行数の倍数で表す。

固定値で設定：14 pt、18 pt などのポイント（pt）で設定する。フォントサイズより小さい値を設定すると文字の上端が表示されなくなる。

最小値で設定：固定値と同様にポイントで設定するが、フォントサイズが設定値よりも大きい場合は、自動的に調整される。

ちょっとしたコツ ⑳　　　　　どうする？　読み方がわからない漢字を入力するには？

　日本語入力中に使いたい漢字が、なかなか見つからないとき、あなたはどうしていますか？ 音読み、訓読みを駆使して漢字が見つかればよいのですが、読み方のわからない漢字を入力しなければならないときは、日本語入力システムの「手書き入力」が便利です。

　Windows に標準で付属する Microsoft IME には、マウスを使って漢字を描くと、候補の漢字が横に表示される IME パッドがあります。この手書き入力のためのダイアログボックスは、 あ という IME のアイコンを右クリックして「IME パッド」をクリックしましょう。

これらの設定を行う場合は、「段落」ダイアログボックスにある「1ページの行数を指定時に文字を行グリッド線に合わせる」のチェックを外す（図参照）。このチェックが入っていると、行間隔を狭く設定しても、反映されないので注意する。

D 行内の文字位置：タブ機能とインデントの設定

1 タブ機能の利用

レポートなどの文書を作成していると、各文字列の先頭の位置を揃えたい場合がある。スペースを使って位置を合わせようとしたとき、一度はうまく調整できたと思っても、フォントの大きさを変えたり、文字列を修正したりするとせっかく合わせた位置がずれてしまうことがある。これは、プロポーショナルフォントを利用し

ちょっとしたコツ㉑　¨（ウムラウト）やギリシャ文字を入力するには？

ドイツ人の名前などに含まれる ö や ü などのウムラウト（¨）や、α、β などのギリシャ文字を入力する場合、どうしたらよいでしょう？
Wordでは、[挿入] タブ→[記号と特殊文字] グループにあるプルダウンから、「その他の記号」を選ぶと、さまざまな文字を入力できます。一度、開いてみてください。見つからない場合は、フォントを代えてみて下さい。

ちょっとしたコツ㉒　本文中にふりがなを表示するには？

難しい人名漢字や専門用語など、ふりがなを振りたいと思ったことはありませんか？
本文中で説明したフォントと段落の書式設定を調節して表示することもできますが、Wordにはふりがな（ルビ）を表示する機能が用意されています。Wordでは、[ホーム] タブ→[フォント] グループ→「ルビ」ボタンを利用します。ふりがなのフォントサイズや配置などを設定できるダイアログボックスが開きます。

ているためであり、このような場合にはタブ機能を利用して設定する必要がある。

例：スペースで揃えた場合と、タブを利用して揃えた場合

編集記号を全て表示すると…

Sodium hydroxide	水酸化ナトリウム	500 g
Potassium hydroxide	水酸化カリウム	500 g
Hydrochloric acid	塩酸	500 mL

Sodium hydroxide□□水酸化ナトリウム□□500 g
Potassium hydroxide□水酸化カリウム□□□500 g
Hydrochloric acid□□塩酸□□□□□□500 mL

タブを利用すれば、きちんと揃えることが可能

□は全角スペース
→はタブが入力されている

Sodium hydroxide	水酸化ナトリウム	500 g
Potassium hydroxide	水酸化カリウム	500 g
Hydrochloric acid	塩酸	500 mL

Sodium hydroxide → 水酸化ナトリウム → 500 g
Potassium hydroxide→水酸化カリウム → 500 g
Hydrochloric acid → 塩酸 → 500 mL

　一般的な文書作成ソフトでは、文字入力しているときに、キーボード左側の Tab キーを 1 回押すたびにタブが挿入され、カーソルの位置が一定の幅で移動する。

◆初期設定されているタブ位置を利用して設定する

　① 文字列の直前にカーソルを合わせる。

　② キーボード左側にある Tab キーを押してタブを挿入する。必要なら複数回押す。

　③ Tab キーを押すたびに移動するカーソルの位置を確認する。すべての編集記号を表示するように設定していると（→ p. 104）、Tab キーを押した数だけ、タブを示す編集記号の → マークが表示される。

　Word のタブにはいくつかの種類があり、使い分けることでさらに詳細なレイアウトが可能になる。よく使うタブとして、タブを挿入した文字列の左側で位置を揃える左揃えタブ、文字列の右側で位置を揃える右揃えタブ、数値の小数点の位置で揃える小数点揃えタブがある。これらは、ルーラーの左端にあるタブ切り替えボタン（次ページ図参照）で選択し、自分で位置を指定して利用する。例えば、小数点揃えタブを使うと、桁数の異なる数値を見やすく記載することができる。

例：　左揃えタブを小数点タブに変更した場合

水酸化ナトリウム → 25.5 g 水酸化ナトリウム → 25.5 g
精製水 → 150 mL　　　　　精製水 → 150 mL

◆自由な位置にタブを設定する

　① 揃える文字列と文字列の間にタブを 1 つだけ挿入しておく（このとき文字列の位置は不揃いでよい）。

② タブを挿入したすべての行を選択する。

③ タブ切り替えボタンをクリックして、左揃え、右揃え、小数点揃え、など目的の
タブを選択する。

④ ルーラー上でマウスの左ボタンを押
したままにすると、点線のガイドが
表れるので、ドラッグしながら文字
を揃えたい位置でマウスのボタンを
離すと、その位置にタブが設定され
る。

⑤ 位置を変更したい場合は、ルーラ
ー上のタブ記号をドラッグする。

⑥ 複数のタブ位置を設定する場合は、
③〜⑤の操作を繰り返す。

◆設定済みのタブを削除する

① ルーラー上に設定されたタブ記号を、
ルーラーの外へドラッグ＆ドロップ
する。

◆タブ位置を詳細に設定する

上記の方法で設定したタブの位置が合
わないときなどは、ダイアログボックスを
使って詳細な設定を行うことができる。

① ルーラー上のタブ記号をダブルクリ

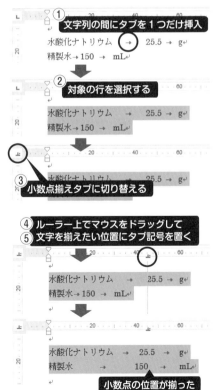

ックする。〔**Mac**〕［フォーマット］メニュー→「タブとリーダー...」〕

② 「タブとリーダー」ダイアログボックスを利用して、タブ位置を数値で設定する。タブの配置を確認し、「設定」ボタンを押す。

③ すでに設定されているタブ位置を選択してから、「クリア」ボタンを押すと、その位置のタブを削除できる。

※初期設定ではルーラーやタブの設定は文字単位である。［ファイル］タブ→［オプション］→「Wordのオプション」ダイアログボックス→「詳細設定」をクリック。→オプションのリスト下方にある「表示」の「単位に文字幅を使用する」のチェックを外すと、mm単位での設定が可能。〔**Mac**〕［Word］メニュー→［環境設定...］→「全般」をクリック。→「文字単位での編集を可能にする」のチェックを外すと、「使用する単位」で選択した単位（mmなど）で設定可能。〕

2 インデントマーカーの利用

インデントマーカーとは、ルーラー上にある小さな印（マーカー）のことであり、文字列を表示させる範囲を設定するために用いる。このインデントマーカーを利用すると、p.109で説明した右揃えや両端揃えなどの段落の配置だけではできないような、段落の体裁を整えることができる。例えば、文書全体ではなく、一部の段落のみ左右の余白を変更したいときに、スペースや改行を用いて調整すると、その後、文章を修正したときにずれてしまう。このようなとき、次に示す4種類のインデントマーカーを設定することで、一部分の段落だけを調整することができる。

① 設定する段落にカーソルを置く。

② 三角または四角のインデントマーカーにカーソルを近づけて、画面に表示さ

ちょっとしたコツ ㉓ タブリーダーって？

本などの目次をみると、ページ番号の前に「......」という文字列が入って、ページ番号の位置が揃っていることがあります。「目次」ダイアログボックスでもそうなっていますね。

これは、目次行のページ番号の位置がタブで設定されていて、タブ位置までは「......」の繰り返しで埋めるという指示がされているのです。この「......」のことをタブリーダーと呼びます。タブリーダーは目次だけではなく、通常のタブを設定するときにも利用できます。ページ上部もある「タブとリーダー」ダイアログボックスで、タブの位置と同時にリーダーの種類を設定すれば、自分で簡易的に目次を作るときなどにも応用できるでしょう。

れる説明が目的とするインデントであることを確認する。

③　そのまま左右にドラッグする。

※インデントマーカーが表示されていない場合は、p. 105 を参照してルーラーを表示させよう。

ウィンドウ上部左側のマーカー

▽…1 行目のインデント（段落の 1 行目の開始位置）

△…ぶら下げインデント（段落の 2 行目以降の開始位置）

■…左インデント（1、2 行目のバランスを保ったまま、段落全体の位置を指定）

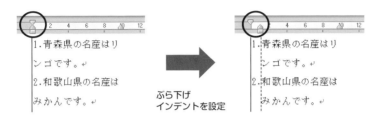

ぶら下げ
インデントを設定

ウィンドウ上部右側のマーカー

△…右インデント（段落の右端の位置を指定できる）

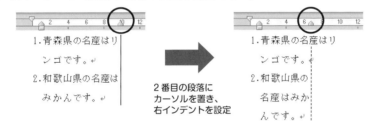

2 番目の段落に
カーソルを置き、
右インデントを設定

E　改ページ

　複数ページにわたる文書を作成しているとき、ページの途中で区切りがあり、次ページから続きの文章を開始したい場合がある。このようなとき、何度も Enter キーを押して、行を次のページまで送ることがあるかもしれない。しかし、この方法でページ送りをしていると、文章を書き加えたり、削除したりしたときに、再度ページ送りの位置を調整しなければならない。改ページ機能を利用すると、文章を新しいページに送ることができ、修正した際にも改ページ位置がずれない。

◆コマンドボタンを利用する

①　改ページする部分にカーソルを置く。

②　［挿入］タブ→［ページ］グループ→「ページ区切り」

※[レイアウト] タブ→［ページ設定］グループ→「区切り」プルダウン
→「ページ区切り」からも改ページ可能。

◆キーボード操作で改ページする

① 改ページしたい部分にカーソルを移動する。

② Ctrl キー〔**Mac** command キー〕を押しながら Enter キ
ーを押す。

F 箇条書きと段落番号

　箇条書きで文章を書く場合、自分で①、②などの番号を入力していると、後から
順番を変えた時に、その番号も一緒に修正しなければならない。「箇条書きと段落
番号」の設定では、①、②などの番号や、記号を自動的に入力することができる。

① 箇条書きにする文章の範囲を選択する。

② [ホーム]タブ→[段落]グループ→「箇条書き」または「段落番号」の右にあるプ
ルダウンボタン▼を
クリック。

③ 設定したい記号など
を選択する。

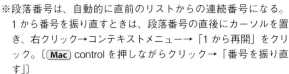

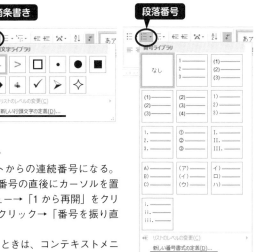

※目的のスタイルがない場合
は、「新しい行頭文字の定
義」、「新しい番号書式の定
義」を選んで、シンボルなど
や数字の種類を設定することが可能。

※段落番号は、自動的に直前のリストからの連続番号になる。
1 から番号を振り直すときは、段落番号の直後にカーソルを置
き、右クリック→コンテキストメニュー→「1 から再開」をクリ
ック。〔**Mac** control を押しながらクリック→「番号を振り直
す」〕

※段落番号を任意の番号から開始するときは、コンテキストメニ
ューから「番号の設定」ダイアログボックスを開いて設定可能。

G 印刷プレビュー

　作成した文書を確認したり、配布したりするときにプリンターで印刷してみる
と、ページや図表の位置がずれている場合がある。印刷する前には、使用するプ
リンターを正しく選択して印刷イメージを確認するとよい。

① [ファイル]タブ→[印刷]〔**Mac** [ファイル]メニュー→[プリント...]〕

② Backstage ビューで印刷イメージをプレビューして確認する。右下のスライ
ダーでズーム倍率を変更して確認することも可能。〔 **Mac** 「プリント」ダイア
ログボックスが開くので、「プリントプレビューを表示する」にチェックを入れ
て、印刷イメージを確認する。〕

※Backstage ビューの印刷プレビューでは、印刷するページや用紙サイズ、余白などのページ設
定、プリンターの設定などを変更することもできる。

※ **Mac** 「プリント」ダイアログボックスのプルダウンを切り替えながら、設定を変更することが
できる。

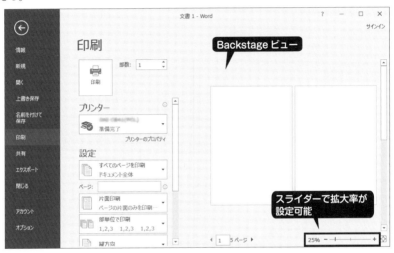

ちょっとしたコツ㉔

勝手に箇条書きの記号が入力されてしまう！

　箇条書きや段落番号の設定を行っていなくても、Enter キーを押したら勝手に段落記号
が設定されたことはありませんか？　例えば、「○　×　△」という文字列を入力したいと
き、○の後で Space キーを押したら勝手に○が行頭記号になってしまったり、1．のあと
にスペースを入力したら、1．が箇条書きになってしまったりしたことはないでしょうか。
これは、Word が自動的に段落記号を設定してしまったためです。
　直後であれば、Ctrl キー〔 **Mac** command キー〕を押しながら Z キーを同時に押す
と自動設定が解除されますから、焦らずにやってみて下さい。

> **ちょっとしたコツ㉕** 文書の途中から用紙の余白やサイズを変更したい…
> セクションの利用
>
> Wordにおけるセクションとは、文書の中を区切る単位のことを指し、[レイアウト]タ
> ブ→[ページ設定]グループの「区切り」プルダウンから、セクション区切りを挿入する
> ことができます。改ページとは異なり、セクションごとに、別々の書式を設定することが
> できます。例えば、文書の途中から余白や用紙サイズを変更したり、ページ番号を振り直
> したい、二段組みにしたいときなどは、セクション区切りを入れ、それぞれを設定してみ
> てください。

4 検索と置換

文書中で、ある単語（またはフレーズ）を探したいとき、検索機能を利用する
と、目的とする文字列をすばやく探すことができる。また、一つの文書の中で、特
定の文字列を置き換える必要が生じたとき、検索しながら置き換えることのできる
機能を利用すれば、効率よく作業できる。

◆検索ボックスと作業ウィンドウを利用して文字列を検索する

① タイトルバーにある検索ボックスに検索したい文字列を入力する。

② 左側に開く「ナビゲーション」作業ウィンドウに検索結果が表示されるので、
目的の結果をクリックする。

※ (Mac) タイトルバー右側にある検索ボックスに、検索したい文字列を入力
する。

◆詳細な検索を行う・文字列を置換する

① ［ホーム］タブ→［編集］グループ →「検索」プルダウン→「高度な検索」（また
は［編集］グループ →「置換」）〔(Mac) ［編集］メニュー→「検索」→「高度な検
索と置換...」〕

② 「検索と置換」ダイアログボックスが開く。検索と置換はタブで切り替える。

③ 左下の「オプション」ボタン〔(Mac) 矢印ボタン〕を押し、「あいまい検索」のチ
ェックを外すと、大文字と小文字や、半角と全角の区別などを追加指定でき
る。

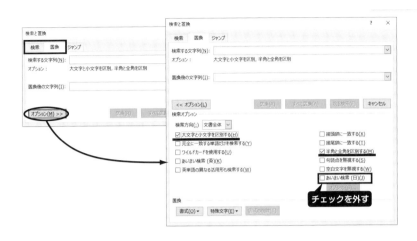

※連続して別の言葉を検索する場合、前の検索結果が表示（反転）していると、その範囲内しか検索されないため、範囲選択を解除してから行う。

5 表の作成

　報告書や論文で表を書きたいとき、簡単なものであれば、表計算ソフトを使わずに作表し、文書中に挿入することが可能である。表を作成するためには、表計算ソフトと同様に列と

		↓ 列	
→ 行			

行の概念を理解することが必要である。例えば、上の表は、3列×4行になる。

A 表を挿入する

① 表を挿入する位置にカーソルを置く。

② ［挿入］タブ→［表］グループ→「表」プルダウン

③ 表示された枠組みをドラッグして列数、行数を直接指定するか、「表の挿入...」→「表の挿入」ダイアログボッ

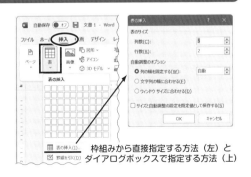

枠組みから直接指定する方法（左）と
ダイアログボックスで指定する方法（上）

クスで列数、行数を入力し、OK ボタンをクリックする。

B 列の幅、行の高さを調整する

① 表中の縦罫線にカーソルを近づけると、カーソルの形が変化する。

② そのままカーソルを左右
にドラッグすると、列の
幅を変更できる。

③ 同様に、行の高さも調節
可能。

カーソルの形が変わったら、
ドラッグすると列の幅、行の高さを調整できる

C 表の配置を指定する

　文書に表を挿入すると、左揃えで段落に配置されるが、表を段落の中央に配置
することもできる。

① 表中にカーソルを置くと、新たなリボン［テーブルデザイン〕〔**Mac** 表のデザイ
ン〕と［レイアウト］が追加される。

② ［レイアウト］タブ→［表〔**Mac** テーブル〕］グループ→「プロパティ」

③ 「表のプロパティ」ダイアログボックスの「表」タブで、配置を設定する。

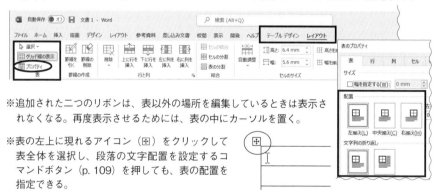

※追加された二つのリボンは、表以外の場所を編集しているときは表示さ
れなくなる。再度表示させるためには、表の中にカーソルを置く。

※表の左上に現れるアイコン（田）をクリックして
表全体を選択し、段落の文字配置を設定するコ
マンドボタン（p. 109）を押しても、表の配置を
指定できる。

D 行、列の挿入と削除

　表の行数や列数を変更するときは、表中の該当部分を選択し、コンテキストメニ
ューから目的とする作業を選ぶとよい。

行の選択と列の選択（カーソルの形状に注意）

1 行、列の挿入

① 挿入する部分を選択する。複数の行または列を挿入する場合は、範囲を指定しておく。

② 選択範囲の上で右クリック。→コンテキストメニュー→［挿入］

③ サブメニューから目的の操作を選ぶ。

2 行、列の削除

① 削除する行または列を選択して右クリック。

② コンテキストメニュー→［行の削除］または［列の削除］

※行や列の境界にカーソルを近づけると、表の左、または上に ⊕ アイコンとガイドが表示される。クリックすると、行や列を挿入することが可能。

E 罫線種類の変更

① セルにカーソルを置き、［テーブルデザイン］〔Mac 表のデザイン］リボンを表示させる。

② ［飾り枠］〔Mac 罫線］グループで罫線のスタイル、種類、太さ、色を選択すると、「罫線の書式設定」ボタンが反転し、カーソルが筆の形になる。

③ カーソルで変更対象の罫線をなぞる。

④ 変更が終わったら、「罫線の書式設定」ボタンを押すと、カーソルが元に戻る。

F セルの結合と分割

◆コマンドボタンを利用する

① 結合、または分割するセルを選択する。

② ［レイアウト］タブ→［結合］グループ〔Mac ［差し込み］グループ〕

③ セルを結合する場合は、目的とする複数のセルが選択されていることを確認

第6章

してから、「セルの結合」ボタンを押す。

④ 1つのセルを複数のセルに分割する場合は、対象となるセルを選択しておき、「セルの分割」ボタンを押す。

◆罫線カーソルを利用する

① 結合、または分割するセルにカーソルを置く。

② ［レイアウト］タブ→［罫線の作成］グループ

③ セルを結合する場合は、「罫線の削除」ボタンを押し、カーソルが消しゴムの形状となったら、目的とするセルの間の罫線をなぞって消す。

④ セルを分割する場合は、「罫線を引く」ボタンを押し、鉛筆状のカーソルで、対象とするセルの間に罫線を引く。

鉛筆状のカーソルでドラッグするとセルが分割できる

G 表の解除・削除

◆表組みを解除する

① 表の内側にカーソルを置き、現れた表の左上のアイコン（田）をクリックし、削除する表全体を選択する。あるいは、表組みを解除したい行を選択する。

ちょっとしたコツ 26

計算が必要な表、複雑な表は Excel の利用を考えよう

合計や平均などを表の中で計算したい場合、縦列・横列のみを対象とする単純な計算式は Word の表にも機能が用意されています。例えば、表の縦計は「表ツール」→［レイアウト］タブ→［データ］グループ→「計算式」ボタンを押し、ダイアログボックスの計算式欄に「＝ SUM（ABOVE）」と入力します（Word のヘルプを参照）。しかし、複雑な計算や頻繁に再計算したり、一つの表をさまざまな目的に使ったり、実験データをまとめておく場合は Excel を利用しましょう。Word で表の内容を随時変更するよりも、Excel 上で作業し、必要なときに必要な部分だけを Word に貼り付けて整形するとよいでしょう。

② ［レイアウト］タブ→［データ］グループ→「表の解除」ボタンを押す。

③ 「表の解除」ダイアログボックスで、解除後の文字の区切りを選択し、OK ボタンを押す。

◆表全体を削除する

① 表のどこかにカーソルを置き、表の左上のアイコン（⊞）をクリックし、削除する表全体を選択する。

② ［レイアウト］タブ→［行と列］グループ→「削除」プルダウン→「表の削除」

6 写真などのデジタルデータの挿入

A 画像ファイルの挿入

　実験データは、数値をただ並べるだけでなく、図表として表現した方がわかりやすく伝えることができる。また、数値ではなく、写真としてデータが得られる実験もある。一見して理解しやすい図や表、あるいは写真を積極的に挿入し、より効果的な文書を作成するように心がけよう。他のソフトウェアとのファイルの相互利用については第2章（p. 45～）も参照してほしい。

◆写真などの画像ファイルを挿入する

① 画像を挿入する位置に、カーソルを置く。

② ［挿入］タブ→［図］グループ

③ 「画像」プルダウンの「画像の挿入元」→「このデバイス...」を選択する。〔[Mac]「写真」プルダウン→「図をファイルから挿入...」〕

③ 「図の挿入」ダイアログボックスで画像ファイルのあるフォルダーを選択する。

④ 目的の画像ファイルを選択し、「挿入」ボタンをクリック。

※画像データのファイル形式については第1章を参照のこと。

◆画像のサイズを変更する

① 挿入したイラストや写真などの画像をクリック。

② 画像の選択枠の対角線上（または上下左右の中央）に表示された小さな四角いマーカー（ハンドルと呼ぶ）をドラッグして、大きさを調節する。

※対角線上のハンドルを使えば、写真や画像の縦横比が同じままでサイズを変更できる。

◆画像の配置を変更する

① 図をクリック。→「図の形式」〔**Mac**「図の書式設定」〕タブ

② ［配置］〔**Mac**「整列」〕グループ→「文字列の折り返し」プルダウン→目的とする折り返しを選択し、図と文章の配置を変更する。

Ｂ 図形（オートシェイプ）の挿入

　実験報告書やレポートを作成するとき、図形を使った表現の方がわかりやすい場合や、挿入した図（ビットマップ画像）に矢印などを追加したい場合がある。Microsoft Office では、図形描画ツールが共通となっているため、操作法の詳細については、第9章6節（p. 225）を参照してほしい。

　写真などの画像データと矢印、四角形などの図形（オートシェイプ）を文章中に挿入する場合、関連する複数の図形をまとめておくと、図形全体を移動したりするときなどの取り扱いが便利である。後述するように、画像のデータ形式と図形のデータ形式は本質が異なり、Word ではこれらを区別して取り扱うため、描画キャンバスの外では画像と図形をグループ化することができない。

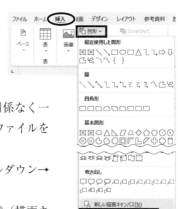

このため、Windows OS では、データ形式に関係なく一括して扱うことができる描画キャンバスに画像ファイルを挿入し、図形とともに取り扱うとよい。

① ［挿入］タブ→［図］グループ→「図形」プルダウン→［新しい描画キャンバス］

② 作成中の文書に図形を描画するための領域（描画キ

ャンバス）が挿入される。この領域は上下左右のハンドルで大きさを変更することが可能。

③ 描画キャンバスをクリック。→［図の書式］タブ

④ ［図形の挿入］グループのボタンを利用して、図形を挿入する。

④ ［配置］グループ→「文字列の折り返し」で描画キャンバスの配置を設定する。

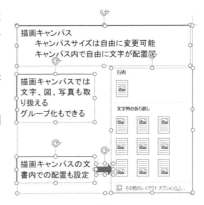

※描画キャンバス枠の右側に表れる「レイアウトオプション」のアイコン をクリックしても、設定可能。

C 数式の挿入

　方程式や複雑な数式を図形とテキストの組合せで表現することは困難である。このため、数式を作成するための機能が用意されている。

① ［挿入］タブ→［記号と特殊文字］グループ→「数式」ボタン→数式の入力領域が挿入される。

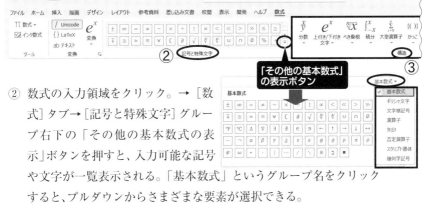

② 数式の入力領域をクリック。→［数式］タブ→［記号と特殊文字］グループ右下の「その他の基本数式の表示」ボタンを押すと、入力可能な記号や文字が一覧表示される。「基本数式」というグループ名をクリックすると、プルダウンからさまざまな要素が選択できる。

③ ［構造］グループの各プルダウンからは、さまざまなパターンの数式が一覧から選択できる。

④ 適切な数式の構造を選択したら、半角文字でアルファベット、数字などの必要な要素を入力する。

⑤ 文章中に数式を挿入する場合は、作成した数式をクリックすると表示される数式オプションから、「文中数式に変更」を選ぶ。（「独立数式に変更」と表示されている場合は、すでに文中数式になっている。）

⑥ 数式の入力が終わったら、本文をクリックして、数式入力モードを解除する。

※文字列中ではなく、1行を数式だけで構成する場合は、数式オプションを「独立数式に変更」する。（独立数式でも、数式の前後に文字を入力すると、自動的に文中数式に変更される。）

7 ヘッダーとフッター

　本や雑誌などで、すべてのページの上部または下部に同じ文字列が表示されているのを見たことはないだろうか。報告書などの文書作成時に文字列やロゴなどをヘッダー領域（またはフッター領域）に入力すると、すべてのページにその内容を表示、印刷することができる。その内容は、ロゴや日付など自由であり、版の管理、作成日、作成者などを表示する場合に有効である。ページ番号もヘッダー領域やフッター領域を利用して入力する。また、表紙などの1ページ目だけに異なる内容を表示することも可能である。

A ヘッダー／フッター領域の表示と入力

◆コマンドボタンを利用する

① ［挿入］タブ→［ヘッダーとフッター］グループ

② ヘッダー領域に文字列を入力するときは、「ヘッダー」プルダウンから「ヘッダーの編集」を選択する。

③ 「ヘッダーとフッター」タブ→［デザイン］タブ→［ヘッダーとフッター］グループや［挿入］グループにあるページ番号、日付などを選んで入力する。または、任意の文字列を入力する。

⑤ 入力が終了したら、「ヘッダーとフッターを閉じる」ボタンで本文に戻る。

④ フッター領域に文字列を入力する場合は、②で「フッター」プルダウンをクリックし、同様の操作を行う。

※ヘッダー／フッター領域に入力する文字列、画像などは、本文と同様にフォント、段落の書式設定が可能。

※ヘッダー／フッター領域をダブルクリックしても、ヘッダー／フッターの編集が可能。編集が終わったら、本文領域をダブルクリックすれば、本文の編集作業に戻ることができる。

Ⓑ ページ番号を挿入する

　報告書、レポートなどの長い文書を整理し、読み手にわかりやすくするためには、ページ番号の付番が必要であるが、膨大なページ数がある文書の各ページにそれぞれのページ番号を入力するのは極めて困難である。このため、ページ番号は、前項で説明したヘッダー／フッター領域を利用して自動的に連番を挿入する。

◆既定の形式で挿入する

① ［挿入］タブ→［ヘッダーとフッター］グループ→「ページ番号」プルダウン

② 表示される形式のいずれかを選択する。

◆自由な形式で挿入する

　ページ番号は、「XX ページ」、「p. X」、「- X -」などのようにさまざまな形式で表示することができる。また、「現在のページ／全体のページ数」といった表記も可能であり、フォントの種類やサイズを変えることもできる。

① フッター領域またはヘッダー領域をダブルクリックして編集可能に表示する。

② ［ヘッダーとフッター］タブ→［ヘッダーとフッター］グループ→「ページ番号」→［現在の位置］→「番号のみ」

③ ページ番号が表示されている段落の文字位置の調整、文字の書式変更を行う。

④ 「- X -」と表記する場合は、挿入したページ番号の前後に入力する。

◆表紙にはページを表示せず、次のページを 1 ページから開始する

　報告書や論文を作成するとき、ページ番号のない表紙をつける場合がある。その

際、本文を1ページから始めるためには、次の設定を行う。

① 前項を参照してページ番号を挿入し、フッター／ヘッダー領域を表示する。

② ［ヘッダーとフッター］タブ→［デザイン］タブ→［ヘ
ッダーとフッター］グループ→「ページ番号」→［ペー
ジ番号の書式設定...］

③ 「ページ番号の書式」ダイアログボックスの「連続
番号」で「開始番号」にチェックし、数値を0に設
定してOKボタンを押す。

④ 表紙ページのヘッダー／フッター領域にカーソルを
移動する。

⑤ ［ヘッダーとフッター］タブ→［オプション］グループ→「先頭ページのみ別指
定」にチェックを入れる。

8 報告書・論文を効率よく作成する機能

　論文などの長い文書では、本文を章や節に分けたり、図表番号や参考文献の番
号を引用しながら文章を作成する。これらの番号を、順に付けていく場合は問題
ないが、途中で新しい章や図表を加えたり、不要な図表を削除すると、当然ながら
一度付けた番号を変更する必要がある。このとき、手入力で付番していると、番号
が入れ替わったり、欠番ができたり、不適切な引用が残ったりしてしまうので、十
分に確認しなければならない。このような作業を効率よく行うために、Wordなど
の文書作成ソフトには、章番号、図表番号、脚注番号などを自動的に付番する機能
が備わっている。数ページの文書であれば、自動付番の機能を使う必要はないかも
しれないが、卒業論文などを長い時間をかけて作成する場合には、本節で説明す
るさまざまな機能を理解し、活用してほしい。

A アウトライン機能

本の内容を知りたい場合、まず目次を見る人が多いのではないだろうか。本の目次が、構造化されている内容を表現しているからである。構造化とは、章立てなどで、本文の依存関係を明確にすることであり、作成者が文書の構造を理解しやすくなるだけでなく、読み手にとっても、本全体を把握する手助けになる。ページ数の多い報告書、論文の場合も、後述する例（p. 138）のように文書を構造化してまとめることで、作成者の思考を整理することができる。

アウトラインとは、文書の大枠のことを指し、アウトラインの利用により構造化された文書の作成が可能になる。Word のアウトライン機能を利用して文書を作成すると、目的の段落へ速やかに移動でき、段落の順序を簡単に入れ替えることができる。このため、長い文書を作成するときは、アウトラインモードで文書の骨組みを考えておくとよい。

アウトライン機能を活用するためには、レベルの考え方を理解することが必要である。つまり、文書中の段落にアウトラインレベルを設定し、段落に主従関係を持たせる。レベル 1 は、文書全体をもっとも大きく区分けしたものであり、第 1 章、第 2 章などで表されることもある。レベル 1 をさらに分けたものがレベル 2 であり、第 1 節、第 2 節などと表現される。アウトラインレベルは、必要に応じてさらにレベル 3、4 と細かく設定することができ、随時変更することも可能である。章、節という分類が必要ない場合でも、アウトラインレベルを設定することで、全体像を把握しながら推敲することができ、不足している部分を補ったり、段落の順序を確認したりすることが可能になる。本文そのものを読みながら考えるよりも、アウトラインで適切なタイトルをつけた見出しを見ながら、文書全体の構成を熟考することが、良いレポートを作成するための近道である。

B 見出しの書式設定

文書の区分けのタイトルである見出しには、見出し 1、見出し 2、見出し 3 などがあり、フォントの種類、サイズなどの文字の書式、段落などを各見出しで統一して設定することができる。また、見出しを設定すると目次を容易に自動作成できるほか、レベルに合わせて、章、節などの番号を自動的に付番することができる。

1 見出しスタイルを利用した書式設定

定箇所が少ない場合は、クイックスタイルを利用するとよいが、複雑で多くのスタイルを設定する場合は作業ウィンドウを表示させると効率よく作業できる。

第6章

◆クイックスタイルを利用する

① スタイルを設定する段落にカーソルを置く。

② ［ホーム］タブ→［スタイル］グループ

③ クイックスタイル領域にある「見出し1」をクリックすると、カーソルが置かれている段落のスタイルが見出し1に設定される。

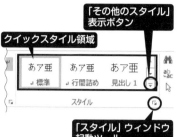

④ クイックスタイルに適当な見出しがない場合は、「その他のスタイル」表示ボタンをクリックして、目的のスタイルを選択する。

◆作業ウィンドウを表示させてから適用する

① 見出しスタイルを設定する段落にカーソルを置く。

② ［ホーム］タブ→［スタイル］グループ→右下にある「スタイル」作業ウィンドウ起動ツールをクリック。

　〔 Mac 「スタイルウィンドウ」ボタンをクリック。〕

③ 「見出し1」をクリックすると、カーソルが置かれている段落のスタイルが見出し1に設定される。

❷ アウトラインレベルに合わせた章番号などの自動付番

　見出し1には第1章、第2章…、見出し2には第1節、第2節…という設定を行いたいとき、一度書式設定をしておくと、次からは見出しスタイルを適用するだけで連続した番号が付けられる。連番の書式は、自由に変更することができる。

◆既定の書式を利用する

① 見出しスタイルを設定する段落にカーソルを置く。

② ［ホーム］タブ→［段落］グループ→「アウトライン」プルダウン

③ 表示されるリストから、目的の形式を選択する。

◆自由な書式を設定する

① 見出しを設定する段落にカーソルを置く。

② ［ホーム］タブ→［段落］グループ→「アウトライン」プルダウン→［新しいアウトラインの定義…]

③ 「新しいアウトラインの定義」ダイアログボックスで、「変更するレベル」をクリック。（次ページ図の例ではレベル1を設定する。）

④ 「このレベルに使用する番号の種類」を選択する（例：1,2,3, …、I, II, III, …）。

⑤ 「番号書式」に表示されるグレーの網掛けの番号に必要な文字や記号を追加
して、レベルの書式を設定する（例：第1章、I. など）。

⑥ 「レベルと対応付ける見出しスタイル」を選択する。通常、レベル1であれ
ば、見出し1を選択。「レベルと対応付ける見出しスタイル」が表示されてい
ない場合は、「オプション」ボタン（⑥'）をクリック。

⑦ ダイアログボックスに表示される模式図を参考にして「配置」などの項目を
設定する。

⑧ 次のレベルの指定
を行う場合は、③
〜⑦を繰り返す。
レベル2以降の場
合は、「次のレベ
ルの番号を含め
る」を設定する
と、直前までのレ
ベルの番号を挿入
することができ、
レベルの番号を組

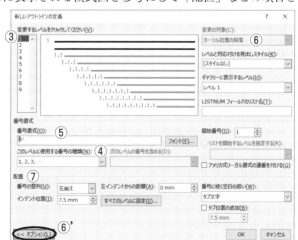

第6章

み合わせた「Ⅱ－1－A」のような表現が可能。

⑨ 必要な設定が終わったら、「変更するレベル」が、①でカーソルを置いた段落のレベルであることを確認し、OK ボタンを押す。

※番号書式に表示されているグレーの網掛けの数字は、自動連番の部分なので削除しない。

C アウトラインモードで編集する

通常、文書の編集は印刷レイアウトモードで行っていることが多いが、アウトラインモードを利用すると、項目でくくられた段落全体を見渡しながらアウトラインレベルを設定、変更したりすることができる。文章の入力、削除なども可能であるが、段落書式や図表のレイアウトなどが崩れることがあるため、表示レベルの切り替えボタンで本文を非表示に設定しておくとよい。本文を編集するときは、印刷レイアウトモードに戻った方が作業しやすい。

① ［表示］タブ→［表示］グ
ループ→「アウトライン」

② ［アウトラインツール］
グループにある、レベ

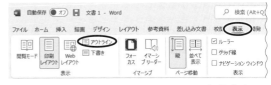

ル上げ、レベル下げボタンを利用し、段落のアウトラインレベルを設定する。

③ 表示レベルの切り替えボタンを利用し、1 レベルのみの表示、2 レベルまでの表示、などのように作業しやすい画面表示にする。

④ 文字列の左側にある、アウトライン記号➕をダブルクリックすると、その項目の内容が表示される。再度ダブルクリックすると、項目のみの表示に戻る。

⑤ アウトライン記号を
クリックすると、配
下の項目全体を選択
することができる。
選択したままアウト
ライン記号をドラッ
グすると、項目の内
容ごと移動が可能。

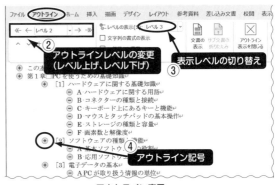

アウトライン表示

D 図表番号

　レポートや論文などでは、図や表に図表番号とタイトルを付ける必要がある。図表番号の機能を用いて付番しておくと、文書中で図の場所を変更した際に、「図1」「Fig. 1」などの番号を自動的に再付番できる。また、設定した図表番号を本文中に相互参照（p. 136）すると、図の番号が変わったときに本文中に相互参照された番号も自動的に変更され、間違いのないレポートの作成ができる。

◆既定の設定を利用する

① 図表番号を付ける図や表のタイトルを独立した段落としておき、文字列の前にカーソルを置く。

② ［参考資料］タブ→［図表］グループ→「図表番号の挿入」〔**Mac**［参照設定］タブ→「表題」グループ→「図表番号の挿入」〕

③ 「図表番号」ダイアログボックスの「ラベル」プルダウンから「図」または「表」を選び、OK ボタンを押す。

◆新しくラベル名を追加する

　「Fig.」「Table」などのラベルは標準で用意されていないので、自分で追加する。

① 「図表番号」ダイアログボックスで「ラベル名」〔**Mac**「新しいラベル名」〕ボタンをクリック。

② 「新しいラベル名」ダイアログボックスで追加するラベル名を入力し、OK ボタンを押す。

③ 元のダイアログボックスで、「ラベル」プルダウンから追加したラベル名を選択し、OK ボタンを押す。

E 脚注と文末脚注

　図書や雑誌記事などで、ページ下部に注釈があるのに気付いたことはあるだろうか。このような注釈は脚注と呼ばれ、本文に関係する参考情報である。

　レポートや論文などは、すでに発表された文献を参照、引用して作成することが多い。この場合、多くの参考文献に通し番号を付けて本文の最後にまとめて表記するが、連続した番号を間違えず、重複せずに付けることに、かなりの注意を払わなければならない。また、本文中で引用する場所を入れ替えたときには、参考文献の

番号を確実に修正しなければならない。

　脚注は、ページの下部に参考情報を表示する。それに対して、文末脚注は文書の最後にまとめて内容を表示する。このため参考文献の番号を付与するときには、文末脚注を利用するとよい。セクションが設定されている場合は、文末脚注を特定のセクションの後、すなわち文書の途中に表示することも可能である（→ p. 118 ちょっとしたコツ㉕、p. 136 ちょっとしたコツ㉗）。

文章の後の括弧内に文献番号を記載した例	文章の後に片括弧のついた上付き文字として文献番号を記載した例
Clinically used chemotherapeutic agents such as cyclophosphamide alkylates DNA by reacting with one electrophilic center in the drug molecule, which enables a neighboring nucleophile within the alkylated DNA to react with a second electrophilic center to eventually form a DNA cross-link (27). Although many *N*-nitroso compounds are considered to be carcinogens, some	Apoptosis is widely observed in different kind of cells in most organisms, from nematodes to mammals, and it is generally accepted that it plays an important role in physiological processes during maturation of the immune system, embryogenesis, metamorphosis, endocrine-dependent tissue atrophy, and normal tissue turnover.[1] Furthermore, apoptosis

◆文末脚注を挿入する

① 文末脚注を挿入する部分にカーソルを置く。

② ［参考資料］タブ→［脚注］グループの右下にあるダイアログボックス起動ツールをクリックし、「脚注と文末脚注」ダイアログボックスを表示させる。

　〔**Mac**〕［挿入］メニュー→［脚注…]〕

③ 「文末脚注」にチェックを入れ、「番号書式」で 1, 2, 3, …、i, ii, iii, …などの書式を選択する。

④ 「挿入」ボタンを押すと、カーソルの位置に番号が挿入されると同時に、カーソルが文書の最後に移動して、文末脚注の内容が入力できる。

⑤ 内容を入力したら、文末脚注の番号をダブルクリックすると、本文の元の位置に戻る。

⑥ 次からは、「文末脚注の挿入」ボタンで連続した番号が自動的に挿入される。

⑦ 本文中の文末脚注の番号を括弧でくくったり、片括弧をつけたい場合は自分で入力する。

◆文末脚注の境界線を削除する

　個々のページに脚注を表示するときは本文との区切りを示すために境界線が引か

れていることが多い。しかし、論文の参考文献のように、本文のあとにまとめて表示するときは境界線が不要になる。この境界線は通常の編集画面（印刷レイアウトモード）では削除できない。

① ［表示］タブ→［文書の表示］グループ→「下書き」で表示モードを切り替える。

② ［参考資料］タブ→［脚注］グループ→［注の表示］

③ 下書きモードの画面下部に表示された「文末脚注」プルダウンから、「文末脚注の境界線」を選択する。

④ 表示された境界線を選択し、Delete キーで削除する。

⑤ 同様に「文末脚注」プルダウンから「文末脚注の継続時の境界線」を選択し、境界線を削除する。

⑥ ［表示］タブ→［文書の表示］グループ→「印刷レイアウト」で元の編集画面に戻る。

第6章

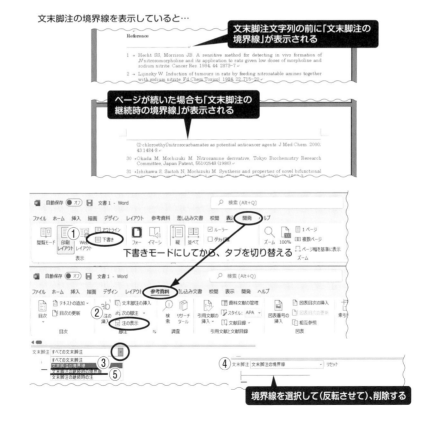

文末脚注の境界線を表示していると…

文末脚注文字列の前に「文末脚注の境界線」が表示される

ページが続いた場合も「文末脚注の継続時の境界線」が表示される

下書きモードにしてから、タブを切り替える

境界線を選択して（反転させて）、削除する

F 相互参照

　見出しや図表番号、文末脚注を自動付番してから、同じ番号を本文中の別の場所でも表示したい場合がある。例えば、本文中に「表1を参照」などの図表番号を使って記述したり、同じ参考文献を複数回使ったりする場合である。見出しをつけた項目を参照する際には「XXページを参照」という記述をすることもある。このとき、手動で図表番号やページ番号を入力していると、図表や文献の順序の入れ替えなどが起きたときに修正しなければならず、多くの手間と時間がかかってしまう。このため、文書内にある項目、ページ番号などの情報を任意の場所に表示するために相互参照を利用する。相互参照はクロスリファレンスとも呼ばれる。

　相互参照では、さまざまな項目が参照可能であり、その項目によって相互参照として挿入できる文字列のパターンや内容が変わってくる。例えば、図表の番号だけを参照したいのか、図表のタイトルも一緒に参照したいのか、それとも、その図表があるページを参照したいのか、などである。目的に応じて適切な設定を選べるように、いろいろと試してみるとよい。

◆相互参照可能な項目と挿入される相互参照文字列

　相互参照の対象としては、アウトラインレベルを設定した見出しの番号、図表番号、文末脚注の番号などがある。p. 138には見出しや図表番号の設定と相互参照の例、およびこの例を用いて挿入される相互参照文字列のパターンを示した。

ちょっとしたコツ㉗　参考文献一覧の後に、謝辞を書きたいのに…

　文末脚注は、文書の最後にまとめて文献を記載するにはとても便利です。しかし、論文を書いていると、文献一覧の後にさらに文章を書きたい場合が出てきます。例えば、謝辞などです。そんなとき、別の文書ファイルに謝辞を作って、最後にページ番号を合わせて、目次を作って…という作業を行っている人もいるかもしれません。

　文末脚注を挿入するときに「文書の最後」を選んでいると、どうしても文献一覧の後に文章を入力することができません。そんなときは、本文で説明した「脚注と文末脚注」のダイアログボックスで、文末脚注の場所を「文書の最後」ではなく「セクションの最後」を選びましょう。さらに、文献一覧の後には新しいセクションを加えましょう。実際には、文末脚注文字列が表示されている範囲の直前（p. 135の図の例ではReferencesという文字列の直後）にカーソルを置き、「次のページから開始」になるセクション区切りを挿入します。セクションについては、p. 118のちょっとしたコツ㉕も参照してください。

　セクションをこんな風に使いこなせるようになったら、もう自由自在に論文や報告書が書けるようになったと言えますね！

◆相互参照文字列の挿入

① 相互参照文字列を挿入する部分にカーソルを置く。

② ［参考資料］→［図表］グループ〔**Mac**［参照設定］→［表題］〕→「相互参照」

③ 「相互参照」ダイアログボックスの「参照する項目」で、図表番号のラベルなど（例：図）を選ぶと、「参照先」にあらかじめ設定した見出し、図表番号や文末脚注などが項目リストとして表示されるので、該当する項目を選択する。

④ 「相互参照の文字列」を「番号とラベルのみ」として「挿入」ボタンを押すと、カーソル位置に図表番号（例：図 1）が挿入される。

※ラベル名が「図」のときは、「番号とラベルのみ」が表示されるが、他の項目については目的のものを選ぶ。

ちょっとしたコツ ㉘

図表番号が変わらない…フィールドの更新

　図表番号を相互参照で引用している文書を作成しているとき、図表の順序を入れ替えた直後に、相互参照文字列が正しく表示されないことがあります。このような場合は、Ctrl + A〔**Mac** command+A〕で文書の全てを選択してから F9 キーを押すか、コンテキストメニューから「フィールドの更新」を選んで下さい。編集作業中はこの方法でフィールドを手動更新して確認するとよいでしょう。フィールドとは、Word のプログラムが相互参照や目次を表示するときに利用するコマンドと考えて下さい。これらの文字列をマウスでクリックすると、グレーの網掛け表示となりますが、これは「フィールドを使用している」ことを示しています。印刷時に色が着くのではありませんから、安心してください。

ちょっとしたコツ ㉙

直前の操作を取り消したい…
Ctrl + Z を便利に使おう

　編集作業中に、誤って書式を設定してしまったときは、直後に Ctrl キーを左手で押しながら、Z キーを 1 回押してみましょう。「Ctrl + Z」〔**Mac** command+Z〕は、「直前の作業の取り消し」のショートカットです。例えば、インデントマーカーを上手に動かせなかったときなどに使ってみましょう。

　誤って文字列や段落を削除してしまったとき、BackSpace キーを使って文字を削除しすぎてしまったときなども、焦らずに Ctrl + Z を押せば、ほら、元通り！

相互参照を利用して報告書を作成した例（文末脚注、見出し3、図表番号を本文で参照している）

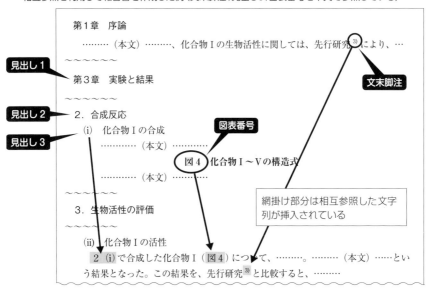

「参照する項目」	「相互参照の文字列」の選択	挿入される文字列	説　明
	見出し文字列	化合物Ⅰの合成	対象段落のタイトル
	ページ番号	該当ページ	対象段落の開始ページ
見出し （上記の見出し3を参照する場合）	見出し番号	2．(i)	挿入位置からの相対的な見出し番号。例では、同一章の中で別の項を参照しているため、項と節の見出し番号が挿入される。
	見出し番号 （内容を含まない）	(i)	対象段落の見出し番号のみ
	見出し番号 （内容を含む）	第3章2．(i)	すべてのアウトラインレベルの見出し番号
文末脚注	文末脚注番号	3	
	文末脚注番号 （書式あり）	3	脚注の書式を保持して挿入される
図	図表番号全体	図4　化合物Ⅰ～Ⅴの構造式	
	番号とラベルのみ	図4	
	説明文のみ	化合物Ⅰ～Ⅴの構造式	

G 目次

目次を作成する場合、見出しになる項目名とその開始ページが確定してからでないと、目次を仕上げることができない。さらに、項目名、項目の順序やページ数の変更が生じるたびに目次を修正しなければならず、確認漏れで不完全なままとなってしまう恐れがある。アウトライン機能を用いて見出しを設定しておくと、自動的に目次を作成することができ、修正も容易である。

目次を使って文書全体のアウトラインを確認しながら作業を進めると、不足する項目などをいち早く見つけることにつながる。多くの章、節を含むようなレポート、論文を書き始めるときには、最初にアウトラインモードで見出しを考え、目次を作ってみるとよい。その後、段落の前後関係を修正しながら、徐々に自分の考えを整理する。さらに全体の構成をつかみ、個々の章の内容を吟味して、レポートや論文を推敲していくために、アウトライン機能と目次を使いこなせるようになってほしい。

1 目次の挿入

目次を作成するには、あらかじめ見出しを設定しておく。（→ p. 129）

① 目次を挿入する位置にカーソルを置く。

② ［参考資料］タブ→ ［目次］グループ→「目次」

③ 「自動作成の目次」を選択する。適当なものがないときは、［ユーザー設定の目次］を選択し、目次を作成する。

④ ［ユーザー設定の目次］を選択した場合は、「目次」ダイアログボックスが表示されるので、表示させるアウトラインレベルなどを設定し、OK ボタンを押す。

2 目次の更新

① 目次文字をクリックして目次を選択。

② ［参考資料］タブ→［目次］グループ→［目次の更新］

③ ページ番号しか変更していない場合は、「目次の更新」ダイアログボックスで「ページ番号だけを更新する」を選択する。見出し項目の内容や順序が変更されている場合は、「目次をすべて更新する」を選択する。

ちょっとしたコツ ③⓪ 文章中に赤波線、青波線が表示された！

文章の編集中に赤い波線や青の波線が表示されたことはありませんか？
Word にはスペルチェック機能があり、スペルミスの部分は赤い波線で表示されます。ただし、Word のスペルチェック用の辞書にない専門用語などにも赤い波線がつきますから、十分に確認しましょう。また、文章校正機能が ON になっていると、助詞が連続していたり、構文がおかしかったりする場所に青色の波線が引かれます。これらは、注意して確認してください、という Word からのメッセージです。

ちょっとしたコツ ③① 文字数をカウントするには

○○字以内あるいは○○字以上という条件で文章を書かなければならない場合、どのように数えていますか？　等幅フォントを使用している場合は、「1 行あたりの文字数×行数」で大体の計算が可能ですが、プロポーショナルフォントでは、それが困難です。
そんなとき、Word では、ウィンドウ下部のステータスバーに常に表示されている文字数を見てみて下さい。クリックすると「文字カウント」ダイアログボックスが表示されます。文書全体ではなく、一部の範囲を選択してカウントすることもできます。今、作業している文書はどのくらいの文字数があるか、確認してみませんか？

ちょっとしたコツ ③② カタカナや半角文字を簡単に効率よく入力するには？

日本語入力の途中で、初めて使うカタカナの専門用語が出てきたとき、あなたはどうしていますか？ 半角で英単語を入力したいときはどうでしょうか？
日本語入力システムには、初めからカタカナを入力するモードや、入力した通りの文字が半角で入力できる直接入力モードがありますが、それ以外にもキーボードの上部に並んでいるファンクションキーを使った便利な機能があります。例えば、ファンクションキーの F7 は全角カタカナ変換、F8 は半角変換、F10 は半角英字入力に便利な無変換です。その都度、言語バーで入力モードをカタカナ変換モード、直接入力モードに切り替えてもよいのですが、文章中に少しだけ文字を変換したい場合、ファンクションキーを覚えておくと、日本語入力の効率が格段にアップします。
例えば、クロマトグラフィーを略して「クロマト」と入力したいときは、
くろまと と入力　→そのまま変換→　黒的　　　となってしまいます。
　　　　　　　　　→ F7 →　　　　クロマト　と全角カタカナに変換されます。
　　　　　　　　　→ F8 →　　　　ｸﾛﾏﾄ　　と半角カタカナに変換されます。
また、英単語が混在した文章を書きたいときには、
ねws と入力　→そのまま変換→　根ws
　　　　　　　→ F10 →　　　　news　　になります。
ぜひ利用してみてください。〔 **Mac** control ＋ K でカタカナ変換できます。→ p. 312〕

第7章

データの分析
（表計算ソフト）

実験などで多くの数値データが得られた場合、それらを単純に集計するだけでなく、データが示している事実を確認し、次の調査、研究に活かすことが重要である。表計算ソフトを利用すると、効率よくデータを集計でき、さらに、グラフなどにより視覚化することでデータがもつ特徴をわかりやすく表現することができる。一方、表計算ソフトは、数値のみではなく文字列データを取り扱うことができるため、簡単なデータベースソフトとしても利用できたり、アンケート結果を集計したりなど、データの整理に利用することが可能である。本章では、代表的な表計算ソフトであるMicrosoft Excel を使って表計算ソフトの機能を理解しよう。

1 Excel の基本操作

A Excel の起動

① ［スタート］→〔**W11** すべてのアプリ〕→ Excel 〔**Mac** ［Lauchpad］
→ Microsoft Excel〕

② ウィンドウ右側にテンプレートが表示されたら、「空白のブック」などを選択。

B 画面構成の確認

OS が異なっても基本的な画面とメニュー構成はほぼ同じである。ただし、macOS では、［ファイル］タブの代わりに、上部のメニューバーに［Excel］メニューと［ファイル］メニューがある。macOS の利用者は、以降の説明にある［ファイル］タブは、［ファイル］メニューと読み替えてほしい。

Excel を起動すると、格子状に組まれた表形式のデータ入力領域が表示される。この表をワークシートと呼び、この他にもグラフ専用のグラフシートがある。Excel では複数のワークシートやグラフシートを一つのデータファイル（ブック）

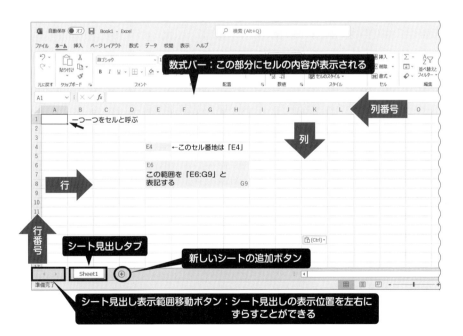

として保存する。

　ワークシートに引かれている薄いグレーの格子で囲まれた最小単位をセルと呼ぶ。セルの位置を表現するためには、セルの住所にあたるセル番地が用いられる。例えば、E列4行目の場所を「E4」と表記する。セル番地を使ってセルの範囲も表現でき、例えば、E6からG9までの範囲は「E6：G9」と表記する。

※ **Mac** リボンのタイトルが表示されていない場合は、[Excel] メニュー→ [環境設定…] →「Excel環境設定」ウィンドウ→「表示」→「リボンタイトルを表示する」をチェックする。

Ｃ　作成済みのファイルを開く、ファイルの保存、および Excel の終了

　ファイル操作は Word とほぼ共通であるが（→ p. 102）、Excel のファイル名には、通常制限される文字（→ p. 29）のほかに、[ ]（角括弧）が使用できない。拡張子は xlsx である。Excel の終了方法も Word とほぼ共通である（→ p. 104）。

Ｄ　ワークシートの管理

■ シート名の変更

　Excel ブックには、既定状態で1つのワークシートが作成されている。ワークシートには Sheet1 という名前（シート名）が付けられているが、シート内のデータが判別できるシート名へ変更し、個々のシートを活用するとよい。

　① ウィンドウ下のシート見出しタブを右クリック。

　② コンテキストメニュー→[名前の変更]

　③ シート名が反転したら名前を入力し、Enter キーを押す。

※シート見出しタブをダブルクリックしても、変更可能。
※／ ＼ ￥ [ ] ？＊の半角文字はシート名に使用できない。

■ ワークシートのコピーと移動

　ブックを整理するためにワークシートを移動することができる。また、類似した内容のワークシートを複数作成する場合は、元のワークシートをコピーすると、効率よく作業できる。ワークシートのコピー／移動は、同じブックの中でも、異なるブック間でも行うことができる。

◆ドラッグ＆ドロップを用いる

　① コピー元（移動元）、コピー先（移動先）両方のファイルを開いておく。

　② [表示]タブ→[ウィンドウ]グループ→「整列」

③ 「ウィンドウの整列」ダイアログボックスで「上下に並べて
表示」をチェックし、OK ボタンを押す。

④ 移動する場合は、移動元ワークシートの見出しタブを
選択し、そのまま移動先のブックへドラッグ＆ドロッ
プする。コピーする場合は、Ctrl キー
〔**Mac** option キー〕を押しながらドラッグ＆ドロップする。

※シート見出しタブを同じブック内でドラッグすると、シートの並び順を変えることができる。

◆コンテキストメニューを利用する

① コピー元（移動元）、コピー先（移動先）両方のフ
ァイルを開いておく。

② コピー元ワークシートの見出しタブを右クリック。

③ コンテキストメニュー→［移動またはコピー...］

④ 「シートの移動またはコピー」ダイアログボックス
で移動先ブック名をプルダウンから選択し、挿入先
のワークシートのリストで挿入する位置を選択。

⑤ コピーする場合は、「コピーを作成する」にチェックして OK ボタンを押す。

※ブック内のすべてのシートを他のブックへ移動すると、移動元のブックは自動的に閉じる。

❸ ワークシートの追加

　ワークシートが不足する場合、次の操作でワークシートを追加する。新しいワー
クシートを追加したら、データの内容に合わせてシート名を変更する。

① ワークシートを追加する位置の右隣のシート見出しタブを右クリック。

② コンテキストメニュー→［挿入...］

③ 「挿入」ダイアログボックスで「ワークシート」が選択されていることを確認
し、OK ボタンを押す。

※シート見出しタブ右端にある新しいシートの追加ボタン ⊕ をクリックしてもよい。

❹ ワークシートの削除

① 削除するワークシートのシート見出しタブを右クリック。

② コンテキストメニュー→［削除］

③ データが入力されている、またはデータを削除したワークシートの場合は、
「シートを削除すると元に戻せません。また、一部のデータが削除される可能
性があります。それでも問題がない場合は、［削除］をクリックしてくださ
い。」という確認ダイアログボックスが表示される。そのまま削除する場合

は、「削除」ボタンを押す。

Ｅ　基本的な編集操作

セルの選択：目的のセルをクリックする。

セルへの文字の入力：対象セルをクリックしてからデータを入力する。入力中の内容は、上部の数式バーへ表示される。入力後、Enter キーを押して確定する。

セル中の文字の編集：編集するセルをクリックし、ウィンドウ上部の数式バーで編集するか、編集するセルをダブルクリックし、セル内で直接編集する。

行単位の選択：1,2,3…と表示されている画面左側の行番号をクリックする。

列単位の選択：A,B,C…と表示されている画面上側の列番号をクリックする。

行の高さの変更：行を選択し、隣の行番号との間にカーソルを近づけると、カーソルの形が ↕ になるので、そのままドラッグして高さを変更する。ダブルクリックすると、入力されている内容に合わせた適切な高さになる。

列の幅の変更：列を選択し、隣の列番号との間にカーソルを近づけると、カーソルの形が ↔ になるので、そのままドラッグして幅を変更する。ダブルクリックすると、入力されている内容に合わせた適切な幅になる。

※連続した複数のセル、行、列を選択する際は、開始位置をクリックし、Shift キーを押しながら終了位置をクリックする。

※離れた場所の複数のセル、行、列を選択する際は、開始位置をクリックし、Ctrl キー〔**Mac** command キー〕を押しながら各データをクリックし、選択する。

※複数の行、列を選択し、行の高さ、列の幅を同時に変更すると、高さや幅を揃えることができる。

ちょっとしたコツ ㉝　　テンキーを利用しよう

　一般的なデスクトップ PC のキーボードには、右側にテンキーと呼ばれる数値入力用のキーが用意されています。このテンキーを利用すると、電卓のような入力が可能となり、特に、たくさんの数値を入力する Excel などでは作業が効率化されます。テンキーにある数値キーを押しても数字が入力されない場合は、テンキーの上にある NumLock または数字の1が記載されている LED が点灯しているか確認してください。消灯している場合は、テンキー左上の NumLock キーを押して LED を点灯させると、数字が入力できるはずです。

F シートの印刷

Excelでは編集中画面の表示通りに印刷されないことがある。表やグラフなどを印刷するときは、あらかじめ印刷範囲やページ送りなどを印刷プレビューで確認し、必要な部分を無駄なく印刷するとよい。

1 ページ設定を確認する

◆コマンドボタンを利用する

① ［ページレイアウト］タブ
→［ページ設定］グループ

「ページ設定」ダイアログボックス起動ツール

② 「余白」、「印刷の向き」、

「サイズ」などのボタンを押し、必要な設定を行う。

※「余白」のプルダウンから「標準」「広い」「狭い」などを選択し、印刷範囲を設定することが可能。
※［ファイル］→［印刷］で表示されるBackstageビューで設定を変更することも可能。

◆ダイアログボックスを利用する

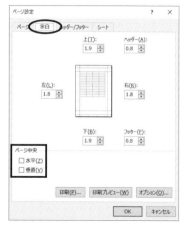

① ［ページレイアウト］タブ→［ページ設定］グループ→「ページ設定」ダイアログボックス起動ツールをクリック。〔**Mac**〕［ファイル］メニュー→「ページ設定」〕

② 「ページ設定」ダイアログボックスで印刷の向き、余白などを設定し、OKボタンを押す。

※ダイアログボックス下部の「ページ中央」で「水平」または「垂直」にチェックすると、余白以外の印刷範囲の中央に揃えて印刷することができる。

2 行や列の項目名をすべてのページに印刷する

複数ページにわたる表で、1ページ目に入力した列の項目名をすべてのページに印刷する場合は、印刷タイトルを設定する。

① ［ページレイアウト］タブ→［ページ設定］グループ→「印刷タイトル」

② 「ページ設定」ダイアログボックス→［シート］タブの「印刷タイトル」の右側にあるセル範囲指定ボタンを押し、タイトルにする行または列を選択して設定する。

③ 再度、セル範囲指定ボタンを押し、元のダイアログボックスに戻り、OK ボタンを押す。

3 印刷範囲や拡大率を指定する

① ［ファイル］タブ→［印刷］〔 **Mac** ［ファイル］メニュー→［ページ設定］または［印刷範囲］〕。

② Backstage ビューの設定で、使用するプリンターを選択。

③ 「印刷範囲」や「拡大縮小」のプルダウンから目的の設定を選択。

※プルダウンから「選択した部分を印刷」を選ぶと、直前に選択していた範囲のみを印刷できる。

Backstageビューでの印刷設定項目

4 印刷プレビューでイメージを確認して印刷する

① ［ファイル］タブ→［印刷］〔 **Mac** ［ファイル］メニュー→［プリント］〕。

② Backstage ビュー（プレビュー画面）で印刷イメージを確認。

③ 「印刷」ボタンを押す。

④ 設定を変更する場合などは、Backstage ビューの⊖ アイコン〔 **Mac** 「キャンセル」ボタン〕をクリックして編集画面に戻る。

ExcelのBackstageビュー

「余白の表示」ボタン

※ **W10** **W11** Backstage ビュー右下の「余白の表示」ボタンをクリックすると、プレビュー画面上に余白が点線で引かれ、用紙上端に列の区切りが表示される。これらの線をドラッグすると、印刷イメージを確認しながら、余白や列幅を変更可能。

5 ページ番号を印刷する

① ［ページレイアウト］タブ→［ページ設定］グループ→「ページ設定」ダイアログボックス起動ツール〔 **Mac** 「ページ設定」ボタン〕をクリック。

第7章

② 「ページ設定」ダイアログボックス→ [ヘッ
ダー／フッター] タブ

③ ヘッダーまたはフッターのプルダウンから、
ページ番号など目的の項目を選択。

※「ヘッダーの編集...」〔**Mac**〕「ユーザー設定のヘッダ
ー」または「フッターの編集...」〔**Mac**〕「ユーザー設
定のフッター」〕ボタンを押すと、さらに詳細な設定が
可能。

❻ 改ページ位置を指定して印刷する

複数ページにわたる大きな表を印刷するとき、区切りのよいところで改ページす
ることができる。

① 改ページする位置のセルを選択。

② [ページレイアウト] タブ→ [ページ設定] グループ→「改ページ」→「改ペ
ージの挿入」

※改ページの設定状況は、改ページプレビューで確認、修正ができる（[表示] タブ→ [ブックの
表示] グループ →「改ページプレビュー」）。修正する場合は、青い区切り線をドラッグし、作
業後は表示モードを「標準」に戻す。

2　セル書式の設定

セル書式では、数値、文字、日付など、データの性質に合わせた表示形式を設
定する。セル書式を適切に設定することで、データの取り扱いが容易になる。

Ⓐ フォント、文字配置

フォントの書式や文字配置は、第 6 章で説明した Word での操作と同様に [ホー
ム] タブに用意された書式設定ボタンで簡単に設定することができる（→ p.
108）。また、「セルの書式設定」ダイアログボックスには次ページの表に示したよ
うなタブがあり、書式に関する詳細な設定が可能である。

※ [ホーム] タブの各グループ右下にあるダイアログボックス起動ツール〔**Mac**〕「フォーマット」
メニュー→ [セル]）をクリックすると、グループに対応するタブが選択された状態で「セルの
書式設定」ダイアログボックスが表示される。

表示形式タブ	セルに入力されるデータの種類と表示形式を指定する。
配置タブ	セル内の文字位置や、文字が多い場合の表示方法を選択する。
フォントタブ	文字色やフォントの種類を指定する。
罫線タブ	セルの周囲に罫線を表示する。
塗りつぶしタブ	セルの背景色を指定する。
保護タブ	セルの書き換え禁止を設定する。

Ｂ　セルの表示形式

　Excel では、セルに入力されたデータに合わせてさまざまな表示形式を設定することで、効率よくデータを扱うことができる。

　［ホーム］タブ［数値］グループにあるプルダウンを利用すると、一般的なセルの表示形式が設定できる。詳細な設定が必要な場合は、「セルの書式設定」ダイアログボックスの「表示形式」タブを利用して設定するとよい。

「数値」グループの
プルダウンから選択
可能な表示形式

標準	もっとも一般的な表示形式。
数値	小数点以下の桁数や、桁区切りのカンマの設定が可能。
文字列	計算機能を使用せず、入力した状態で、そのまま表示する。セル内の最初の文字が算術記号の場合でも、そのまま表示される。
日付、時刻	日時に関するさまざまな表示形式を選ぶことができる。

１　標準形式のセルの特徴

　セル書式を設定していないセルの表示形式は「標準」であり、入力するデータに応じて表示形式が自動的に変更される。例えば、算術記号（＋　－　＊　／　＝）から始まる文字列や、括弧でくくられた数字、日付や時間と解釈できるデータ（yyyy/mm/dd または mm/dd など、mm = 1 〜 12、dd=1 〜 31）がセルに入力される

150

と、下表のような結果になる。このため、セル中に＋などをそのまま表示したい場合は、「＋は算術記号でなく文字である」と設定する必要がある。また、Excelは日付データを数値として内部処理しており、1900年1月1日＝1として計算している。例えば、2000年1月1日は36,526という値になる。「1/30」と入力し、Enterキーを押すと、自動的に「1月30日」と表示され、セル書式が「日付」に変更される。このセルの表示形式を「標準」に戻すと、まったく異なった数字が表示される。これは「1月30日」という日付を示す内部処理した値である。この例のように、入力したデータがうまく表示されないときはセルの表示形式を確認する。文字列を入力する場合は、次項を参照して、初めから文字列であることをExcelに認識させておく必要がある。

標準形式のセルへ入力する内容に応じて、セル内での表示値や表示形式が変化する

入力内容	画面表示	表示形式	理由
+10+20	30	標準	初めに算術記号があるため、計算式と認識され、計算結果が表示された。
(1)	− 1	標準	経理処理では（ ）で表した数値は、マイナスを意味するので、−をつけて表示された。
1/30	1月30日	日付	日付データと解釈し、日付形式で表示された。

2 数字を文字列として表示する

1/30を日付ではなく分数のように表す場合や、ハイフンでつないだ数字を取り扱うときなどは、セルの表示形式を文字列にする。

◆セルの表示形式を文字列に設定する

表示形式の分類を「文字列」に変更し、「=10+10」と入力するとその通りに表示される。

◆データ入力時に、直接文字列であることを指定する

標準形式セルで入力した通りに表示するときは、入力文字列の最初に'（シングルクォーテーション）を入力する。通常はセル内では'は表示されないが、数式バーでは表示される。

3 小数点以下の表示桁数を指定する

セルに計算式として =1/300 と入力したとき、0.00333... と表示されず、0や0.0などと表示される場合がある。この場合は、以下の方法で小数点以下の桁数を適切に指定する。実験データを提示する場合は、有効数字を考え、適切な桁数を表示

することが必要である。

◆コマンドボタンを利用して桁数を調整する

　桁数を調整するセルを選択し、［ホーム］タブ→［数値］グループにある小数点以下の桁数を指定するボタン ⁺⁰.⁰₀ .⁰₀ を押して、適切な桁数を表示する。

◆ダイアログボックスを利用する

　① 桁数を調整するセルを選択し、「セルの書式設定」ダイアログボックスを表示させる。（→ p. 149）

　②「表示形式」タブの「分類」で「数値」を選択し、小数点以下の桁数を設定する。

C　セル内での文字の配置

　セル内の文字の配置は、左詰め、中央揃えなどを、横方向と縦方向それぞれで指定できる。また、セルに入力された文字数が多い場合、「文字の制御」を設定して適切に表示させることができる。

◆ダイアログボックスを利用する

　「セルの書式設定」ダイアログボックスの「文字の配置」、「文字の制御」で設定を行う。

折り返して全体を表示する：長い文字列をセル内で折り返して表示する。フォントサイズは変更されないため、セルの高さが自動的に調節される。

縮小して全体を表示する：セル幅はそのまま、フォントを小さくして表示する。

セルを結合する：連続した複数のセルを

第7章

ちょっとしたコツ ㉞　セル内で改行する

　セルに長い文字列を入力した場合、区切りのよい位置で改行したいと思ったことはありませんか？ただ Enter キーを押しただけでは、次のセルへカーソルが移動してしまい、改行できません。このときは、Alt キー〔 **Mac** option キー〕を押しながら Enter キーを押すとセル内で改行ができます。改行後、すべての文字列が見えない場合は、p. 145 を参考に行の高さを調節して下さい。

1つのセルとして取り扱う。対象になるセルにデータが入力されている場合は、左上端にあるデータのみが保持されて他のデータは消去されるので注意する。

◆コマンドボタンを利用する

[ホーム]タブ→[配置]グループにある「折り返して全体を表示」、「セルを結合して中央揃え」、「セルの結合」のボタンを利用すると、容易に設定することができる。

D セルの罫線

通常、ワークシートに引かれている薄いグレーの枠線は印刷されない。このため、Wordと同様に、太さ、線の種類、色を選択して罫線を引いておくと、印刷したときにもわかりやすい表になるとともに、画面上で入力されているデータも見やすくなる。

◆ダイアログボックスを利用する

① 罫線を引く範囲のセルを選択し、「セルの書式設定」ダイアログボックスを表示させる。（→ p. 149）

② 「罫線」タブに切り替え、線の太さ（スタイル）、色を選び、プレビュー枠内をクリックしながら罫線を設定する。

◆コマンドボタン、プルダウンを利用する

① 罫線を引くセル範囲を選択する。

② [ホーム]タブ→[フォント]グループ。

③ 「罫線」プルダウンから罫線の種類を選択する。

※プルダウンで「罫線の作成」を選択すると、罫線カーソルで罫線を引くことができる。

◆テーブル機能を利用する

Excelの[ホーム]タブには、罫線に関連したさまざまな機能が用意されている。罫線を作成する目的に応じて、作業方法を選択してほしい。

例えば、「テーブルとして書式設定」プルダウンを利用すると、さまざまなデザインのテーブルを簡便に作成することができる。テーブル機能を用いると、効率よく表集計できるだけでなく、用意されているスタイルを適用して見栄えのよい表を作成することができる。

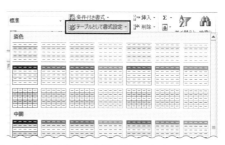

また、後述する並べ替え、オートフィルターなども容易に実行可能になる。

3 繰り返しまたは連続した数値などの入力

複数のセルへ同一の文字や数字、連続した数字（1,2,3…などの連番）や記号、あるいは規則正しく繰り返される数値や記号を入力するときは、**オートフィル機能**を用いると作業が効率化できる。オートフィルを利用する場合、データの規則性が判別されるように、始めの値をいくつか入力する必要がある。この機能は、数値、記号のみではなく、問1、問2などのようにテキストを含む数値にも応用できる。

例：　1,2,3….　　A,B,C….　　1999, 2000, 2001…….　　10, 20, 30……..

　　　月，火，水…　　1月，2月，3月…

① 入力する規則を含む範囲を選択する。
② 選択範囲の右下の黒い小さな■にカーソルを合わせると、カーソルが＋の形のフィルハンドルになる。
③ フィルハンドルを、必要な範囲までドラッグする。

ドラッグの方向は上下左右いずれも可能

※ 1つのセルをフィルハンドルでドラッグすると、セル内容のコピーになる。
※ 2022年、1月など、日付と判別できる文字列の場合は、1つのセルをフィルハンドルでドラッグすれば連続したリストを作成できる。

ちょっとしたコツ ㉟

印刷するときだけ罫線を引きたい！

印刷するときだけ罫線が表示されればいいのに、と思ったことはありませんか？そんなときは、[ページレイアウト] タブ→ [シートのオプション] グループにある、枠線の「印刷」にチェックを入れてみましょう。

4 計算式と関数の利用

Excelでは、セルに計算式や関数を入力しておくと、参照先セルにデータが入力された時点で計算結果が表示され、参照先セルの数値が変わった場合は再計算が実行されて、すぐに計算結果が反映される。また、対象のセルをクリックすると、数式バーに計算式や関数が表示される。この項では、計算式や関数、論理式を利用したデータ解析を行う方法について説明する。

Ⓐ 計算式の入力

計算式は、次のルールに従って入力する。

- 計算式を始めるときは、半角で=を入力する。
- 計算に利用する数値が他のセルに入力されている場合は、そのセル番地を参照先として入力する。
- 算術記号を利用するときは半角で、下記の記号を使用する。

  足し算：＋、引き算：−、かけ算：＊、わり算：／、べき乗：＾

> 例： ＝C4＋10
> （セルC4の数値に10を足す。C4に10が入力されている場合は20と表示される。）

Ⓑ 関数を利用する

「＝A+B」のような簡単な計算式であれば、直接セルを指定しながら入力すればよい。しかし、もっと多くのデータを効率よく扱う場合、例えば、クラス全員の成績一覧表から平均値や最高・最低点などを求めるには、関数を利用する。

Excelには、さまざまな関数が用意されている。計算だけではなく、セルに入力された文字列に対しても、関数によって文字数などの情報を得ることができる。

◆コマンドボタンを利用してよく使う関数を入力する

頻繁に使われる関数は、コマンドボタンで入力することができる。

① 計算結果を表示するセルをクリック。

② ［数式］タブ→［関数ライブラリ］グループ→「オートSUM」

③ プルダウンから目的とする関数（合計、平均値な

ど）を選択する。

④ 点線の枠が表示され、カーソルが白抜き十字（✛）の形になるので、計算対象の範囲をドラッグして選択する。

⑤ Enter キーを押して、範囲選択を確定すると、関数計算が実行される。

※［ホーム］タブ→［編集］グループにも「オートSUM」ボタンが用意されている。

◆ダイアログボックスを利用してさまざまな関数を入力する

　Excel には、さまざまな関数が用意されており、多彩なデータ処理が可能である。よく使われる関数を表に示すが、目的の関数の表記がわからない場合は、「関数の挿入」ダイアログボックスにある「関数の検索」を利用するとよい。

① 計算結果を表示するセルをクリック。

② ［数式］タブ→［関数ライブラリ］グループ→「関数の挿入」

③ 「関数の挿入」〔Mac「数式パレット」〕ダイアログボックスの「関数の分類」で、目的の関数が含まれている項目を選択し、大まかに関数を絞り込む。

④ 「関数名」で、目的とする関数を選択し、OK ボタンを押す。

⑤ 次項を参照してデータ範囲や設定値を入力し、OK ボタンを押す。

※数式バーの左側にも小さな「関数の挿入」ボタンがある。
※［数式］タブ→［関数ライブラリ］グループにある、関数を分類したプルダウンから直接関数を選択することもできる。

◆計算対象のセルを選択してから計算する

　Excel では、複数セルを選択すると右下にミニアイコンが表示される。

① 計算対象のセル範囲をドラッグして選択。→右下に表示されるクイック分析アイコン 📊 をクリック。

② 表示されるメニューの「合計」タブ→目的の関数を選択する。

Excel の代表的な関数

目　的	関　数	関数の分類
合計を求める	SUM	数学／三角
平均値を求める	AVERAGE	統計
標本標準偏差を求める	STDEV.S	統計
数値データが入力されたセルの個数を求める	COUNT	統計
空白でないセルの個数を求める	COUNTA	統計
条件に合ったセルの個数を求める	COUNTIF	統計
論理式の結果に応じて、指定された値を表示する	IF	論理
文字列の長さ（文字数）を数える	LEN	文字列操作
順位を計算して表示する	RANK.EQ	統計
指定した桁数で四捨五入する	ROUND	数学／三角
数値の単位を換算する	CONVERT	エンジニアリング

ちょっとしたコツ ㊱　セル番地を簡単に入力するには

　計算式を入力するときには、計算に使用するセルの番地を指定する必要があります。このとき、セルの番地を目で見て、どの列か、どの行かを確認して入力していませんか？
　セル番地は、計算式の入力中にマウスで対象セルをクリックしても指定することができます。このとき、マウスのカーソルの形は白抜きの十字（⊕）となっています。

ちょっとしたコツ ㊲　セルに ##### と表示されてしまった！

　計算式を入力してから Enter キーを押したときなど、セルに「#####」と表示されて困ったことはありませんか？　これは列幅が狭くてデータをすべて表示できないことを示しています。列幅を広げるか、セルの表示桁数などを適切に調節すると、きちんと数値が表示されるはずです。

C　関数の表記と引数

　関数を利用するには、その表記方法を理解する必要がある。表記の基本は、「＝関数名（**引数**）」であり、関数によって、セルの番地、データの範囲、設定オプションなど、必要な引数が異なる。また、引数の区切りには，（半角カンマ）を使用する。関数が設定されているセルをクリックすると、ウィンドウ上部の数式バーには関数式が表示される。

ちょっとしたコツ 38　関数を挿入したセルに #DIV/0! や #N/A と表示されたのですが…

　これらの表示は、Excel のエラー表示です。よく遭遇するエラーの意味を記しますので、関数の名前や引数などをもう一度確認してみましょう。
#DIV/0! : 0 で除算した（divided by zero）
#VALUE! : 関数の引数が違っている
#N/A : 参照しているセルが空白（not available value）
#NAME? : 関数が登録されていない、またはスペルミス（unrecognized name）

1 関数と引数の表記の例

SUM 関数：合計を求めるセルの範囲または複数のセル番地を引数として入力する。

> 例：　C4 から C9 の合計を求める場合　✕ ✓ f_x　=SUM(C4:C9)

IF 関数：条件を提示する式（a）と、判定結果に従って表示する内容（b、c）を（　）内に引数として入力する。b、c には文字列、計算式や関数を用いることができる。

> 例：　$\underset{a}{=IF(C4>60,}\underset{b}{"合格",}\underset{c}{"不合格")}$
>
> a　（条件の提示）C4 のセル値が 60 より大きい場合。
> b　（条件を満たしたとき）合格という文字列を表示する。
> c　（条件を満たさないとき）それ以外は不合格と表示する。

※引数中の文字列は、半角の " "（ダブルクォーテーション）でくくる。
※括弧のみで引数が不要な関数もある。例：=TODAY()

2 計算対象になるデータ範囲の確認

　関数計算に用いるデータ範囲が正しいか確認するためには、式が表示されている数式バーのどこかをクリックする。そうすると、設定範囲が青や緑の四角い枠で表示され、この枠をドラッグすると範囲を修正することができる。

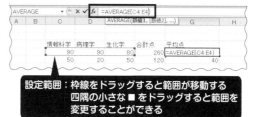

設定範囲：枠線をドラッグすると範囲が移動する
　　　　　四隅の小さな ■ をドラッグすると範囲を
　　　　　変更することができる

3 引数の指定方法

　引数は、数式バー左側にある「関数の挿入」ボタンを押し、「関数の引数」ダイ

第7章

158

アログボックス〔**Mac**「数式パレット」〕を利用して入力することができる。

　下図は、四捨五入するROUND関数の例を示している。引数の指定は、関数によって異なるが、ダイアログボックスに設定内容や説明が表示されるので、参考にしながら入力するとよい。

※入力方法の詳細や関数の使用例は、「関数の挿入」ダイアログボックスや「関数の引数」ダイアログボックス左下にある「この関数のヘルプ」〔**Mac**「この関数の詳細なヘルプ」〕で確認できる。

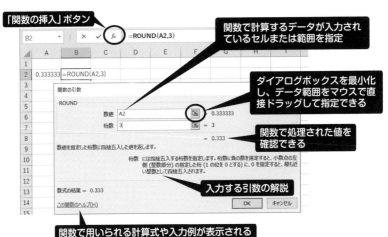

STDEV.S と STDEV.P って何が違うの？

　「関数の検索」で「標準偏差」の関数を探すと、STDEV.S関数とSTDEV.P関数という、非常によく似た関数が見つかります。STDEV.S関数では、母集団から抽出した標本に基づいて予測される標本標準偏差、STDEV.P関数では母集団全体から計算した標準偏差が算出されます。統計の講義で学習するはずですが、通常は母集団すべてのデータを求めることは困難であり、計算に用いるデータが母集団の一部のデータである場合は標本標準偏差を求めることになるので、通常はSTDEV.S関数を使用することが多いでしょう。
　STDEVは標準偏差という意味を表すStandard Deviationの略ですが、SやPとは何の略でしょうか。Sは標本を意味するSample、Pは母集団を意味するPopulationの頭文字なのです。

5 セル内容のコピー

　セルに入力されたデータは、他のアプリケーションソフトと同様に、「コピーして貼り付け（コピー＆ペースト）」という手順で複製することができる。しかし、Excelではコピー対象セルのデータが、数値か、計算式かを意識して行わないと期待した結果が得られないので十分に注意する。

A セル内容のコピー＆ペーストの基本

1 コピー元のデータを選択する

　① コピーする対象（セル、行全体、列全体など）をクリックして選択。セル範囲を指定する場合はドラッグして選択。

　② 選択範囲上で右クリック〔**Mac** control ＋クリック〕→コンテキストメニュー→［コピー］

※この時点でコピー元のセル（範囲）は点線枠でハイライトされる。コピーを中止し、他の作業を行うときは、Esc（エスケープ）キーを押し、コピー範囲の選択を解除する。

2 コピー先を指定して貼り付ける

◆コンテキストメニューを利用する

　① コピー先のセル（行、列など）を右クリック。セル範囲を貼り付けるときは、コピー先範囲の左上のセルを右クリック〔**Mac** control ＋クリック〕。

　② コンテキストメニュー→［貼り付け］

※対象を選択してから、［切り取り］→［貼り付け］（カット＆ペースト）でセルデータの移動になる。

◆コマンドボタンを利用する

　① ［ホーム］タブ→［クリップボード］グループ

　② 「貼り付け」プルダウンから［貼り付け］ボタンをクリック。〔**Mac**「ペースト」プルダウンから、目的の貼り付け形式をクリック。〕

B さまざまな貼り付け方法の例

1 挿入貼り付け

　コンテキストメニューに［コピーしたセルの挿入］が表示されるときは、コピー先のセルを上書きしない挿入貼り付けになる。行全体や列全体の挿入貼り付けを行うと、行や列が一つずつ後ろにず

れる。一部のセルを挿入貼り付けするときは、表中の他のデータをどのようにずらすのかを指示するダイアログボックスが表示される。

2 複数セルに貼り付ける

貼り付け先として複数のセルを選択すると、同じ内容を複数のセルへ同時に貼り付けることができ、一度入力した内容を効率よくコピーすることができる。

3 計算結果の値だけを貼り付ける

計算式が入力されたセルの数値をコピー＆ペーストすると、コピー元の数値とは異なった値が表示される。これはセルに入力された計算式がコピー対象になるからである（p. 161 以降を参照）。このように計算式や関数で得られた結果を、数値として貼り付けるには、貼り付けオプションを用いる。

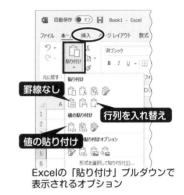

Excelの「貼り付け」プルダウンで表示されるオプション

① 対象セル（または行、列、セル範囲）を選択してコピーする。
② コピー先のセルを選択する。
③ ［ホーム］タブ→［クリップボード］グループ→「貼り付け」〔**Mac**「ペースト」〕プルダウン
④ 表示される貼り付けオプションから「値の貼り付け」を選択する。

※「貼り付け」プルダウンやコンテキストメニューから［形式を選択して貼り付け ...］〔**Mac**［形式を選択してペースト］〕を選択し、ダイアログボックスを利用して設定してもよい。

4 罫線の設定を変更しないように貼り付ける

通常のコピー＆ペーストでは、セル内のデータだけでなく、セル書式もコピー対象になる。罫線を設定した表の中でコピー元とコピー先の罫線が異なる場合、そのままコピーしてしまうと、再度罫線を設定しなければならない。そのようなときは、貼り付けオプションの「罫線なし」を選ぶか、「形式を選択して貼り付け」ダイアログボックスで「罫線を除くすべて」を選択して貼り付ける。

5 行列を入れ替えて貼り付ける

一度、表を作成したあとに、行と列を入れ替えたい場合は、貼り付けオプション

の「行列を入れ替え」を利用して表を再作成することができる。

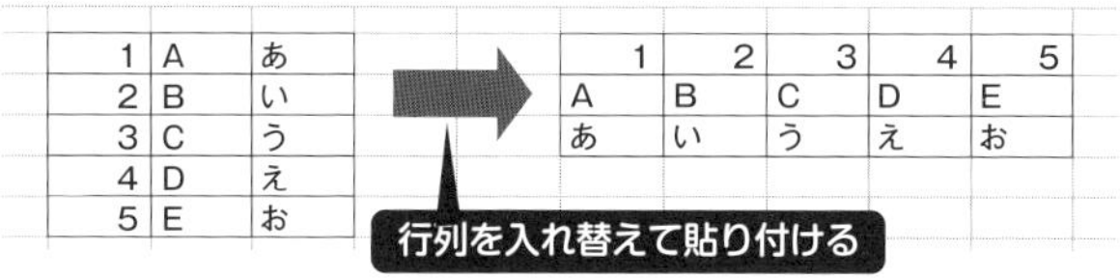

行列を入れ替えて貼り付ける

※「形式を選択して貼り付け」〔**Mac**〕［形式を選択してペースト］］ダイアログボックスにある「行列を入れ替え」のチェックボックスを利用してもよい。

ⓒ 参照するセルの指定方法：絶対参照と相対参照

　同じ計算式を用いて、複数のデータを計算するためには、計算式を一つ作成し、そのコピーを必要な複数のセルに貼り付けると効率がよい。計算式のコピー＆ペーストでは、コピー元セルとコピー先セルの位置関係が考慮され、計算式で参照されているセル番地がコピー先で自動的に変化する。このようなセル番地の指定方法を**相対参照**と呼ぶ。

　例1：「＝C5/C13」　と入力されたセルを1行下のセルにコピーした場合
　　　　　➡ 「＝C6/C14」（行番号が変化する）

　例2：「＝C5/C13」　と入力されたセルを1列右のセルにコピーした場合
　　　　　➡ 「＝D5/D13」（列番号が変化する）

　一方、コピーしたときに、計算式の対象セルが自動的に変更しては困る場合は、セル番地を**絶対参照**によって指定する。絶対参照は、セルの列を表すアルファベットや、行を表す数字の前に半角の ＄（ダラー）を付けて記述する。

◆絶対参照であることを直接指定する

　列番地、行番地の前に ＄ を入力すると、絶対参照になる。

- 列を固定する場合　　　　　　➡　　$C5
- 行を固定する場合　　　　　　➡　　C$5
- 一つのセルに固定する場合　　➡　　$C$5

◆絶対参照をファンクションキーで指定する

　① 計算式中の、絶対参照を設定するセル番地にカーソルを合わせて F4 キーを押すと、そのセルが絶対参照で表記される。
　② F4 キーを繰り返し押すことにより、列固定、行固定の順に変化する。

例3：全体に対する割合を求める計算式

1) C3セルに、各出身地の人数の総数に対する割合を求める計算式「=B3/B8＊100」を入力する。

2) C3セルの計算式をこのままC4へコピー＆ペーストすると、計算式は「=B4/B9＊100」になる。このため、分母にする総数欄の参照先（B8）がコピーしても変化しないように、C3セルの計算式を「=B3/$B$8＊100」のように絶対参照を設定する。この例では行方向のコピーしかしないので、行番号のみの絶対参照（B$8）としてもよい。

3) C3セルの計算式をC4からC7セルへコピー＆ペーストする。

4) C4セルの内容を確認すると、「=B4/$B$8＊100」であり、分母になる総数の参照先が変化していない。

	A	B	C	D
1				
2	学生の出身地	人数	構成比率(%)	
3	東京都	105	=B3/$B$8*100	
4	神奈川県	60		
5	埼玉県	45		
6	千葉県	31		
7	その他	19		
8	総数	260		

	A	B	C	D
1				
2	学生の出身地	人数	構成比率(%)	
3	東京都	105	40.4	
4	神奈川県	60	=B4/$B$8*100	
5	埼玉県	45	17.3	
6	千葉県	31	11.9	
7	その他	19	7.3	
8	総数	260		
9				

6 データの並べ替えと抽出、検索と置換

Excelは、多数のデータを整理し、その中から目的のデータを抽出することが可能であるため、簡易データベースソフトとして利用することができる。このとき多くのデータを整理するためにはデータの並べ替えが有効であり、条件を満たしたデータのみを抽出する場合にはオートフィルター機能を利用する。また、必要なデータを検索したり、セルに入力された文字列や計算式の内容を検索、置換したりすることができる。

Ⓐ データの並べ替え

Excelでは表の中にあるデータを、数値の大小の順、日本語のふりがな順、英語のアルファベット順などの決められた条件で、並べ替えることができる。並べ替えの方法には昇順と降順の2種類があり、昇順は、1→2→3→…、あ→い→う…のように数値が小さいものから大きなものになるように並べ替えるもので、五十音順やABC順などでよく利用される。降順はその逆で、10→9→8→…となり、高得

点順などに利用される。

① 並べ替えの対象とするデータ範囲を選択する。（行単位で並べ替えるときには、行番号を選択する。）

② ［データ］タブ→［並べ替えとフィルター］〔**Mac**〕［並べ替え／フィルタ］］グループ→「並べ替え」

③ 選択範囲の一番上の行に、項目名が入力されている場合は、「並べ替え」ダイアログボックスの「先頭行をデータ見出しとして使用する」をチェックすると、最優先されるキーとして各列の項目名が表示される。

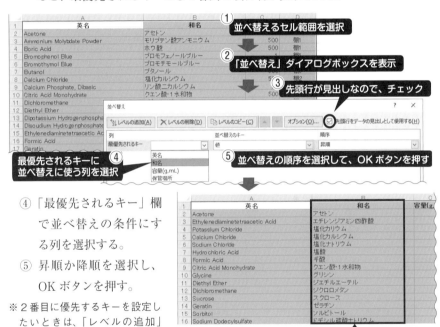

④ 「最優先されるキー」欄で並べ替えの条件にする列を選択する。

⑤ 昇順か降順を選択し、OK ボタンを押す。

※ 2番目に優先するキーを設定したいときは、「レベルの追加」〔**Mac**〕「＋」〕ボタンを押す。

B　データの抽出

　Excel のワークシートをデータベースとして利用すると、多くのデータの中から目的のデータを抽出する場合がある。オートフィルターは、ある列内のデータを決められた条件に従ってふるいにかけ、条件に合致したデータを含む行のみを表示する機能である。複数の条件を組み合わせることも可能であり、さまざまな条件でデ

ちょっとしたコツ ㊵

日本語でうまく並べ替えることができないのですが…

　数字ではなく名前などの文字列の場合、Excelでは日本語入力したときの内容を自動的にふりがなとして記録しています。そのため、正しい読みがなでかな漢字変換したデータについては問題ありませんが、かな漢字変換するときに他の読みがなで入力した場合は、その読みがふりがなとなってしまいます。正しく並べ替わらないときは、ふりがなが正しく入力できていない可能性があるため、次の手順でふりがなを編集する必要があります。

① 対象となるセルを選択する。

② [ホーム]タブ→[フォント]グループ→「ふりがなの表示／非表示」プルダウン→[ふりがなの編集]

③ セル内に表示されたふりがなを修正しEnterキーを押す。

　もう一度、並べ替えを実行してみましょう。結果はどうでしょうか？

ちょっとしたコツ ㊶

Enterキーを押したときにカーソルを右のセルに動かしたい

　データを入力した後にEnterキーを押すと、通常はカーソルがすぐ下のセルに移動します。横に動けばいいのに、と思ったことはありませんか？
　Excelではカーソルの移動方向をオプションで設定することができます。

① [ファイル]タブ→[オプション]→左側のリストの「詳細設定」→「編集設定」

② 「Enterキーを押したら、セルを移動する」にチェックを入れ、移動させたい方向をプルダウン（上下左右）から選択し、OKボタンを押してダイアログボックスを閉じる。

　もし、ある行を入力してカーソルが右端にある状態から次の行に移りたいときは、Homeボタンを押すと、その行の一番左端（A列）にカーソルがジャンプします。

ちょっとしたコツ ㊷

オートフィルターで目的のデータが抽出できません…

　オートフィルター機能は、フィルターをした時点でのデータで抽出作業を行います。このため、一度オートフィルターしてから追加されたデータについては、抽出の対象とならないときがあります。また、入力されたデータの途中で空白行がある場合も、そこまでのデータしか取り扱わない場合があります。目的のデータがあるはずなのに、うまくオートフィルターがかからない場合は、一度オートフィルターを解除して、再設定してみるか、途中に空白行がないかどうか、確認してみてください。

ータを抽出することができる。

① 項目名などが入力されている行を選択する。

② ［データ］タブ→［並べ替えとフィルター］グルー
プ→「フィルター」

③ 列タイトルの各項目セルに表示されたプルダウンボタンを押し、抽出する条件
を設定する。OK ボタンを押すと、抽出されたデータのみが表示される。

例：試薬リストの中から、指定した条件の試薬のみを表示する

1) 項目行全体を選択。

2) オートフィルターを設定すると、項目名の横にプルダウンボタンが表示される。

3) E列（毒／劇）に劇と入力されている試薬（劇物）のみを抽出したいときは、
E列のプルダウンをクリックし、表示されるデータリストの中の「劇」だけが
チェックされた状態にして OK ボタンを押す。

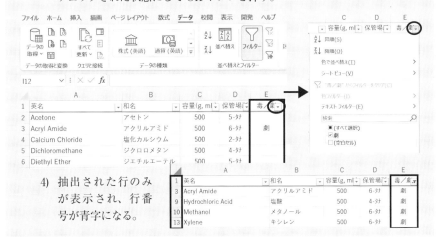

4) 抽出された行のみ
が表示され、行番
号が青字になる。

※特定の文字列を含むデータ行のみを抽出する場合は、「テキストフィルター」を利用する。
※上記の手順で抽出したデータに対して、異なる列に条件を追加設定することもできる。

C　データの検索と置換

　Excel におけるデータの検索と置換では、セルに表示されている文字や数字のほ
か、計算式中の文字も対象になる。例えば、参照先セルを変更したい場合、特定のセ
ル番地を検索・置換することが可能である。

① ［ホーム］タブ→［編集］グループ→「検索と選択」プルダウン→「検索」または
「置換」

② 検索の場合は、「検索と置換」ダイアログボックス→「検索」タブ→検索する文

字列を入力。→「次を検索」ボタンを押す。

③ 置換の場合は、「置換」タブで検索する文字列と置換後の文字列を入力。→「次を検索」ボタンを押す。→検索結果を確認しながら、「置換」ボタンを押す。

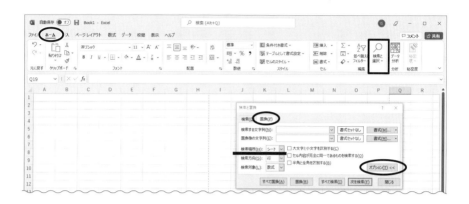

※ファイル内のすべてのシートを対象とする場合は、右下の「オプション」をクリックして表示される「検索場所」を「シート」から「ブック」に変更する。
※セルの範囲を選択してから検索や置換を行うと、その範囲内のみが対象になる。

7 グラフによる情報の表現・説明

Ⓐ グラフ作成の意義

レポート、報告書を書くときや、学会などでプレゼンテーションを行うときは、まず、「自分は誰を相手に、何を、なぜ表現したいのか」を考え、その目的に応じて、もっとも効果的になるように情報の表現・説明手段を考えなければならない。例えば、時間とともに変化するデータの場合、ただ数字を羅列して説明するよりも、グラフ化することで、データの変化の様子をわかりやすく示すことができる。

グラフは、長さや面積、傾きなどで数字のもつ意味を表現する。報告書やスライドに結果が数字で記載されていると、その数字を読んだ上でデータの意味することを理解しなければならない。グラフであれば、内容を直感的に理解することが可能であり、情報の受け手の印象に残りやすい。さらに、情報の持つ意味（順位、比較、推移など）を論理的、客観的に眺めることができるのも、グラフ化の利点である。また、グラフの種類を変更すると、データ間に新しい関係が見えてくる場合もある。

Ⓑ グラフの種類

　グラフの種類は多彩であり、棒グラフ、線グラフ、円グラフなどに分類される。また、棒グラフ＋線グラフなど、複数のグラフを組み合わせることもできる。グラフによって、軸を東京、神奈川、埼玉…などの項目で表した方がよい場合と、1, 2, 3…などの数値で表した方がよい場合がある。それぞれを項目軸、数値軸と呼び、グラフ作成の目的によって適切な軸の種類を選択する。以下に代表的なグラフの特徴を示す。

１ 棒グラフ（縦棒グラフ、横棒グラフ）

- 棒の長さで量や割合を表す。数値の差を比較するときに利用する。
- 項目軸と数値軸からなる。
- 平均値で比較した場合、差があるように見えても、データにばらつきがあると誤った解釈をしてしまうため、偏差を示すことも重要である（→ p. 174）。
- グリッド線を入れると差がわかりやすくなる場合がある。

２ 線グラフ（折れ線グラフ、散布図）

- 折れ線グラフは、項目ごとの数値の変化を線でつないだもので（→ p. 172）、項目軸と数値軸からなる。
- 散布図は、X－Yの相関関係を表すときに使用する。両軸共に数値軸である。
- 横軸には、時間など実験条件で変化する系列、縦軸に測定値をとるのが基本。
- 日付、時間、年齢など時系列に従って変化するデータの推移を表現するときに利用する。

３ 円グラフ

- 全体を100％として換算する。
- 全体に占める構成要素の割合を表すときに利用する。

４ その他

- レーダーチャートは、複数の項目間のバランスを表現するときなどに利用する。

Ⓒ グラフ作成の基本

　グラフを使ってデータの示す意味をわかりやすく表現するためには、前項で説明した特徴を理解し、選択するグラフの種類、横軸、縦軸の設定をよく考える。

① グラフ作成に必要なデータを入力し、必要な範囲を選択する。
② ［挿入］タブ→［グラフ］グループ→目的とするグラフのプルダウンからグラフの種類を選択。

第7章

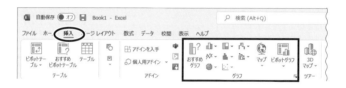

③ 作成したグラフをクリックすると、「グラフのデザイン」が表示される。

④ ［グラフのデザイン］タブ→［グラフのレイアウト〔**Mac**〕グラフ］］グループ→「グラフ要素の追加」プルダウンにある、「グラフタイトル」、「軸ラベル」を利用して、必要な要素を入力する。

※データを選択して、［挿入］タブにある「おすすめグラフ」ボタンを押すと、「グラフの挿入」ダイアログボックスが開き、データの種類に合わせたグラフを選択できる。また、各グラフのプルダウンで、グラフの種類にマウスカーソルを合わせると、シート上にプレビューが表示される。

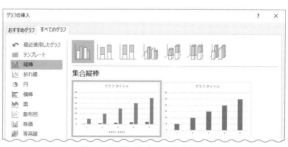

グラフの挿入ダイアログボックス

D よりわかりやすいグラフにするためのチェックポイント

Excel ではさまざまなグラフを作成することができるが、初期設定のまま用いると、本当に伝えたいことが表現されにくい。このため、次のポイントに注意して、よりわかりやすいグラフになるように心がけるとよい。

- グラフ種類はポイントを強調するのに適切か

- 別の意味や、逆の意味にとらえられることはないか
- データの並べ方、表示する順番は適切か、見る人の視点に逆らっていないか（北から南、マイナスからプラスなど）
- 軸の目盛は適切か（多すぎたり、少なすぎたりしないか）
- 縦軸の範囲は正しいか
- 棒や線の色、パターンは適切か（強調する部分が目立っているか）
- 補助線を入れて、さらにわかりやすくすることができるか
- データ間に増加、減少傾向があるのか、変化量が正しく表示されているか

E　グラフの構成要素の書式設定

　作成したグラフの中で、特に強調したいデータがある場合、そのデータマーカーの形、色、線の太さなどを変更すると、より効果的に表現することができる。また、グラフの背景（プロットエリア）の色や数値軸の間隔なども適切に設定する。

Excel におけるグラフの要素

グラフエリア	グラフ、軸、凡例など、すべてを含む領域
プロットエリア	データがプロットされているグラフの内側（点線で囲った部分）
データマーカー	折れ線グラフや散布図でデータポイントを示すためのシンボル
凡例	どのマーカーが、どのデータを示しているのかの例示
軸ラベル	横軸（X軸）、縦軸（Y軸）の説明

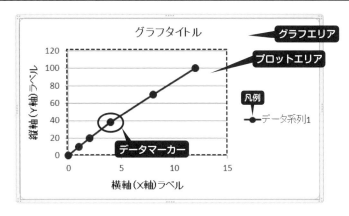

◆グラフ要素を直接選択して設定する

① 書式を設定するグラフ要素（軸やプロットしてあるマーカー）をダブルクリック。

② ［（グラフ要素）の書式設定］作業ウィンドウで輪郭や領域の色、線の太さな

どを設定する。

※グラフ要素を右クリック→コンテキストメニュー→［(グラフ要素)の書式設定］でも設定可能。

◆プルダウンを利用してグラフ要素を選択して設定する

① グラフをクリックして選択。→［書式］タブ→「現在の選択範囲」グループ
→プルダウンから書式設定するグラフ要素名を選択。

②「選択対象の書式設定」ボタンをクリック。

③「書式設定」作業ウィンドウで輪郭や領域の色、線の太さなどを設定する。

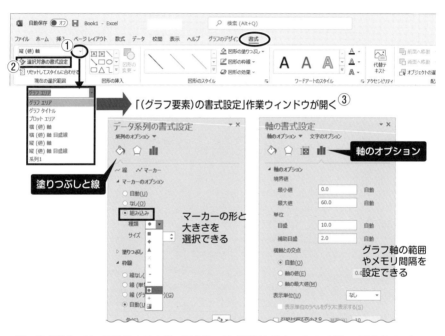

※軸の書式設定では、数値軸の最小値、最大値、目盛間隔を設定できる。適切に設定することで、
グラフのわかりやすさが大きく変わるので、積極的に設定するように心がける。

※グラフエリアとプロットエリアの書式に「塗りつぶしなし」を設定すると、作成したグラフを
Word や PowerPoint で利用する際に、背景色が透過したデザインが可能になる。

F グラフの種類の変更

　グラフは一度作成したらそれで終わりではなく、グラフの種類や書式を変更しな
がら、もっと効果的にデータを表現できないか繰り返し検討するとよい。例えば、
構成割合の時間推移を表現する場合、複数の円グラフを組み合わせるよりも、積み
上げ棒グラフを利用する方がわかりやすいなど、グラフの種類ごとの特徴をつかみ

ながら検討する。このとき、新しいグラフを一から作り直すのではなく、作成済みのグラフを利用すると、作業が効率よく進む。元のグラフを残しておく場合は、グラフ全体をコピー＆ペーストしてから、一方を変更する。

① 作成したグラフのグラフエリアを右クリック。

② コンテキストメニュー→［グラフの種類の変更］

③ 「グラフの種類の変更」ダイアログボックス〔**Mac** 表示されたメニュー〕からグラフの種類を選択し、OK ボタンを押す。

Ⓖ グラフデータの追加と削除

　グラフにデータを追加する場合は、新たにグラフを再作成するのではなく、データ範囲を修正すると作業が簡略化できる。

① ワークシートへデータを追加する。

② グラフのプロットエリアをクリックする。

③ グラフを構成しているデータの範囲が表示されるので、右下のハンドルをドラッグし、範囲を変更する。

④ グラフが自動的に再描画される。

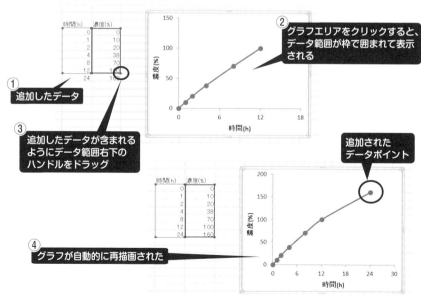

① 追加したデータ

② グラフエリアをクリックすると、データ範囲が枠で囲まれて表示される

③ 追加したデータが含まれるようにデータ範囲右下のハンドルをドラッグ

④ グラフが自動的に再描画された

追加されたデータポイント

※グラフを右クリックし、コンテキストメニュー→［データの選択 ...］からもデータ範囲を再設定することができる。

8 種々のデータを表現するためのグラフの応用

A 相関関係を表すグラフ：散布図

Excel には、値の変化を線で表すグラフが 2 種類ある。一つが折れ線グラフであり、もう一つが散布図である。この二つはよく似ているが、X 軸（横軸）のとりかたが大きく異なる。折れ線グラフでは、X 軸は項目軸となり等間隔に配置される。一方、散布図の X 軸は常に数値データ（数値軸）であり、X 軸と Y 軸の二つの数値データ間の関係を示すのに適している。実験で得られる結果は、X－Y 間に何らかの関係がある場合が多い。同じデータを折れ線グラフと散布図で表現した例をみると、散布図では、データの変化量に応じて X 軸が適切な間隔となっている。

元のデータ

X	Y
1	2
5	20
10	45
20	100

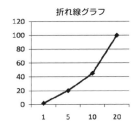

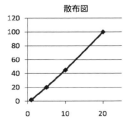

◆散布図を作成する

① X 軸と Y 軸に対応させた 2 組のデータを、並べて入力する。

② データ部分を選択する。（項目名がある場合は含めてもよい。）

③ ［挿入］タブ→［グラフ］グループ→「散布図」プルダウン→適切な形式を選択する。

④ タイトルや項目軸等を設定する。

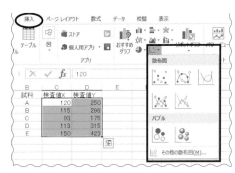

※複数のデータ系列がある場合は、はじめの列が共通の X 軸データになり、それに対応する複数のデータ系列を Y 軸データとして入力する。

B 最小二乗法によって求める近似曲線

グラフにデータをプロットしたとき、どのように線を引くか迷うことがある。ある実験において、条件を変えて得られた 2 つのデータ群に相関関係が認められる

場合、その関係を数式で表してその後の測定結果を予測することが理論上可能になる。例えば、相関関係が1次関数（例：$y = ax + b$）で表すことができる場合、この式を近似式という。近似式は1次式以外になる場合もあり、Excelではさまざまな関数式が選択できる。

　最小二乗法とは、相関図に傾向を示す線を引くとき、各データポイントと、引いた線上の値との差の二乗値の総和が最小になるように計算して、傾向線の近似式を求める方法である。

◆散布図に近似曲線を表示する

① 散布図（マーカーのみ）を指定してグラフを作成する。

② データポイントのいずれかを右クリック。→コンテキストメニュー→ [近似曲線の追加]

③ 「近似曲線の書式設定」作業ウィンドウ→「近似曲線のオプション」で、プロットされたデータの各ポイントがもっともよく反映される近似曲線の種類をら選択する。例えば、1次式で関係を表すことが困難な場合は、対数、多項式など他の種類を選択する。

④ 作業ウィンドウ下方にある「グラフに数式を表示する」、「グラフにR-2乗値を表示する」にチェックを入れる。

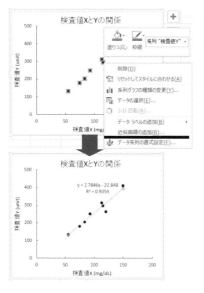

※表示された近似曲線をダブルクリックすると、「近似曲線の書式設定」作業ウィンドウを開くことができる。

※R-2乗値とは、相関係数を二乗した値で、決定係数とも呼ばれる。1に近いほど2つのデータに相関関係があることを示す。

Ⓒ データのばらつきを表現する：誤差付きグラフ

実験で得られる結果は、さまざまな要因により分散するため、平均値だけでデータを比較することは困難である。このような場合は、データが分布している範囲を表示することにより、データの特徴を表すことができる。

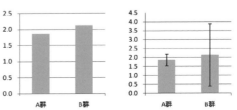

平均値がほぼ同じでも、標準偏差の範囲を表示すると、データが与える印象は大きく変化する。
B群の中には、値の大きなもの、小さなものがあることがわかる。

標準偏差（standard deviation, SD）とは、データのばらつき（分散）を表す値であり、「平均値±SD」という表記によって、そのデータ群の数値が広がる範囲を見渡すことができる。すなわち、SDの値が大きいと、データがばらついていることになる。あるデータ群の平均値をAv_Xとしたとき、SDは、各データXとAv_Xの差（偏差）の二乗の平均の平方根から計算される。

① データの平均値と標準偏差を、関数を利用して計算する。（→ p. 154）

② 平均値を使って、データを比較するための棒グラフなどを作成する。

③ グラフエリアをクリック→［グラフのデザイン］タブが表示される。

④ ［グラフのレイアウト］グループ→「グラフ要素を追加」プルダウン→「誤差範囲」→「その他の誤差範囲オプション」

⑤ 「誤差範囲の書式設定」作業ウィンドウ→「誤差範囲の表示オプション」プルダウンから「縦軸誤差範囲」を選択する。

⑥ 誤差範囲の表示の方向とスタイルを選択する。

⑦ 誤差範囲の「ユーザー設定」をチェックし、「値の指定」をクリック。

⑧ 「ユーザー設定の誤差範囲」ダイアログボックスで「正の誤差の値」欄の範囲指定ボタンを押し、ワークシート上で標準偏差が入力されているセル範囲をマウスでドラッグして指定する。

⑨ 「負の誤差の値」欄にも、標準偏差のセル範囲を設定し、OKボタンを押す。

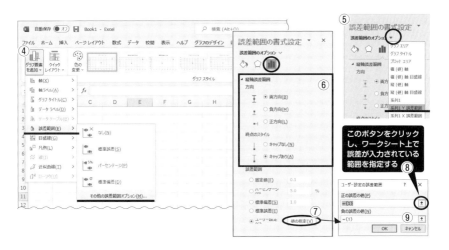

⑩ 設定を確認したら、OK ボタン、「閉じる」ボタンを押す。

※「その他の誤差範囲オプション」を選択すると、縦軸誤差範囲のほかに、横軸誤差範囲も表示されることがある。この場合は、グラフ内に表示された横軸誤差範囲の線をクリックし、選択した状態で Delete キーを押すと、削除することができる。

第7章

ちょっとしたコツ ❹③　あるセル範囲内でカーソルを次々に動かしたい…範囲指定入力

　Enter キーを押して、カーソルが右に動くように設定していても、次の行に移るときはマウスで次のセルをクリックして … ちょっと面倒ではないでしょうか？　たくさんのデータをある範囲内に連続して入力するときは、「範囲指定入力」がお勧めです。
① オプションで、Enter キーを押したときに右側にカーソルが移動するように設定しておく。（→ p. 164 ちょっとしたコツ❹①参照）
② マウスでデータを入力したい範囲をドラッグして選択する。
③ 選択した範囲が反転したまま、左上のセルからデータを入力していく。範囲内の右端まで入力し、Enter キーを押すと、自動的にカーソルは次の行の左端に移動するので、そのまま入力を継続する。
　もし、入力したデータが間違っていることに気づいた場合、修正したいセルをクリックしたり、矢印キーを使って移動しようとすると、範囲選択が解除されてしまいます。そのようなときは、Shift キーを押しながら Enter キーを押すと、一つずつ戻ることができます。

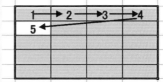

Enter キーを押したときのカーソルの動き

D 複雑なグラフの作成

ここまで説明したほかにも、さまざまなグラフの表現が可能である。いくつかの例を下記にあげるので、参考にしてほしい。

■1 複数のデータ系列のプロット

複数のデータ系列を一つのグラフにプロットすると、データ間の比較ができる。例えば、右図は複数の薬物について濃度（X軸）を変化させたときの蛍光強度の変化（Y軸）を散布図でプロットしている。

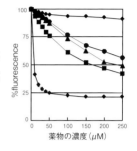

■2 第2軸の利用

数値が大きく異なる2組のデータ系列を、一つのグラフで比較するときは、グラフの上側や右側に表示される第2軸を利用する。第2軸を使う場合は、設定するデータ系列を選択→［書式］タブ→［選択範囲の書式設定］で［データ系列の書式設定］作業ウィンドウを表示させ、グラフマークをクリックすると表示される「系列のオプション」から「使用する軸」を「第2軸」にする。

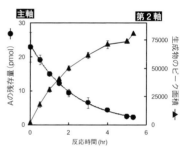

■3 複数の種類を組み合わせた複合グラフ

複数のデータの時間推移を示すときなどは、棒グラフと折れ線グラフを組み合わせると効果的な表現ができる。通常の方法で棒グラフを作成し、一方のデータ系列を右クリックしてコンテキストメニューから［系列グラフの種類の変更］を選択し、必要な設定を行う。

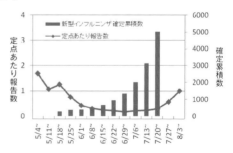

E 作成したグラフの利用

Excelで作成したグラフは他のソフトウェアにコピー＆ペーストすれば、そのまま利用できる。例えば、Word文書に貼り付けてグラフのタイトルを入力すると、そのままレポートの一部になり、PowerPointのスライドに貼り付ければ、発表用スライドになる。具体的な操作法については、第2章に記載した。ここで気を付け

なければならないのは、同じグラフでも貼り付ける目的によって、見やすさが変わることである。例えば、レポートの一部としてグラフを掲載する場合、グラフの文字とレポートの文字のフォントや大きさのバランスを合わせるとよい。また、あらかじめ Excel 側でグラフの大きさなどを調節する、白黒プリンターを使用するのであれば白黒のグラフにする、などの工夫をする（→ ちょっとしたコツ㊹）。さらに、グラフエリアのプロパティで枠線を「なし」と設定すれば、貼り付け先で違和感が生じず、すっきりとした印象になる（→ p. 169）。

　一方、スライドに利用するときは、線が細すぎないように、マーカーが小さすぎないように線の太さや文字、マーカーの大きさなどを調整し、配色もスライドのテーマに合わせるとよい。背景の色などに影響しないようにグラフエリアやプロットエリアの枠線だけでなく、塗りつぶしを「なし」としておくこともできる。単純なグラフを挿入したいのであれば、Excel で入力したデータをコピーして、

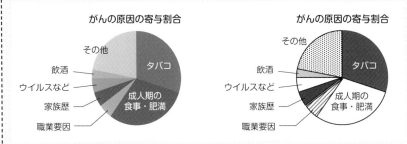

ちょっとしたコツ ㊹　　白黒でも見やすいグラフを作成しよう

　Excel の初期設定では、さまざまな色を使ってグラフが作成されます。見た目はきれいかもしれませんが、このグラフを Word に貼り付けて報告書を作成し、白黒プリンターで印刷すると、どうなるでしょうか。恐らく、オレンジ色、黄緑色などの薄い色がグレーで印刷され、判別しにくく、非常に見づらくなると思います。

　下記に示した 2 つのグラフを見てください。いずれも、ハーバード大学がん予防センターから報告された、アメリカ人のがん死亡に関わる要因の寄与割合を示したものです。左のグラフと右のグラフでは、どちらが見やすいでしょうか。

　カラー表示が可能な場合は、効果的な色の使い方を考え、強調したい部分の色を濃くするなどの工夫が可能ですが、白黒で表示（印刷）する可能性がある場合は、白黒でも十分に主張できるようなグラフ作成を心がけてください。一番良いのは、グラフの背景、マーカーや線の色に、黒、グレー、白黒のパターンなどを使うことです。特に線グラフの場合は、白と黒のみで作成するとメリハリのあるグラフになります。

第7章

PowerPoint のグラフ機能で作図し、配色などを PowerPoint のデザインと一致させることも可能である。操作は Excel でのグラフ作成と同様である。

9 分析ツールの利用 — 統計解析

実験などから得られたデータを統計学的に解析するために、専用の統計ソフトウェアが市販されているが、やや高価である。Excel には統計処理に必要な機能が備わっており、簡単な統計解析であれば、Excel を活用することができる。本項では、Excel で統計処理を実施するための必要事項について簡単に記載する。個々の統計処理の目的や詳細な方法については、他の成書を参考にしてほしい。

A 分析ツールの設定

統計解析は分析ツールと呼ばれる機能を用いて実行する。Excel で利用可能な分析ツールを表に示した。乱数発生やヒストグラムは、統計解析を行う場合でなくても、さまざまな場面で利用することができる。

Excel で利用可能な分析ツール

目　的	分析ツール
2 つのデータ群を比較する	分散分析、相関、回帰分析、F 検定、t 検定、z 検定
乱数を発生させる	乱数発生
度数分布を作成する	ヒストグラム
その他	基本統計量、順位と百分位数

［データ］タブに［分析］グループが表示されていない場合は、以下の手順で分析ツールを有効化する必要がある。

① ［ファイル］タブ→［オプション］
② ダイアログボックス左側のリストから「アドイン」を選択し、アドイン一覧を表示させる。
③ ダイアログボックス下部にある Excel アドインの「設定...」ボタンを押す。
④ 「アドイン」ダイアログボックス→「分析ツール」にチェックし、OK ボタンを押す。
⑤ ［データ］タブ→［分析］グループ→「データ分析」が表示されたことを確認。

※ (Mac)［データ］タブ→［分析］グループ→「分析ツール」をクリックすると、分析ツールのアドインをチェックして選択できる。一度選択しておくと、［分析］グループに「データ分析」ボタンが表示され、そこから分析ツールを利用可能。

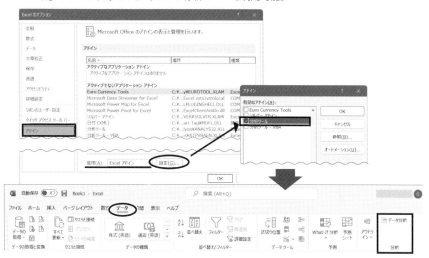

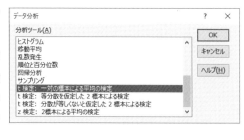

Ｂ 分析ツールで実施可能な統計解析

　統計解析の基本的な目的に、二つのデータ群についての比較がある。例えば、投薬群と非投薬群を比較し、その効果に差があるか、従来の分析法で得られた結果と新たに開発された分析法で得られた結果に相関関係は認められるか、などである。統計解析を行うことで、実験で得られた定量性のあるデータを客観的に表現することが可能になる。

例：t 検定で二群を比較する

① ［データ］タブ→［分析］グループ→「データ分析」

② 「データ分析」ダイアログボックスのリストから、「t 検定：一対の標本による平均の検定」を選択し、OK ボタンを押す。

③ 表示されるダイアログボックスに従って、データの範囲や結果を表示する位置などを設定してから OK ボタンを押すと、検定結果が表示される。

　Excel の分析ツールを利用すると、主要な統計解析を容易に行うことができる。しかし、どの手法を用いるのか、得られた結果をどのように解釈するのか、という点に関しては、統計処理に関する基本的な事項として、まず学習してほしい。実際に統計解析を行う場合、新たな統計ソフトの使用法を学ぶ前に、利用したい統計手法が Excel で可能かどうか検討し、適切なものがあれば、ぜひ Excel を活用してほしい。

ちょっとしたコツ ㊺　なぜか数字が入力されてしまう

　ノート PC を使用しているとき、u, i, o などのキーボード右側にあるキーを押すと、数字が入力されてしまうことがありませんか。また、ログイン時に正しいパスワードを入力しているつもりでも、パスワードが違うというメッセージが出てログインできないことはありませんか。

　そのような場合は、NumLock キーを確認してみましょう。キーボードの周囲に「1」という LED が点灯していませんか。その LED がわからなければ、だまされたと思って、キーボード右上の NumLock（NumLk）キーを一度押してみてください。

ちょっとしたコツ ㊻　ワークシートをスクロールすると、どの列がどの項目なのか、わからなくなって困っています…

　ワークシートの下方や右端に入力されたデータを見るために、スクロールすることがあると思います。そのとき、一番上や左端の項目名が見えなくなって困ったことはありませんか？

　ワークシートを効率よく取り扱うためには、使っていない行や列を表示しない、あるいは、項目行や項目列の表示を固定してしまう、という方法があります。

◆行や列を非表示にする
　① 一時的に非表示にする行または列を選択。
　② 右クリックし、コンテキストメニューから「非表示」をクリック。
　③ 再度表示するときは、非表示にしている行や列を含んだ範囲の行・列を選択し、コンテキストメニューから「再表示」をクリック。

◆ウィンドウ枠を固定する
　① 必ず表示する行のすぐ下、かつ、必ず表示する列のすぐ右のセルをクリック。
　② ［表示］タブ→［ウィンドウ］グループ→「ウィンドウ枠の固定」プルダウン→［ウィンドウ枠の固定］
　③ 解除するときは、同じメニューをたどると表示される［ウィンドウ枠の解除］をクリック。

ちょっとしたコツ ㊼　　日付や時刻の計算

　今日から 40 日後はいつかを考えたり、アルバイトの勤務時間を足したり…日常において日付や時刻を計算する機会があるのではないでしょうか。研究を進めていると、医薬品の投与期間やマウスの週齢などを計算することもあると思います。

　本文（p. 149）に記載したように、Excel は日付を数値（シリアル値）として扱っています。例えば、A5 セルに 2021/2/25、A9 セルに 2022/4/1 と入力されているとき、この差を「=A9 － A5」という式で計算すると、結果が「1901/2/3」となりますが、これはセル書式が自動的に日付に変更されたからです。このセル書式を標準に戻すと 400 と表示されます。このようにすれば、「2022/4/1 は 2021/2/25 から 341 日目である」と簡単に算出できます。また、経過年月を知りたい場合は、日付から年、月の値を得る YEAR 関数、MONTH 関 数 を 利 用 し て、「=(YEAR(A9) － YEAR(A5))＊12+(MONTH(A9) － MONTH(A5))」とすれば、14（ヶ月）という結果を得ることができます。

　時刻については 1 日＝ 1 とした小数点の数値に置き換えられています。ここで時間の加算について注意が必要です。例えば、B5 ～ B8 にそれぞれ 7 時間 30 分を表す 7:30 が入力されているとき、その合計は 30 時間のはずですが、「=SUM(B5:B8)」の結果は 6:00 となります。これは、24 時間を超過したため 30 時間＝ 1 日と 6 時間となり、その時間だけが表示されるためです。24 時間以上の時間を表示させるときは、「セルの書式設定」ダイアログボックスでユーザー定義を選び、[h]:mm という種類を選択しましょう。もし選択肢になければ、半角で入力すれば設定でき、30:00 と表示できます。

　このような計算で気を付けることは、日付は 2021/12/24 など、時間は 12:31 などの表示形式を利用しておくことです。ちなみに、今日の日付は「=TODAY()」で得ることができます。この他にも、いろいろなパターンがありますので、試してみて下さい。

第8章

化学構造式の描画

　実験報告書やプレゼンテーション資料を作成するとき、H_2O、C_2H_5OH、Na^+などの単純な化学式であれば、上付き文字、下付き文字を利用して表現することができる。それでは、ベンゼンからニトロベンゼンの合成反応式を描くときはどのようにしたらよいだろうか？　Word、PowerPointなどの図形描画機能でも正六角形を描くことは可能であるが、多くの化学構造を効率よく、見やすく描くためには、化学構造式描画専用のソフトウェアを利用するとよい。本章では、ChemDraw および BIOVIA Draw という化学構造式を描くソフトウェアについて解説する。他の類似のソフトウェアでも操作は同様なので、化学構造式の描画の基本を習得してほしい。

1 基本操作

　理系の文書では、化学構造式や反応機構のチャートを取り扱うことが多い。ChemDraw は、多くの教育研究機関で使用されている代表的な化学構造式描画ソフトウェアである。さまざまなテンプレートが用意されているほか、三次元構造を取り扱うソフトウェア（Chem3D）との連携が容易であり、化学構造式を描くだけではなく、分子式、分子量など、構造に関連した化合物の情報を得ることができる。

　ChemDraw は有償のソフトウェアである。大学でライセンス契約をしている場合もあるが、個人が学術／非営利目的で利用する場合は、利用者登録すれば無償で使用できる BIOVIA Draw や ChemSketch Freeware などがある。本章では、統合パッケージである ChemOffice に含まれる ChemDraw および BIOVIA Draw による化学構造式の描画について説明する。

※ BIOVIA Draw はダッソー・システムズ社の Web サイトから入手可能。

A プログラムの起動

① **Chem** ［スタート］→ ChemOffice 2021 → ChemDraw 21.0.0
　BIOVIA ［スタート］→ BIOVIA → BIOVIA Draw 2021

※ **W11** ［スタート］→すべてのアプリ→ ChemDraw / BIOVIA Draw
※ **Mac** [Launchpad] → ChemDraw / BIOVIA Draw
※ソフトウェアのバージョンによってソフトウェア名の後の数字が異なる場合がある。

B 画面構成の確認

Chem

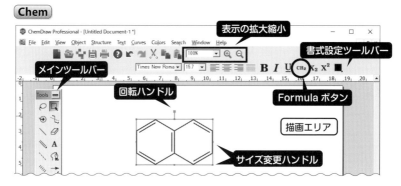

※メインツールバーが表示されていない場合：[View] → [Show Main Toolbar] にチェック。

※メインツールバーが表示されていない場合：[Window] → [Reset Palettes to Classic Mode]

C メインツールバーの構成

　メインツールバーの各機能を利用するときは、ボタンを押してツールを選択し、その後、描画エリア上でクリックまたはドラッグする。ボタンの右下に小さな三角形が表示されている場合は、マウスで押したままにすると〔 BIOVIA 三角形をクリックすると〕リストが表示され、関連したさまざまな機能を選択できる。

1 ChemDraw のメインツールバー

1) 選択ツール

　1)-1　なげなわツール (Lasso)

　1)-2　矩形ツール (Marquee)

2) 投影ツール

　(Structure Perspective)

　分子を回転して斜め方向からの描画にする。

3) 結合ツール

　3)-1　単結合 (Solid Bond)

　3)-2　多重結合 (Multiple

　　　　Bonds) 結合の種類を切り替えて使用する。

4) 消しゴムツール (Eraser)

　描画済みの要素を削除する。

5) テキストツール (Text)

　原子の種類を変更したり、コメントを入力する。

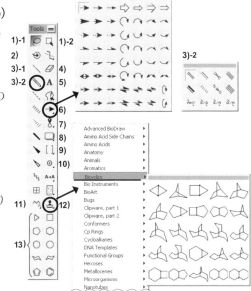

6) 矢印ツール（Arrow Tools）

このボタンを押し続けると、反応式、電子の動きなどを表記するさまざまな矢印を選択できる。電子対の動きを表す矢印（➙）と電子1個の動きを表す矢印（⇀）も区別して描画可能。

7) 軌道ツール（Orbital Tools）

原子軌道を示す電子雲を描画する。

8) 描画要素ツール（Drawing Tools）

四角い枠、直線、円弧などを描画する。

9) 括弧ツール（Bracket Tools）

括弧の描画に利用する。

10) 化学記号ツール（Chemical Symbol Tools）

形式電荷（+、-）の符号、非共有電子対、不対電子などを描画する。

11) 炭素鎖ツール（Chain Tools）

ドラッグすると炭素鎖を連続して描画できる。

12) テンプレート（Templates）

アミノ酸などの代表的な分子の骨格や、立体構造、実験器具などを描画する。

13) 炭素骨格のテンプレート　ベンゼンやシクロヘキサンなどを描画する。

❷ BIOVIA Draw のメインツールバー

1) 選択ツール

　1)-1　なげなわツール（Lasso Tool）

　1)-2　矩形ツール（Select Tool）

　1)-3　分子選択ツール（Molecular Select Tool）

2) 回転ツール（Chemical Flip/Rotate Tool）

選択した分子を反転させたり、回転させる。

3) ズームツール（Zoom Tool）

クリックした場所を中心にして表示を拡大する。

4) 消しゴムツール（Eraser Tool）

描画済みの要素を削除する。

5) 多目的描画ツール（All-Purpose Drawing Tool）

原子上からドラッグ：炭素鎖を伸ばす。

描画済みの結合をクリック：結合次数が変化する。

原子上で右クリック：原子の種類を変更する。

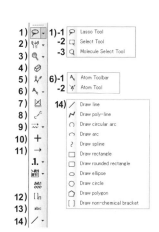

6) 原子ツール

　6)-1　Atom Toolbar　このツールで結合上の原子をクリックすると、あらかじめ原子パレットで選択した原子に変更できる。

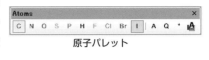

原子パレット

　6)-2　Atom Tool　ドロップダウンリストから原子を選択するか、入力ボックスに直接入力する。

7) プロパティツール（Properties Tool）

原子や結合をクリックして、原子の価数や結合次数などの設定変更メニューを表示する。

8) 結合ツール（Bond Tool）

クリックすると表示される結合パレットで選択した結合を描画する。結

結合パレット

合の先端には、原子パレットで選択した原子が表示される。

9) 炭素鎖ツール（Chain Tool）　ドラッグすると炭素鎖を連続して描画できる。

10) プラスツール（Plus Tool）　反応式で用いる「＋」を入力する。

11) 矢印ツール（Arrow Tool）

クリックすると表示される矢印パレットで選択した矢印を描画する。

矢印パレット

12) 括弧ツール（Bracket Tool）

結合や構造単位の繰り返しを示す括弧を描画する。

13) テキストツール（Text Tool）

コメントなどの文字列を記入する。

14) 描画要素ツール（Draw line／poly-line／circular arc／arc／spline／rectangle／rounded rectangle／ellipse／circle／polygon／non-chemical branket／Charge plus／Charge minus）

直線や円弧、四角い枠、円、正電荷、負電荷の記号などを描画する。

Ⓓ ファイルの保存

ChemDraw や BIOVIA Draw で作成した構造式は、コピーして Word、PowerPoint など他で編集中のファイルへ直接貼り付け、後からでも編集すること

第8章

ができる。(→第2章)しかし、作成したデータを活用するためには、ソフトウェア独自の形式で保存しておく方がよい。また、PNG形式などの画像ファイルとしても保存可能である。(画像データの形式については第1章を参照。)

1 ソフトウェア独自の形式で保存する

① [File]→[Save As]

② 保存する場所を選択し、適切な名前を入力。

③「ファイルの種類」がChemDraw XML(*.cdxml)またはChemDraw(*.cdx)〔 BIOVIA sketch file(*.skc)〕であることを確認。→「保存」ボタンを押す。

2 画像ファイル形式で保存する

① [File]→[Save As]〔 BIOVIA [Save As Image...]〕

② 保存する場所を選択し、適切な名前を入力。

③ 下記の「ファイルの種類」のうち、いずれかを選択。→「保存」ボタンを押す。
GIF Image(*.gif)、PNG Image(*.png)、TIFF Image(*.tif)

※ Chem 「名前を付けて保存」ダイアログボックス左下に「Options...」が表示されている場合は、クリックすると解像度などを保存時のオプションとして設定することができる。

3 MOLファイル形式で保存する

MOLファイル形式(*.mol)は化学構造式(特に低分子化合物)の情報を保持するための標準フォーマットの一つであり、一つのファイル内に1分子の情報を保存する。この形式を利用すると、後述するChem3Dなど、化学構造式を取り扱う多くのソフトウェアと相互利用することができる。また、プラグインをインストールするとWebブラウザーで分子の立体構造が表示可能になる。

① [File]→[Save As]

② 保存する場所を選択し、適切な名前を入力。

③「ファイルの種類」でMDL Molfile(*.mol)〔 BIOVIA Molfile(*.mol)〕を選択。

④「保存」ボタンを押す。

2 化学構造式の描画

A 炭素骨格の作成

一般に、構造式中の共有結合を直線で表記する場合、線が交差している部分には炭素原子が存在するとみなされ、水素原子が明示されていないときは、炭素が4価

になるように必要な水素が結合していると考える。ChemDraw や BIOVIA Draw
の結合ツールを利用して線をつなぐと、炭化水素を描画することになる。

　骨格中に O，N，S などのヘテロ原子が存在するときは、まず、これらも炭素と
みなして骨格全体を形成し、その後、必
要な原子の種類を変更すれば、効率よく
作業できる。

◆結合ツールを利用して骨格を組み立
　てる

　① 結合ツールを選択する。

　② 描画エリア内でドラッグして、適切な方向に単結合を作成する。〔 BIOVIA 　長
　　さも変わる〕

　③ 炭素数を増やす場合は、新しく結合を追
　　加する部分にカーソルを合わせ、青い■
　　が現れたところからクリックする。

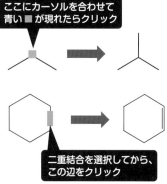

シクロヘキサンの
骨格を作ってから…

C原子をOとNHに変更して
モルホリンを描画する

ここにカーソルを合わせて
青い■ が現れたらクリック

二重結合を選択してから、
この辺をクリック

※クリックすると、一定の方向と長さの結合を描ける。
※一度描いた結合の長さを変更する方法は p. 195 を参照。
※一度描いた結合の種類を変更するときは、目的の結合の
　種類を結合ツールで選択し、描画済みの結合の中央付近
　にマウスを近づけ、青いポインタが現れた時点でクリッ
　クする。
※ BIOVIA ツールを切り替えずに描画済みの結合をクリック
　すると、単結合→二重結合→三重結合の順に変化する。

◆２つの骨格ユニットを結合する

　描画済みの骨格を、他の骨格と結合すると、複雑
な化合物を容易に作成できる。

　① 結合ツールを選択する。

　② 一方の骨格の原子から、他方の骨格の原子に向
　　かってドラッグし、青い■が現れたらマウスのボタンを離す。

ここにカーソルを合わせて
青い■ が現れたらクリック

第8章

◆テンプレートを利用して描画する

Chem

① ベンゼン、シクロヘキサンなどのテンプレートを選択する。

② 描画エリアでクリックすると、その骨格を描画できる。

③ テンプレートを選択したままでドラッグすると、いろいろな向きで描くことができる。

ベンゼンも、いろいろな向きで描くことができる

BIOVIA

① ツールバーマネージャー ▦ ▾ のドロップダウンメニューから [Default] を選択する。

② 表示されたパレットから、ベンゼン、シクロヘキサンなどのテンプレートを選択。

テンプレートパレット

③ 描画方法は **Chem** の操作②③を参照。

※描画した後に構造式の向きを変えるときは、選択ツールに切り替えて構造を選択し、回転ハンドルをドラッグする。

※多環化合物を作成するときは、テンプレートを選択した状態で、初めに描いた環の一辺にマウスを合わせ、青い■が現れたらクリックする。

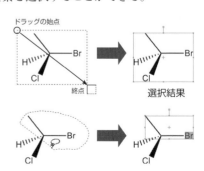

環を追加したい辺にマウスを合わせてクリック

B 描画要素の選択

描画した構造式、矢印やテキストなどの描画要素を編集したり、描画エリア内に配置する場合は、選択ツールに切り替えて描画要素を選択する。このとき、Shiftキーを押しながら操作を繰り返すと、複数要素を選択することができる。

◆矩形ツールを利用して選択する

① 矩形ツール ▵ を選択する。

② 選択範囲の対角線をドラッグする。

◆なげなわツールを利用して選択する

① なげなわツール ⬭ を選択する。

② 選択する対象をロープで囲むようにドラッグ。マウスボタンを離すと、その位置と開始点との間がつながれ

ドラッグの始点

終点

選択結果

て範囲が設定される。

◆クリックして選択する

① なげなわツール、または矩形ツールを選択する。

② 選択する原子、結合、矢印などの上にマウスを置き青くハイライトさせてからクリック。

◆構造式全体を選択する

① なげなわツール、または矩形ツールを選択する。

② 構造式のどこかを青くハイライトさせた状態でダブルクリック〔 BIOVIA Ctrl キーを押しながら構造式にマウスを近づけ、全体が青い枠で囲まれたらクリック〕。

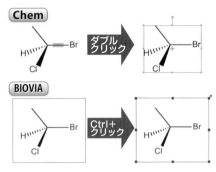

※ Chem 選択ツールに切り替えると、直前に作業していた構造式が選択された状態になる。

※ BIOVIA 分子選択ツールを利用してもよい。

C 描画要素の移動とコピー

1 描画要素の移動

　複数の構造式を並べたり、反応式を描く場合、構造式やその他の要素を描画エリア内で移動する必要がある。

① 構造式などの描画要素を選択する。

② 青い選択枠の内側にマウスを置くと、カーソルが手の形になるので、そのままドラッグ。

※ Shift キーを押しながらドラッグすると、垂直、あるいは水平に移動できる。

2 描画要素のコピー

　反応式の作成時に、構造が類似した化合物を複数作成することがある。複雑な骨格の化合物の場合は、作成済みの構造式をコピーして利用することができる。

◆コンテキストメニューを利用する

① 構造式などの描画要素を選択する。

② 青い枠の内側で右クリック。→コンテキストメニュー→［copy］

③ 貼り付ける位置で右クリック。→コンテキストメニュー→［paste］

④ BIOVIA そのままもう一度クリック。

第 8 章

◆ Ctrl +ドラッグ＆ドロップを利用する

[Chem]

① 構造式などの描画要素を選択する。

② 青い枠の内側にマウスを置き、カーソルが手の形になったら、Ctrl キー〔[Mac] option キー〕を押しながらドラッグ。

③ Ctrl キー〔[Mac] option キー〕を押したままマウスのボタンを離す。

◆複製コマンドを利用する

[BIOVIA]

① 構造式などの描画要素を選択する。

② 青い枠の内側で右クリック。→コンテキストメニュー →[duplicate]

③ 貼り付ける位置でクリック。

ちょっとしたコツ ㊽ ショートカットを使って効率よくコピー／移動しよう

　ChemDraw、BIOVIA Draw のどちらも、他のアプリケーションソフトと共通のショートカットを利用することができます。例えば、「マウス操作で構造式等を選択→左手で Ctrl ＋ C（コピー）→ Ctrl ＋ V（貼り付け）」という操作でコピー＆ペーストできます。さらに、「選択→ Ctrl ＋ X（切り取り）→ Ctrl ＋ V」という操作（カット＆ペースト）で移動することができます。

　Macintosh PC でも同様のショートカットがありますので使ってみましょう。Ctrl キーの代わりに command キーを使うだけです。コピー＆ペーストは「command ＋ C → command ＋ V」、カット＆ペーストは「command ＋ C → command ＋ X」です。

Ⓓ 化学構造式の作成

1 炭素以外の原子の表記

　有機化合物の特徴は、炭素原子と水素原子だけではなく、窒素、酸素、硫黄など、多くの原子とともに複雑な骨格を形成していることである。このような化学構造式を描画するときは、まず炭素原子のみで分子の骨格を作成し、その後、必要な原子を表記すると作業の効率がよい。

[Chem]

① 母核となる炭素骨格を作成する。

② テキストツールを選択する。

③ 原子の種類を変更する部分にマウスを合わせ、青い■のポインタが表示されてカーソルが -Å- に変わったらクリック。

④ テキスト入力ボックスが現れるので、原
子記号、置換基などをキーボードから入
力する。

テキストツールのまま原子などを
入力したい部分でクリック

BIOVIA

① 母核となる炭素骨格を作成する。

② 原子ツールバー **A** を選択する。

③ 原子パレットから目的の原子の種類を選択
し、骨格内の変更する部分をクリック。

置換基の入力は、
原子ツールを利用する

※原子パレットにない原子または置換基を入力する場合は、原子ツール **𝐀** に切り替え、入力ボックスに直接記入する。

2 置換ベンゼンの描画

◆アセトアミノフェン (*N*-(4-hydroxyphenyl)acetamide) を描画する

① ベンゼンテンプレートを選択し、描画エリアでドラッグして横向きのベンゼンを描く。

② 結合ツールに切り替えて、ベンゼンの1位と4位に二本の結合を描く。

③ テキストツール〔 **BIOVIA** 原子ツール〕に切り替え、左側の結合の先端をクリックして、「OH」と入力する。

④ **Chem** 右側の結合の先端をクリックして、「NHCOCH3」と入力して Enter キーを押す。下付き文字は自動的に設定される。

〔 **BIOVIA** さらに結合を伸ばしてから原子ツールで右図のように原子団を入力する。〕

⑤ 後述の方法で構造式の大きさ、フォントの大きさ、結合の長さなどを調整する。

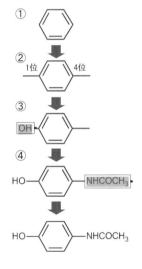

※置換基は、結合している原子から順に入力すると、右上の③→④のように左右が自動的に入れ替わって表示される。

3 消しゴムツールの活用

　消しゴムツールを使用する目的は、誤って作成した構造などを削除するためだけではない。例えば、テンプレートを利用して作成した構造式の一部を削除すると、複雑な炭素骨格も簡単に描画することができ、反応式などでは、反応前の構造をコ

ピーして生成物の構造を作成するときに消しゴムツールが有用である。

消しゴムでクリック

① 消しゴムツールを選択する。

② 削除対象となる結合、原子などをクリックすると、削除される。このとき、結合の中心をクリックすると、その結合が削除される。また、結合が交差している点をクリックすると、二本の結合が削除される。

※ **Chem** 二重結合の中心をクリックすると、単結合に変更される。三重結合をクリックすると、二重結合になる。

※ **Chem** 骨格中のヘテロ原子をクリックすると、炭素原子に変更される。

※ **Chem** テキストツールで入力した置換基をクリックすると、炭素原子に変換される。

4 作成した構造式の拡大、縮小

描画した構造の結合の長さ、フォントの大きさは、自由に調整することができる。

◆構造式全体を拡大縮小する

① サイズを変更する構造式を選択する。

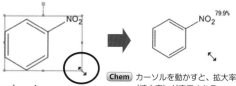

② 右下のハンドル（青い小さな■の部分）にカーソルを合わせ、カー

Chem カーソルを動かすと、拡大率（縮小率）が表示される

ソルが両矢印になった状態でドラッグし、拡大、縮小する。

③「変更したサイズを既定値に設定しますか？〔 **BIOVIA** 変更したサイズでこれ以降の描画を行えるよう設定を変更したいですか？〕」という英語のメッセージが表示されることがある。この後の操作でも同じサイズで描く時は「はい」を選ぶ。

ちょっとしたコツ
㊾

炭素原子が表示されない！原子ごとの色分けをやめたい！

BIOVIA Draw の初期設定では、炭素鎖中の炭素原子や水素原子が表示されないようになっています。もし、表示したい場合は次の方法で炭素原子を表示できます。ただし、この設定を行うとすべての炭素が表示されます。

① [Options] → [Settings...]

② 表示されるダイアログボックスの Atoms →「Display carbon explicitly」の項目を On にする。

また、BIOVIA Draw では、構造式内の炭素と水素以外の原子が色分けされるようになっています。色分けが不要な場合は、同じダイアログボックス内の「Color Atoms by Type」の項目を Off にすれば OK です。

◆構造式の一部のサイズ（結合の長さ）を変更する

① 選択ツールで、作成した構造中の原子や置換基にカーソルを合わせ、青くハイライトしたら、クリック。

② カーソルが手の形になったら、そのままドラッグして結合の長さを変更する。

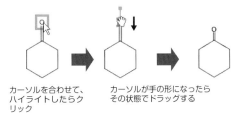

カーソルを合わせて、ハイライトしたらクリック

カーソルが手の形になったらその状態でドラッグする

5 結合の立体表記

　キラル炭素をもつ有機化合物の立体配置を表現する場合、結合をくさびや太線、点線で表記する必要がある。ChemDraw や BIOVIA Draw ではさまざまな結合を描画可能であり、基本的な描画方法は結合ツールによる骨格の作成と同様である（→ p. 189）。

◆くさびの方向を逆にする

① メインツールバー〔 BIOVIA 結合パレット〕でくさびの種類を選択する。

② 描画済みの結合をクリックする。

---

3 化学式の入力

　簡単な有機化合物や無機化合物などの分子式など、結合の線を書く必要がない場合は、テキストツールを利用する。

① テキストツールを選択し、目的とする化学式を半角で入力する。

（例：CH3CH2CH2COOH）

② テキストツールのまま、化学式に変換するテキストを選択する。

③ 書式設定ツールバーの Formula ボタンを押すと、入力したテキストが構造式と認識され、数字が下付きになる。（例：$CH_3CH_2CH_2COOH$）

Formula ボタン

B I U CH_2 X_2 X^2

CH3CH2CH2COOH

↓

$CH_3CH_2CH_2COOH$

※ Chem 選択ツールに切り替え、入力したテキスト枠を選択してから Formula ボタンを押してもよい。

※ [Chem] テキストツールは、骨格内に炭素以外の原子を入力したり、置換基を入力したりする場合にも用いる。骨格内（結合上）に直接文字を入力すると、初めから構造式の一部であると認識され、必要な文字は自動的に下付き文字に変更される。

ちょっとしたコツ ㊿　構造式の一部が赤い波線で囲われたら！

ChemDraw は、炭素や窒素などの原子の価数を自動的に判別します。例えば、炭素に5本の結合を描いてしまうと、その炭素は赤い波線で囲まれ、「不可能な構造を描いたよ」と注意が促されます。テキストツールでニトロ基などの置換基を入力した場合も同様です。結合の先端で-Å- と表示されてからクリックして入力しないと構造式の一部とは判別されないため、−NO_2 の 2 が下付きでない「NO2」というただの文字になり、「NO2」全体が赤く囲まれてしまいます。赤い波線が構造式の中や周りに見えたら、その部分が正しいか、確認してみましょう。

確認しても問題がない場合は、構造式の周りに＋や−がありませんか？　すぐ近くに反応式の一部としての＋記号があると、ChemDraw は置換基の電荷として認識してしまい、その置換基を赤い波線で囲ってしまっているのかもしれません。

4　化学反応式、複雑な構造式の描画

Ⓐ 矢印などの描画

化学式の他に、イオン分子、ラジカル分子などを表現するためのツールを利用することで、多様な化学的表記が可能になる。

◆矢印の描画

① 矢印ツールを押したまま、表示されるリストから、目的の矢印を選択する〔 [BIOVIA] 矢印パレットから目的の矢印を選択する〕。

② 描画エリアでクリック、またはドラッグする。

◆軌道（電子雲）の描画

[Chem]

① 軌道ツールを押したまま、表示されるリストから、目的の軌道を選択する。

② 描画エリアでクリック、またはドラッグする。

※軌道の大きさを変更する場合は、軌道を選択し、サイズ変更ハンドル（→ p. 184,185）で拡大・縮小する。

◆形式電荷、ラジカルなどの描画

Chem

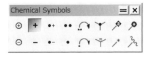

① 化学記号ツールを押したまま、リストから目的の
要素を選択する。

② 形式電荷や電子対などを追加する場所でクリック、またはドラッグ。

BIOVIA

① プロパティツールを選択し、形式電荷や電
子対などを追加する原子をクリック。

② Atom Property の下に表示されるメニュ
ーから、必要な項目を設定する。

　形式電荷：[Charge...]→荷数を選択。

　フリーラジカル：[Radical]→
　　　　　　　　　　[Monoradical]

　非共有電子対：[Radical]→
　　　　　　　　　　[Diradical(Singlet)]

◆化学反応式中の「＋」の描画

① テキストツールを選択し、描画する位置で＋を入力する〔**BIOVIA** プラスツー
ルを選択し、描画する位置でクリック〕。

◆四角形、直線、円弧などの描画

① 描画要素ツールを押したまま、リストから目的の図形を選択する〔**BIOVIA** 描
画要素ツール右側の小さな三角形をクリックし、リストから目的の図形を選
択する〕。

② ドラッグすると、選択した図形が描画できる。

B 描画要素の配置

1 描画要素の整列

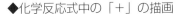

　複数の構造式、矢印、描画要素は、整列機能を用いてバランスよく揃えることが
できる。

① 整列する構造式、矢印などの要素をすべて選択する。

② [Object] → [Align]〔**BIOVIA** [Alignment...]〕

③ 次ページの表を参考にして、レイアウトのプレビューを確認しながら適切な
整列方法を選択する。

第8章

2 描画要素の順序の変更

構造式だけでなく、軌道や四角形、円などを組み合わせて複雑な図形を作成するとき、描画要素を背面に配置したり、前面に配置したりすることができる。

① 背面（または前面）に配置する描画要素を選択する。

② ［Object］→［Send to Back］（または［Bring to Front］）

※ BIOVIA 構造式は常に最前面に配置される。

整列方法	Chem	BIOVIA	
左端で揃える	Left edges	Horizontal : None;	Vertical : Left
左右中心で揃える	L/R centers	Horizontal : None;	Vertical : Middle
右端で揃える	Right edges	Horizontal : None;	Vertical : Right
上端で揃える	Top edges	Horizontal : Top;	Vertical : None
上下中心で揃える	T/B centers	Horizontal : Center;	Vertical : None
下端で揃える	Bottom edges	Horizontal : Bottom;	Vertical : None

C テンプレートの利用

アミノ酸や核酸塩基、糖類、芳香族などのテンプレートを利用すると、複雑な構造でも効率よく、容易に描画することができる。また、ChemDraw には構造式だけではなく、実験器具や、生体膜モデルなどのテンプレートも用意されており、簡単な実験装置などを描画することもできる。

Chem

① メインツールバーのテンプレートボタン（→ p. 185）を押し続け、表示される分類リストをたどって目的とする構造を選択する。

② 描画エリアでクリック。

③ 必要に応じて、構造の修正やサイズなどの設定変更を行う。

BIOVIA

① 「Template Directory」ボタン 🖼 を押す（→ p. 185）。

② 「Template Directory」ダイアログボックス左側のリストから、目的の構造が含まれるグループをクリック。

③ 選択したグループごとに表示されるリストから、目的の構造を選択。

④ 描画エリアでクリック。

⑤ 必要に応じて、構造の修正やサイズなどの設定変更を行う。

Ⓓ 化学反応式の描画

　化学反応式を構成する要素には、化学構造式、＋記号、平衡や反応の進行方向を表す矢印などがある。水溶液中での酢酸の酸塩基平衡式を例にして、描画の手順を確認してみよう。

① 結合ツールで酢酸の骨格を描く。

② C=O になる部分を二重結合に変更する。

③ テキストツール〔 **BIOVIA** 原子ツール〕で CH3, C, O, OH を入力する。

④ **BIOVIA** 中心の炭素原子が表示されない場合は、炭素原子表示を On にする。（→ p. 194 ちょっとしたコツ㊾）

⑤ テキストツール〔 **BIOVIA** プラスツール〕で ＋ を入力する。

⑥ テキストツールで H2O を入力し、「formula」ボタンで H_2O にする。

⑦ 描画した 3 つの要素の結合の長さ、フォントなどを調整する。（→ p. 202）

⑧ 矢印ツール〔 **BIOVIA** 矢印パレット〕から平衡反応の矢印を選び、適当な長さの矢印を描く。

反応式に必要なパーツを作成する

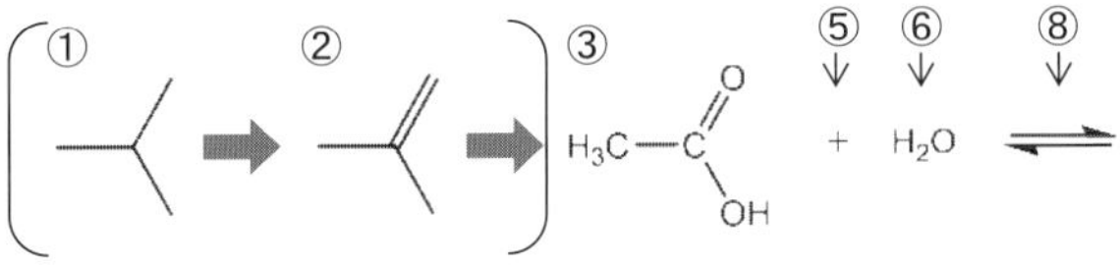

⑨ 左辺の酢酸、＋、H_2O の 3 つの要素をコピーして、右辺に配置する。

左辺を右辺にそのままコピーする

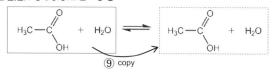

⑨ copy

⑩ 化学記号ツールで−符号を選択し、酢酸の OH の O 原子の上でクリック。

〔**BIOVIA** プロパティツールで O 原子の Atom property の[charge]を −1 に設定する。〕

⑪ テキストツールで H_2O を H_3O に変更。→化学記号ツールで＋符号を選択し、H_2O の O 原子上でクリック。〔**BIOVIA** テキストツールで H_2O を H_3O+ に変更し、さらに、＋を上付き文字に変更する。〕

右辺を編集し、反応式を整形する

⑪
↓

$$H_3C-C \overset{O}{\underset{OH}{}} \ + \ H_2O \ \rightleftharpoons \ H_3C-C \overset{O}{\underset{O^-}{}} \ + \ H_3O^+$$

⑩
↑

⑫ **Chem** 必要に応じて符号の位置を修正する。

⑬ すべての要素のバランスを考え、整列コマンドも利用しながら化学反応式として整形する。

※ **Chem** ソフトウェアが原子の価数を考慮しているため、＋／−の符号を付加することで、水素原子の数が自動的に調節される。

Ｅ 構造式や反応式を含むレポートやスライドを作成する

作成した化学構造式や反応式などは画像データとして保存できるが、部分的にコピーして、他のソフトウェアにそのまま貼り付けることができる。(→第 2 章)

① 構造式などを選択して右クリック。→コンテキストメニュー→[copy]

② 文書作成ソフトやプレゼンテーションソフトなどで、構造式を挿入する位置にカーソルを置き、貼り付ける。

③ 貼り付けた構造式などを編集する場合は、構造式をダブルクリックすると ChemDraw のメニューやツールバーが表示される〔**BIOVIA** 別のウィンドウが開き、編集可能になる〕。

④ 編集用枠の外側をクリックすると編集が終了し、変更点が反映される〔**BIOVIA** 編集が終わったらツールバーにある「Transfer」のボタンを押す〕。

5　化合物の情報の利用

A　化合物情報の表示

　化学構造式描画ソフトウェアでは、化学構造式を描くだけでなく、作成した構造式を利用して、分子式、分子量などの情報を表示することができる。

分子式
精密質量
平均分子量

Analysis		
☑ Formula:	$C_{16}H_{18}N_2O_4S$	
☑ Exact Mass:	334.10	Decimals: 2
☑ Mol. Wt:	334.39	
☑ m/z:	334.10 (100.0%), 335.10 (19.0%), 336.09 (4.5%), 336.11 (1.5%)	
☑ Elem. Anal:	C, 57.47; H, 5.43; N, 8.38; O, 19.14; S, 9.59	
Paste		

① 構造式を選択。

② ［View］→［Show Analysis Window］〔**BIOVIA**　［Chemistry］→［Calculator］〕

③ 「Analysis」ウィンドウ〔**BIOVIA**　「Calculator」ウィンドウ〕に情報が表示される。

④ 「Paste」〔**BIOVIA**　「Copy」ボタンを押し「Paste」〕ボタンを押すと、チェックを入れた情報を描画エリアに貼り付けることができる。

B　化合物名の表示

　多くの場合、作成した構造式について、国際純正および応用化学連合（IUPAC）制定の命名法規則に準拠した名称を表示させることができる。ただし、正確な名称となっていない場合があるので、注意しなければならない。

① 構造式を選択。

② ［Structure］→［Convert Structure to Name］〔**BIOVIA**　［Chemistry］→［Generate Text from Structure］→［IUPAC Name］〕

③ **BIOVIA**　名称を表示させる場所でクリック。

C　化合物名から構造式の作成

　代表的な化合物の場合、IUPAC 命名法規則に準拠した名称から構造式を作成することができる。

① 構造式を選択。

② ［Structure］→［Convert Name to Structure］〔**BIOVIA**　［Chemistry］→［Generate Structure from Text］→［IUPAC Name...］〕

③ **BIOVIA**　名称を表示させる場所でクリック。

第8章

6 構造式などの描画要素の設定

　ソフトウェアの初期設定のままでは、結合の長さとフォントサイズのバランスが悪かったり、プレゼンテーション資料に利用するためには結合線が細い場合がある。また、論文を投稿する際には、構造式のフォントやサイズなどが定められている場合もある。このような時は、初期設定を変更するか、構造式を作成した後に線の太さ、点線の間隔などを調整する。

A 初期設定の変更

　ファイル内で作成する構造式全体の設定を変更するときは、初期設定を変更する。
① ［File］→［Document Settings...］〔 **BIOVIA** ［Options］→［Settings...］〕
② C 項を参考にして、ダイアログボックスのタブごとに、必要な設定を行う。

B 作成済みの描画要素の設定変更

■1 フォントの種類、サイズの変更

① 構造式を選択。
② 書式設定ツールバーのプルダウンでフォントの種類、サイズを変更する。

■2 描画色の変更

　レポート中で部分的に構造式を強調したり、プレゼンテーションのスライドの背景色を暗い色にする場合は、構造式などの色を変更するとよい。

〔Chem〕

① 色を変更する構造式や四角形などの描画要素を選択。
② ［colors］→変更する色を選択。→構造式や直線の場合は線の色、四角形などの場合は塗りつぶしの色が変更される。

※「other...」をクリックすると、他の色を選択可能。

〔BIOVIA〕

① 色を変更する構造式や四角形などの描画要素を選択。
② 書式設定ツールバーの「Background color」→変更する色を選択。→四角形などの塗りつぶしの色が変更される。
③ 書式設定ツールバーの「Foreground color」

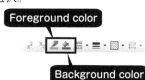

→変更する色を選択。→構造式や直線、図形の枠線の線の色が変更される。

※「More colors...」をクリックすると、他の色が選択可能。
※「Transparent」を選択すると、透明色になる。

3 結合要素の設定変更

Chem

① 設定を変更する構造、結合、原子等を選択して右クリック。

② コンテキストメニュー→［Object Settings］

③ C 項を参考にしてダイアログボックスで必要な設定を変更する。

BIOVIA

① プロパティツールを選択する。

② 設定を変更する結合をクリックし、Bond Property の下に表示されるメニューから項目を選択し、変更する。

③ 分子全体の設定を変更する場合は、プロパティツールでドラッグし、Fragment Property の下に表示されるメニューから項目を選択し、変更する。

※プロパティツールでドラッグして、指定した範囲に対しても設定可能。

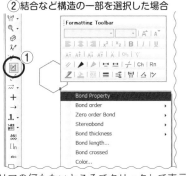

②結合など構造の一部を選択した場合

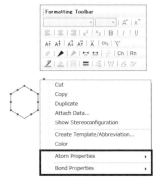

③構造全体をドラッグして選択した場合

※描画エリアの何もないところでクリックして表示されるコンテキストメニューから設定すると、すでに描画されたすべての構造式に対して適用される。

C 設定項目と設定例

Chem

「Document Settings」ダイアログボックスまたは「Object Settings」ダイアログ
ボックスを開くと、種々のタブが用意されている。主なタブを次に示す。描画の目
的によって、次ページの設定例を参考にして適切な数値を設定するとよい。

Layout：Document Size では、描画エリアのページ数を縦横で設定する。

Drawing：結合の長さ、多重結合の線の間隔、線の太さなどを設定する。

    a. Fixed Length   結合の長さ

    b. Spacing   多重結合の線と線の間隔（相対値または絶対値で設定）

    c. Line Width   結合線の太さ

    d. Bold Width   くさび型結合の太さ

    e. Margin Width 結合線と置換基の文字との間隔

    f. Hash Spacing   点線の間隔

Text Captions：テキストツールで入力する文字のフォントの種類、サイズな
              どを設定する。

Atom Labels：原子ラベルのフォント、サイズなどを設定する。

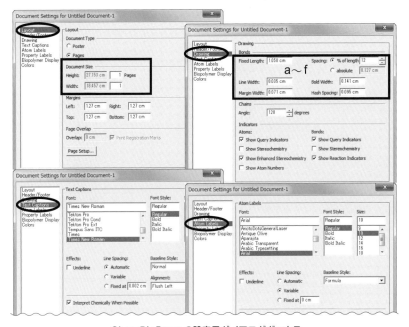

ChemBioDraw の設定用ダイアログボックス

BIOVIA

Bonds：結合の長さ、太さ、二重結合の線幅などを設定する。

    a. Bond thickness　　　　　　結合線の太さ

    b. Standard Bond length　　結合の長さ

Fonts - Chemistry label font：原子ラベルのフォント、サイズなどを設定する。

Fonts - Text defalt font：テキストツールで入力する文字のフォントの種類、

    サイズなどを設定する。

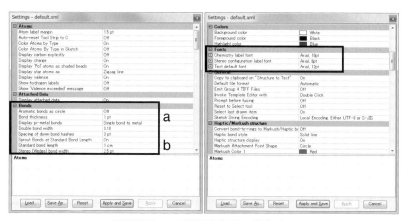

BIOVIA Draw の設定用ダイアログボックス

構造式を描画するときの目的と設定例

設定項目	レポートを書くとき	スライドを作るとき
フォントの種類、サイズ	Arial 10pt	Arial 12pt	Arial 12pt
a. Fixed Length	0.65	0.75	0.75
b. Spacing	14 %	12 %	15 %
c. Line Width	0.032	0.032	0.05
d. Bold Width	0.08	0.113	0.113
e. Margin Width	0.08	0.085	0.091
f. Hash Spacing	0.08	0.1	0.1
構造式の例			

第8章

7 立体構造の表示

　物質の性質や反応性を理解するためには、化合物の立体構造を理解することが重要である。化学構造式描画ソフトウェアで作成する構造式は、基本的には二次元表示である。しかし、作成した構造は他のプログラムと連携させて立体構造として表示し、分子を回転させたり、原子間距離を測定したりすることができる。分子モデリングソフトウェアであるChem3D（Perkin-Elmer 社）、Spartan（Wavefunction 社）では、化合物の立体表記、分子エネルギーの最適化、静電ポテンシャルの計算ができる。また、BIOVIA Discovery Studio（ダッソー・システムズ社）はタンパク質と低分子化合物との相互作用を解析することができる高機能なソフトウェアである。これらはいずれも高価であるが、計算を必要としない場合、分子の視覚化に限定した BIOVIA Discovery Studio Visualizer が無償で利用可能であり、このソフトウェアを利用すると skc 形式または mol 形式のファイルを利用して化合物の立体構造を表示できる。目的によって最適なソフトウェアを選択し、積極的に化合物の立体構造を表示し、分子の形に親しんでほしい。

　本項では ChemDraw とともに代表的なソフトウェアの一つである Chem3D を用いて、立体構造の表示方法について概説する。

※Chem3D は Windows OS 向け、Discovery Studio は Windows OS と Linux 向けのソフトウェアが提供されている。

Ⓐ プログラムの起動

◆ ChemDraw から起動する

① ［View］→［Show Chem3D Hotlink Window］

② ウィンドウ左下にある「Launch Chem3D」ボタンを押す。

◆ すべてのアプリから起動する

① ［スタート］→アプリの一覧をスクロール

② ChemOffice 2021 → Chem3D 21.0.0

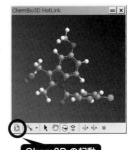

Chem3D の起動

③ Chem3D OpenGL Setup のメッセージ（英語）が表示されたら、使用している PC の環境に合わせてオプションを選び、OK ボタンを押す。通常は「Disabled...」で問題ない。

B 基本操作

1 画面構成

二次元エリア：構造式の描画、貼り付けおよび、修正ができる。

三次元エリア：三次元構造の表示とその回転が可能。

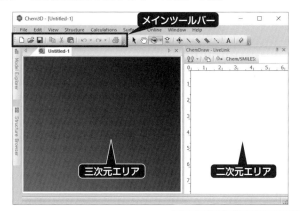

2 メインツールバー

1) **Select**　クリックで原子あるいは結合
を選択する。ダブルクリックすると分子全体を選択できる。

2) **Translate**　三次元エリアの描画要素全体を平行移動する。Shift キーを押しな
がらドラッグすると、選択した要素のみを移動することができる。

3) **Rotate**　分子を回転する。

4) **Zoom**　マウスを上に向かってドラッグすると拡大。下に向けると縮小。

5) **Move Objects**　クリックで分子全体または原子、結合を選択し、移動する。

6) **結合ツール**　三次元エリア上で構造式を描くときに使用する。

7) **Build from Text**　三次元エリア上でクリックし、テキストで原子や化合物名
を入力して、構造式に反映させる。

3 立体構造の描画

◆ ChemDraw のデータを直接利用する

① ChemDraw 上で構造式を選択し、コピーする。

② Chem3D に切り替えて、三次元エリア上で右クリック。→コンテキストメニ
ュー→［paste］

③ 二次元エリアをクリックすると、ChemDraw と同じツールバーが表示され、
修正すると三次元エリアの立体構造が再描画される。

第 8 章

◆ 他のソフトウェアのデータを利用する
① ［file］→［open...］
② Sketch 形式（＊.skc）や Mol ファイル形式（＊.mol）のファイルを開く。

４ 立体構造の回転

① 「Rotate」ボタンを押し、三次元
描画エリアの上下左右の端にカ
ーソルを近づけると、ガイドが表
示される。
② 回転させたい方向のガイド上で
ドラッグして立体構造を回転さ
せる。

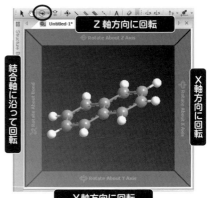

５ ファイルの保存

Chem3D の既定のファイル形式は、
Chem3D XML（＊.c3xml）である。
立体構造のスナップショットのみを、他のソフトウェアで利用する場合は、JPEG
形式、PNG 形式などの画像ファイルとして保存する。

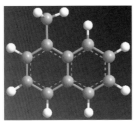

JPEG 形式で保存した場合

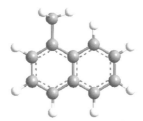

PNG 形式で保存した場合

※ PNG 形式では背景
を透明にすることが
可能。画像ファイル
の種類と特徴につい
ては第１章を参照。

Ｃ 生体高分子の立体構造の可視化

分子モデリングソフトウェアを利用すると、タンパク質や DNA などの生体高分
子の立体構造を可視化することが容易にできる。Ｘ線結晶解析や核磁気共鳴スペク
トル（NMR）によって立体構造が明らかとなった生体高分子は、三次元座標データ
が Protein Data Bank（PDB）に登録されている。このため、既知の生体高分子は
PDB の管理番号（PDB ID）を検索して利用する。PDB データから立体構造を描
画できるソフトウェアは、Chem3D、BIOVIA Discovery Studio Visualizer のほか
に、米国の国立バイオテクノロジー情報センター（NCBI）が提供している Cn3D が

ある。いずれのソフトウェアでも、PDB ID を入力してオンラインで座標データを入手し、立体構造を描画したり、タンパク質のアミノ酸配列の情報等を確認することができる（PDB については第 10 章 p.268 を参照）。このほかに、Web ブラウザー上で化合物の立体表示を可能にする Jmol や Rasmol といったプラグインも提供されており、分子単独だけでなく、さまざまな現象をわかりやすく視覚化することに役立っている。

◆　Chem3D で PDB ID から立体構造を描画する

① ［Online］→［Find Structure from PDB ID］

② 4 桁の PDB ID を入力し、「Get File」ボタンを押す。

※インターネットへの接続環境によって、直接描画できない場合がある。このときは、PDB データをダウンロードして利用する。

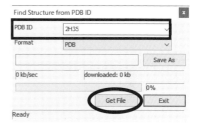

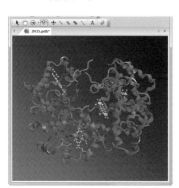 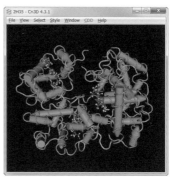

Chem3D で描画したヒト正常ヘモグロビンタンパク質の立体構造（左）と、Cn3D で描画したもの（右）（タンパク質分子の中に 4 つのヘムを確認することができ、ヘモグロビンが 4 つのサブユニットから構成されていることがわかる。）

▶ **Web** カラー画像でヘモグロビン分子の様子を確認してみよう。

　タンパク質や DNA が生体内で機能するのは、特有の立体構造と分子間相互作用があるからである。すなわち、生体高分子の立体構造を把握することは、生命科学や医療の分野で非常に重要である。分子モデリングソフトウェアを使って、分子の機能を解析したり、相互作用をシミュレーションしたりすることで、新たな医薬品を効率よくデザインすることも可能になる。計算化学的な手法は科学全般に有用であるので、学生のうちからさまざまな分子の形に親しんでほしい。

研究・調査結果の発表
（プレゼンテーションソフト）

　プレゼンテーションの目的は、事実を表現し、自分の考えとともに相手に正確に伝えることにある。このとき発表者は、一方的に伝えるだけではなく、聴き手が何を知りたいのかよく考え、興味をもって耳を傾けるようにコミュニケーションを成立させなければならない。学習成果の報告会や研究発表会だけでなく、会社や病院などの職場で行う、同僚、チーム、患者への説明も一種のプレゼンテーションであり、優れたプレゼンテーションは、その人の学習や仕事の評価を高める。プレゼンテーションソフトは、発表に用いる資料を作成するだけでなく、発表内容の推敲にも活用でき、学生時代にこのソフトウェアの活用方法を身につけておくことで、社会人となってからも効果的なプレゼンテーションを容易に行えるだろう。本章では、代表的なプレゼンテーションソフトである PowerPoint の利用方法を学ぶとともに、より良いプレゼンテーションとはどのようなものかを考えてほしい。

1 プレゼンテーションの基本

A プレゼンテーションの種類

　広義のプレゼンテーションには、自己紹介や演説などの提示資料を使わない発表も含まれるが、本章ではスライドなどの視覚的な情報を提示しながら実験結果を報告したり、グループワークの成果を発表したりするためのプレゼンテーションについて取り上げる。このプレゼンテーションは、提示する資料の形式によって大きく2つに分類される。

●スライドによるプレゼンテーション

　一定の時間内に、多くの聴き手に対して、同時に伝えるためのプレゼンテーションに用いられる。学会や研究報告会などの場合、この形式のプレゼンテーションを用いると、聴き手は短い時間で多くの情報をエッセンスとして収集できる。

●ポスターによるプレゼンテーション

　ポスターを利用したプレゼンテーションでは、掲示した情報を用いながら特定の相手と自由に意見交換できる。発表者以外の参加者にとっては、限られた時間内に多くのポスターから自分が必要な情報のみをピックアップできる、という利点がある。PowerPoint を利用したポスターの作成については p. 242 を参照。

　近年、対面でのプレゼンテーションに加えて、オンラインでのプレゼンテーションの場が増えてきた。例えば、Zoom や Microsoft Teams などの Web 会議ソフトウェアでスライドを画面に共有して口頭発表したり、ブラウザ上に設けられたバーチャル会場でポスターを PDF ファイルとして提示しながら1対1または1対多で説明したり質疑応答したりすることも可能である。しかし、この場合でも、プレゼンテーション資料を作成するポイントは変わらないため、以下を参考にして資料を作成してほしい。

B わかりやすいプレゼンテーション資料

　プレゼンテーションの印象は、話し方だけではなく、プレゼンテーション資料、すなわちスライドやポスターによっても大きく変わる。良いスライドやポスターは受け手の理解度を格段に上昇させることにつながるため、受け手の関心やニーズを

よく考え、どのような相手に、どのような内容を伝えるのかを、あらかじめ吟味してから資料を作成する。

　わかりやすいプレゼンテーション資料とは、話の流れ、強調点がまとめられ、受け手に情報が速やかに伝わるものである。以下は、プレゼンテーション資料を作成する際の注意点である。本章ではスライドを中心として記載しているが、ポスターに該当する事項もあるので参考にしてほしい。

1)　情報を整理し、区分けする

- 複数の解釈を生まないような表現を用いる。
- 同じ形や色で分類し、関連を持たせる。
- 枠で囲むなど、情報の区分けを明確にする。
- 表現しようとしている内容は、概要か詳細かを考える。
  - できれば、身近な例を出す。
- 共通項でくくる。
  - 説明はくどくどしない。なるべく少ない言葉で表現する。
  - 同じ言葉の繰り返しは避け、グループ分けして簡略化する。
- 大項目、小項目の分類が一目でわかるか考える。
  - 箇条書きのレベルを考えて、階層構造を明確にする。
  - 文字の大きさを変えるなどして、レベルの違いを明確にする。

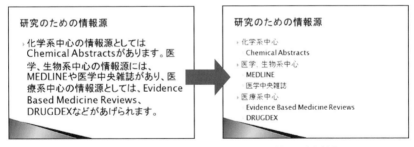

左側のスライドにある情報を整理し、項目別とした例（右）

2)　図や表または概念図を作成して、理解を促進する

- 受け手に直感的に印象付ける図表を作成する。
  - 図表は単調な文章に比べて変化があり、相手の興味を引きやすい。
- グラフを作成する場合、項目間の関連を考える（例えば、県別の統計を取る場合、地域で並べてみたり、人口の多い順にするなど）。

第9章

3) 事柄の優先順位を吟味する

- 何を一番伝えたいか熟考する。
- 重要でないことは思い切って省略できないか検討する。
- 1枚のスライドには、一つのテーマにする。
  - 提示する情報が多すぎると、理解しにくくなる。
  - 1枚のスライドを説明する時間は、最低1分、最長3分程度にする。

4) メリハリをつける

- キーワードを強調する。
- 図や表の中でも強調点を明らかにする。
- できるだけ漢字を使って意味を正確に伝える。

5) 体裁はシンプルに

- スライド1枚あたりの行数は8±3行にする。
- 一文が長くならないように注意する。
- むやみに色を使いすぎない。
  - 濃い色は重要なポイントに使う。

6) アニメーション、画像、イラストを効果的に使用する

- 箇条書きを一つずつ提示するアニメーションは、聴き手にとって見ている画面と聴いている話の内容が一致し、効果的になることがある。
- アニメーションを使いすぎると、くどくなるので効果を十分に吟味する。
  - ワンポイントで使うと効果的になる。
- イラストが多すぎると散漫な印象を与える。
- くだけすぎたイラストは、プレゼンテーションの品位を下げるので使わない。

7) 受け手の視線、気持ちを考える

- 全体の統一感を考えて色を統一する。
- 一般的なルールを守る。
  - +は赤、−は青など。
- 一般的な視線の動きに逆らわないようにする。
  - 左から右、上から下など。
- 受け手に違和感を生じさせるようなアニメーションは使用しない。
  - 思いもよらない方向から情報が挿入されるアニメーションなどは使わない。

C スライド作成の手順

　プレゼンテーションソフトを起動すると、最近使ったファイルのリストとテンプレートの一覧が表示され、「新しいプレゼンテーション」を選択するとすぐに文字を入力したり、図表を貼り付けたりして、プレゼンテーション用スライドを作成できる。しかし、多くのスライドを作成してからプレゼンテーション全体の構成を考えながら推敲するよりも、まずプレゼンテーション全体の構成を決めてから個々のスライド作成に進んだ方がよい。手順の詳細については、第12章を参照。

2　PowerPoint の基本操作

A PowerPoint の起動

① ［スタート］→〔**W11** すべてのアプリ］→ PowerPoint 〔**Mac** ［Launchpad］〕→ Microsoft PowerPoint〕

② 開いたウィンドウで、「新しいプレゼンテーション」などを選択。

B 画面構成の確認

　PowerPoint でスライドを編集する際に用いる標準ウィンドウには、スライドを表示するスライド領域、スライドの縮小表示領域、スライドに対するメモや発表原

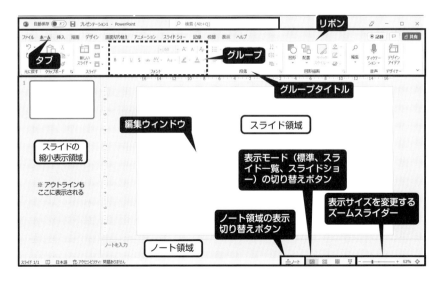

稿などを入力するノート領域がある。PowerPoint の初期設定ではノート領域が非表示であり、ステータスバーのボタンを押して編集ウィンドウ下部に表示させる。各領域の大きさは、境界をドラッグして変更できる。

※ **Mac** グループタイトルが表示されていない場合は、[PowerPoint] メニュー→ [環境設定 ...] → [PowerPoint 環境設定] ウィンドウ→「表示」→「リボン」→「グループタイトルを表示する」にチェックを入れる。

C 作成済みのファイルを開く、PowerPoint の終了

PowerPoint での操作は Word とほぼ同一なので、Word の項（p. 102）を参照。

D 表示モードの切り替え

PowerPoint では、スライドを作成するだけではなく、スライドを一覧表示させて提示する順番を考えたり、スライドの内容を確認しながら発表原稿を作成することができるため、表示モードを切り替える頻度が比較的高い。目的に応じて適切な表示モードを選択すると、効率よく作業することができる。

標準： スライドの編集作業を行う。プレゼンテーションの原稿を入力するノート領域も表示可能。

アウトライン表示： スライドのテキストをアウトライン形式で確認、編集する。

スライド一覧： プレゼンテーション全体を確認したり、スライドの順番などを入れ替えたりする。

スライドショー： プレゼンテーションを行う。

ノート： プレゼンテーションの原稿、メモなどを入力する。

◆コマンドを利用して表示モードを切り替える

① ［表示］タブ→ ［プレゼンテーションの表示］グループ→「標準」、「スライド一覧」、「ノート」、「閲覧表示」、〔**Mac**「アウトライン表示」〕のいずれかを選択。

◆作業画面上のアイコンで切り替える

① ウィンドウ右下、ズームスライダーの左にある
表示モードの切り替えボタンで切り換える。

E　スライドサイズの変更

PowerPointでは、ワイド画面（16：9）のスライドが初期値になっている。標準（4：3）のスライドを作成する場合は、スライドサイズを変更する。

① ［デザイン］タブ→［ユーザー設定］グループ→「スライドのサイズ」プルダウンから選択。

F　ファイルの保存

PowerPointのファイルの拡張子はpptx（a）である。ファイルの保存方法はWord、Excelとほぼ共通である。

保存するファイルの種類には、PDF形式（b）、PowerPointで発表内容を記録してある場合は動画として保存できる（c）。1枚のスライドを1つの画像ファイルとして保存する画像形式（d）も選択できる。〔 Mac ［PowerPoint］メニュー→［ファイル］→［エクスポート］〕を選択すると、スライドをJPEG/PNGなどの画像形式や、動画形式（MP4）で保存できる。〕

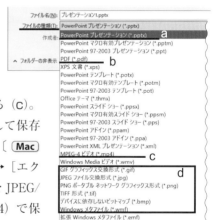

3　スライドのデザインとレイアウト

PowerPointには種々のスライドデザインが用意されている。同じ内容でも、デザインによって相手の印象は大きく異なるため、適切なデザインを設定する必要がある。また、各デザインには、タイトルと本文、図表などを組み合わせて配置できる雛形（レイアウト）があらかじめ用意されている。スライドに含める要素を考え

第9章

てレイアウトを選択してプレゼンテーションスライドを作成すると、スライドタイトルなど各要素の表示位置が揃い、統一感のあるスライドを作成できる。

Ⓐ スライドのデザインの設定

❶ 背景の選択

　スライドデザインの一つである背景は、プレゼンテーションを行う会場や聴き手、内容などによって同じ背景でも見やすさや印象が変わる。例えば、学術的な内容のプレゼンテーションにカジュアルな背景を使うと、発表内容が軽く見えてしまう。また、季節感のある背景は、時期を考えて使用した方がよい。また、明るい背景と暗い背景が用意されているが、投影する液晶プロジェクターの機種によっても色や明るさが変わるので、可能な限り、実際に使用する液晶プロジェクターを使って、作成したスライドを投影して確認するとよい。

明るいスライド背景：明るい会場向き

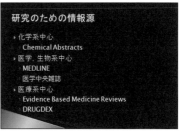

暗いスライド背景：暗い会場向き

① ［デザイン］タブ→［テーマ］グループ
② テーマ一覧のアイコンにマウスを置くと（クリックしない）、変更後のイメージを確認可能。
③ そのままアイコンをクリックすると、すべてのスライドに反映される。
④ テーマのアイコンを右クリック。→コンテキストメニュー→「選択したスライドに適用」をクリックすると、現在のスライドの背景だけが変更される。
⑤ テーマ一覧右下の「その他のテーマ表示」〔**Mac**〕テーマ一覧中央下の矢印をクリックすると、選択可能なデザインが一覧表示される。

※テーマを変更すると、背景、配色だけではなく、使用するフォントも変更される。

※［バリエーション］グループでは、選択したテーマの設定をさらに変更することが可能。［バリエーション］グループ右下のボタン〔**Mac** テーマ一覧中央下の矢印〕をクリックすると、「背景のスタイル」などを設定できる。

※フォントは、できるだけゴシック系のフォントを選ぶ。

② 配色の変更

効果的なスライドを作成するためには、全体の配色を考えることも大切である。同じテーマ、デザインでもフォントや背景の配色を変更することができるが、このときは、イメージが極端に違う色を混ぜたり、強いイメージの色ばかりを使うと、聴き手が何に注目したらよいか混乱してしまうので注意する。逆に、パステルカラーはPCのモニタでははっきり見えていても、液晶プロジェクターに投影すると色の区別がつかない場合があるので、使用するときは、実際に映して確認した方がよい。また、図のように背景の色と文字の色のコントラストの差が少ないと、スライドが読みにくくなるので注意する必要がある。

暗い背景＋濃いフォント色を選択　　明るい背景＋淡いフォント色を選択

① ［デザイン］タブ→［バリエーション］グループ

② プルダウンから「配色」を選択。→適切な配色パターンを選択する。

③ そのままクリックすると、すべてのスライドに反映される。

④ 配色パターンを右クリック。→コンテキストメニューから［選択したスライドに適用］を選ぶと、現在のスライドの配色だけが変更される。

第9章

Ⓑ スライドのレイアウトの選択

　箇条書きの文字列を含むスライドや、図表を含むスライドなど、スライドに含まれる要素に合わせて適切なレイアウトを選択すると、プレゼンテーション全体に統一性を持たせることができる。また、各レイアウトに用意されているタイトル枠を利用してスライドのタイトルを入力しておくと、プレゼンテーション全体のアウトラインを掴み、発表の構成を考えることが容易になる。プレゼンテーションのアウトラインは、[表示] タブ→ [プレゼンテーションの表示] グループ→「アウトラインの表示」をクリックすると確認できる。

　既定のレイアウトを使用せず、白紙のレイアウトを使ってもスライド作成は可能であるが、記述法や要素の配置が統一されていないと、聴き手の理解度が低くなってしまう。また、構成要素にあったレイアウトを利用してスライドを作成しておくと、後からデザインなどを効率よく変更できる利点もある。

① [ホーム]タブ→[スライド]グループ
② 「レイアウト」プルダウンから適切なレイアウトを選択する。

※レイアウトを設定してから、タイトルの位置など要素の配置を一部変更した場合、既定のレイアウトに戻すには「リセット」ボタンを押す。

Ⓒ ヘッダーとフッターの利用

　スライドの右下などに現在のスライド番号が表示されている場合がある。PowerPoint においても、Word や Excel と同様にヘッダーとフッターを利用して、すべてのスライドに共通の情報を表示することができる。

◆スライド番号を挿入する

① ［挿入］タブ→ ［テキスト］グループ
　→「スライド番号」

② 「ヘッダーとフッター」ダイアログ
　ボックス→「スライド」タブ→「ス
　ライド番号」にチェックを入れる。

③ 「すべてに適用」ボタンを押す。

4　箇条書きによる項目の整理

　プレゼンテーションにおいて、説明のための文章を並べただけのスライドを提示すると、発表者の説明とは関係なく聴き手がスライド上の文章を読んでしまう。その結果、プレゼンテーションの進行の度合いと聴き手の思考の流れに矛盾が生じる。

　箇条書きや段落番号を利用すると、伝えたいことを整理でき、聴き手の理解度が高まる。この際、一つ一つの内容はなるべく短い文で書き、より効果的にポイントを示すようにする。

◆箇条書き、段落番号を設定する

① 箇条書き、段落番号を設定、または変更する範囲をドラッグして選択。

② ［ホーム］タブ→ ［段落］グループ

③ 「箇条書き」または「段落番号」のプルダウンから、目的とする書式を選択する。

第9章

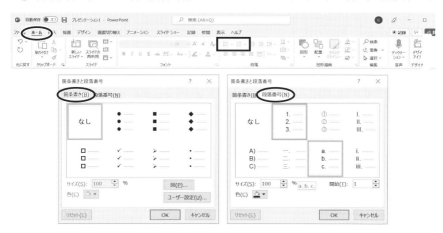

222

※プルダウン下部の［箇条書きと段落番号...］を選択するとダイアログボックスが開き、詳細な設定が可能になる。

◆箇条書きのレベルを調整する

　箇条書きのテキストにおいて、行頭文字のすぐ後ろにカーソルを置き、Tab キーや Shift + Tab キーを押すと、段落のレベルを上下でき、内容を項目ごとにさらに整理することができる。

- Tab キーを押すと、段落のレベルが下がる。
- Shift キーを押しながら、Tab キーを押すと、段落のレベルが上がる。

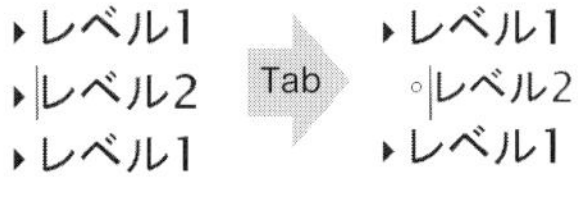

▸レベル1　▸レベル1
▸レベル2　　Tab　∘レベル2
▸レベル1　▸レベル1

Tab キーによるレベルの変更

ちょっとしたコツ �51

段落を変えずに、次の行を入力する…
Shift + Enter を利用しよう

　箇条書きを使っているとき、文章の区切りがよい部分で Enter キーを押して改行すると、次の行に不要な行頭文字が表示されてしまう場合があります。それを避けるためは、スペースを押して改行位置を調整するのではなく、Shift キーを押しながら Enter キーを押すと、段落を変えずに改行できます。

5 スライド順序の編集、他のファイルからの挿入

A スライドの移動、コピー、削除

　スライドの作成中は、常にスライドの順番を確認し、必要に応じて入れ替えながらプレゼンテーションの構成を練ると、考えがまとまりやすい。

① 表示モードを「スライド一覧」に切り替える。（→ p. 216）

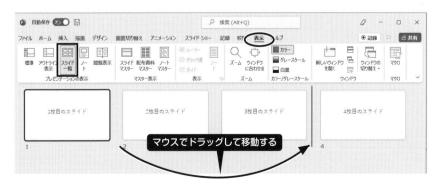

② 順番を変更するスライドをクリックして選択。

③ そのままドラッグして、目的の場所へ移動する。

※Ctrl キー〔**Mac** option キー〕を押しながらドラッグ & ドロップすると、スライドのコピーになる。

※スライドを選択して、Delete キーを押すとスライドが削除される。

Ⓑ 他のファイルからのスライドの挿入

　同じようなプレゼンテーションを繰り返す、以前に作成したスライドを再利用する、グループ等でスライド作成を分担する、などの場合は、複数のファイルから必要なスライドを選択して一つのファイルにまとめ、プレゼンテーションとして仕上げることができる。なお、クラウドストレージを利用すると、複数の環境から一つのファイルを同時に同時に編集することもできる。

◆挿入元、挿入先ファイルを共に開いて作業する

① 挿入元、挿入先のファイルを開く。

② どちらのファイルも表示モードを「スライド一覧」にする。

③ ［表示］タブ→［ウィンドウ］グループ→「並べて表示」

④ 挿入するスライドを選択し、もう一方のファイルへマウスでドラッグする。

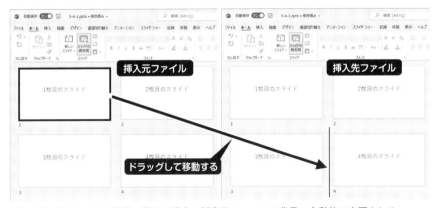

※それぞれのファイルの背景が異なる場合、挿入先ファイルの背景に自動的に変更される。

◆他のファイルから直接スライドを挿入する

W10 **W11**

① ［ホーム］タブ→［スライド］グループ

② ［新しいスライド］ボタンの矢印をクリック。→プルダウンの一番下にある「スライドの再利用」を選択。

③ 右側に表示される「スライドの再利用」作業ウィンドウで「参照」ボタンを押す。

④ 「参照」ダイアログボックスで挿入元ファイルを指定し、「開く」ボタンを押す。

⑤ 「スライドの再利用」作業ウィンドウに表示される一覧から、挿入するスライドをクリック。

※「元の書式を保存する」をチェックしておくと、背景などの書式をそのまま保持して挿入することができる。

Mac

① [ホーム]タブ→[スライド]グループ

② [新しいスライド]ボタンの矢印をクリック。→プルダウンの一番下にある「スライドの再利用」を選択。

③ [ファイルの選択]ウィンドウで挿入元ファイルを指定し、「OK」ボタンを押す。

⑤ 元ファイルのすべてのスライドが挿入されるので、不必要なスライドを削除する。

6　図形などのオブジェクトの挿入

PowerPoint では、図形、写真、グラフなどの要素をオブジェクトと呼ぶ。スライドの内容を文章のみで表すと説明が複雑になる場合などは、オブジェクトを組み合わせて効果的なスライドを作成するとよい。このとき、設計図のような細かい図は必要な場合のみとし、オブジェクトを利用して体系的、簡略化した図を作成することを心がける。

Ⓐ　図形（オートシェイプ）の挿入

スライドに挿入できる図形として、円、四角、直線、矢印、テキストボックスなどの基本図形のほかに、ブロック矢印やフローチャート記号などがある。

1　図形の描画

① ［挿入］タブ→［図］グループ
② 「図形」プルダウンから目的とする図形のアイコンをクリック。
③ 画面上でドラッグする。

※描画した図形を右クリックし、コンテキストメニューから「テキストの編集」を選択すると、図形の一部として文字が書ける。この方法で文字を追加すると、文字も図形と一緒に移動、回転する。図形とは独立した文字を追加したい場合は、テキストボックス（→ p. 227）を利用する。

2　図形の書式設定

挿入した図形の線の太さ、線の色、塗りつぶしの色などは、次のいずれかの方法で変更することができる。

ちょっとしたコツ ㊾

同じ図形を連続して描きたい…描画モードのロック

Microsoft Office での作業中に何本も線を引きたいとき、「図形の種類を選択→描画」という操作を繰り返して、面倒だなと思ったことはありませんか？　このようなときは、Windows 版のみですが、図形の種類を選ぶときにアイコンを右クリックすると「描画モードのロック」というメニューが現れます。これを選ぶと、同じ種類の図形を繰り返し描くことができて便利です。ロックを解除するときは、Esc キーを押して下さい。

◆コマンドボタンを利用する

① 書式を設定する図形をクリック。

② 「図形の書式」タブ→［図形のスタイル］〔**Mac**［図の書式設定］タブ→［図のスタイル］グループ〕

（または［ホーム］タブ→［図形描画〔**Mac** 描画]］グループ)

③ 「図形の塗りつぶし」や「図形の枠線」のプルダウンから書式を選択する。

※［図のスタイル］グループのクイックスタイルアイコンを利用すると、デザインの配色に応じて立体感のあるスタイルやグラデーションで塗りつぶしたスタイルなどを容易に設定できる。

◆クイックメニューを利用する

① 書式を設定する図形を右クリック。

② 図形のすぐ横に表示されるクイックメニューのプルダウンからスタイル、塗りつぶし、線の書式を選択する。

「図形の書式設定」作業ウィンドウで設定可能な項目

◆作業ウィンドウを利用する

① 書式を設定する図形を右クリック。

② コンテキストメニュー→［図形の書式設定］

③「図形の書式設定」作業ウィンドウで塗りつぶしや線の書式を設定する。

※設定が終わっても作業ウィンドウは開いたままなので、不要になったらウィンドウ左上のクローズボタンを押す。

B テキストボックスの挿入

　スライドに文字を挿入する場合、箇条書きであれば、箇条書きを含むスライドレイアウトを選択すればよい。しかし、図の説明など、スライドの任意の場所に、文字を入力する場合は、テキストボックスを利用する。

① ［挿入］タブ→［テキスト］グループ→「テキストボックス」プルダウンから、「縦書きテキストボックス」または「横書きテキストボックス」をクリック。

② 文字を入力する位置でドラッグし、入力エリアを表示する。

③ 文字を入力し、必要に応じてフォントの種類やサイズを変更する。

※［ホーム］タブ→［図形描画］グループ→「図形」プルダウンからも「テキストボックス」を選択可能。

※テキストボックスの大きさは、マウスで上下左右端のハンドルをドラッグして変更可能。

ちょっとしたコツ ㊼

PC 画面のキャプチャーをスライドに挿入したい！

　ソフトウェアの使い方を説明するときなど、画面のキャプチャーをスライドに挿入したいことがあります。キーボードの Print Screen キーを利用することもできますが、PowerPoint にはもっと簡単な方法が用意されています。

　［挿入］タブ→［画像］グループにある「スクリーンショット」プルダウンをクリックすると、利用可能なウィンドウのリストが表示されるので、目的の画面をクリックすると、スライドに画像として挿入されます。また、「画面の領域」を選択すると、画面上をドラッグして自由な領域をスライドに挿入することができます。画像ファイルとして保存しておきたい場合は、挿入した図を右クリック→コンテキストメニューから、「図として保存 ...」を選ぶと、PNG 形式や JPEG 形式で保存することができます。

第9章

※テキストボックス内の文字列の方向は、「図形の書式設定」作業ウィンドウで設定可能。

※テキストボックス内で箇条書きを設定することも可能。

※テキストボックス内でルーラーが表示されていない場合、[表示]タブ→「表示 / 非表示」〔**Mac** 表示〕グループの「ルーラー」をチェックする。

C 図、写真、グラフ、表などの挿入

　スライドには、図形だけではなく、写真やイラストなど他のソフトウェアで作成した画像を挿入することができる。また、表計算ソフトを使わずに簡単なグラフや表を作成することもできる。

① ［挿入］タブ→［表］〔**Mac** テーブル〕、［画像］、［図］グループ

② 挿入するデータ種類のボタンを押す。

③ 表示されるダイアログボックスの指示に従い、画像形式で保存されているファイルを選択したり、グラフを作成するためのデータを入力する。

※表を挿入する場合は、［表］〔**Mac** テーブル〕グループ→「表」プルダウンから、列数、行数を指定する。

※グラフを挿入する場合は、［図］グループ→「グラフ」ボタンをクリックし、グラフの種類を選択する。グラフの作成方法は第 7 章を参照のこと。

※挿入したオブジェクトは、後からサイズ変更が可能。(→ p. 229)

ちょっとしたコツ㊹

使う予定の写真が暗いのですが、画像を修正するソフトウェアがありません…

　スライドに挿入したい写真データの画像が暗かったり、コントラストがはっきりしないと思ったとき、そのままあきらめて使っていませんか？　もちろん、画像データを修正するためのソフトウェアを利用すればよいのですが、PowerPoint でも明るさやコントラストの調整が可能です。PowerPoint には、さまざまな画像調整機能が用意されています。

① 写真などの図をクリック。

② ［図の書式〕〔**Mac** ［図の書式設定〕〕タブ→［調整］グループ

③ 「修整」プルダウンをクリックすると、明るさとコントラストを変化させたさまざまな例が表示される。マウスを上に置くと、対象となる画像でプレビューされるので、適切なものをクリックする。

　この機能は便利ですが、あまり明るくしすぎたり、コントラストを強くしすぎたりすると、液晶プロジェクターに投影したときに大切な画像が見えなくなることがあるので注意して下さい。

D SmartArt グラフィックの挿入

　PowerPoint などの Office ソフトウェアには、情報を視覚的に表現するための SmartArt グラフィックと呼ばれるツールが用意されている。このツールでは、情報のリスト、手順、階層構造などの図を手軽に作成することができる。SmartArt グラフィックの特徴を知ると、項目の対比、手順などがわかりやすいスライドを作成できる。

① ［挿入］タブ→
　 ［図］グループ→
　 「SmartArt」

② 「SmartArt グラフィックの選択」ダイアログボックスから、目的に合った表現を選択し、OK ボタンを押す。

③ スライド内に選択した SmartArt が挿入される。

④ 入力ウィンドウで説明内容を入力する。

⑤ 入力が終わったら SmartArt の枠外をクリックして、入力ウィンドウを非表示にする。

⑥ 内容を修正するときは、該当する SmartArt をクリックする。

E 図形またはオブジェクトの調整

　作成した複数の図形や写真、グラフなどのオブジェクトは、表示位置を揃えたり、順序を変更したり、回転したりして整列すると見栄えが良くなる。

1 図形またはオブジェクトの拡大・縮小

　スライドに挿入した図形、写真などのオブジェクトは、サイズ変更したり、縦横比を変えることができる。

◆ハンドルを利用する

① 図形またはオブジェクトを選択する。

② 選択した枠上の四隅と上下左右に表れる小さな四角いハンドル（□）をマウスでドラッグする。

※Shift キーを押しながら四隅のハンドルをドラッグすると、縦横比を保ちながら大きさを変えることができる。〔**Mac** Shift キーを押さなくても、四隅のハンドルをドラッグすると縦横比一定でサイズ変更可能。〕

※Ctrl キー〔**Mac** control キー〕を押しながら四隅のハンドルをドラッグすると、図形またはオブジェクトの中央を中心にしてサイズを変更できる。

※写真などの画像データは、縦横比を変えないように注意する。

※複数の図形やオブジェクトを同じ比率で拡大・縮小したいときは、下記を参考にして複数の図形またはオブジェクトを選択して操作するとよい。

◆コマンドボタンを利用してサイズを指定する

① 図形またはオブジェクトを選択。

② ［図形の書式］または［図の形式］〔**Mac**［図形の書式設定］または［図の書式設定］〕タブ→［サイズ］グループ→サイズを入力する。

2 図形またはオブジェクトの回転

スライドに挿入した図形、写真、テキストボックスなどのオブジェクトは、回転させたり、上下反転、左右反転させて表現することができる。

◆回転ハンドルを利用する

① 図形またはオブジェクトを選択する。

② 上部に表れる回転ハンドル ⟳ をマウスでドラッグする。

◆コマンドボタンを利用する

① 図形またはオブジェクトを選択。

② ［図形の書式］または［図の形式］〔**Mac**［図形の書式設定］または［図の書式設定］〕タブ→［整列］グループ］

③ 「回転」プルダウンから目的の設定を選択する。

※［ホーム］タブ→［図形描画］グループの「配置」プルダウンからも設定可能。

※「図形（または図）の書式設定」作業ウィンドウを利用すると、回転角度などの詳細設定が可能。

3 複数の図形またはオブジェクトを選択する

配置、整列は、複数の図形またはオブジェクトを同時に選択して行う。

① Shift キーを押しながら複数の図形またはオブジェクトを順にクリックする。

※複数の図形が含まれる範囲をマウスでドラッグして囲んでも選択できる。

※再度クリックすると、選択が解除される。

ちょっとしたコツ ⑤

写真を切り抜いて一部だけを利用したいのですが…

　写真データなどのビットマップ形式の画像をスライドに挿入するとき、画像の一部だけを表示させたいことはありませんか？　その場合は、次に示したトリミング操作で切り抜き作業を行ってください。Word でも同様の操作が可能です。

① 写真などのビットマップ画像をクリック。

② ［図形の書式］〔**Mac** ［図形の書式設定］］タブ→ ［サイズ］グループ「トリミング」ボタンを押す。

③ 図の上下左右に表示されたハンドルをドラッグして、必要な部分を切り抜く。

　ちなみに、PowerPoint などの描画機能で挿入した図形はベクトル画像なので、ビットマップ画像に変換しないとトリミングはできません。

　画像データの種類については、第1章を参照してください。

◢ 図形またはオブジェクトの整列

① 整列する図形またはオブジェクトをすべて選択する。

② ［図形（または図）の書式］タブ→ ［配置］グループ→「配置」プルダウン〔**Mac** ［図（または図）の書式設定］タブ→ ［整列］グループ→「整列」プルダウン〕

③ 「左揃え」、「左右中央揃え」など、目的の整列方法を選択する。

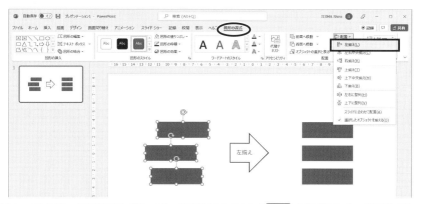

※［ホーム］タブ→ ［図形描画］グループ→「配置」プルダウン〔**Mac** ［描画］］タブ→ ［整列］グループ→「整列」プルダウン〕からも設定可能。

※図形やオブジェクトをドラッグすると、図形の端の揃え、中心、図形同士の間隔などを示すスマートガイドが表れるので、利用するとよい。

◢ 図形またはオブジェクトの表示順序の変更

① 図形またはオブジェクトを選択する。

② ［図形（または図）の書式］→ ［配置］グループ〔**Mac** ［図形（または図）の書式

第9章

設定]タブ→[整列]]グループ

③「前面へ移動」または「背面へ移動」のプルダウンから、順序を選択する。

※[ホーム]タブ→[図形描画]グループ→「配置」プルダウン〔**Mac**〕[描画]]タブ→[整列]グループ→「整列」プルダウン]からも設定可能。

三角形を
前面へ

F 図形またはオブジェクトのグループ化

複数の図形をグループ化して一つの集合体としておくと、移動やコピーなどの取り扱いが簡便になる。

① グループ化する複数の図形またはオブジェクトを選択する。

② [図形の書式]→[配置]グループ

〔**Mac**〕[図形の書式設定]タブ→[整列]グループ→「グループ化」

※グループ全体を選択した後に、グループ化した個々の図形またはオブジェクトをクリックすると、個別の移動や編集が可能。

G 図形の結合

図形の結合を利用して、より複雑な図形を作成することができる。複数の図形から複雑な図形を作成するための5種類の結合の形式のうち、「切り出し」は図形の重なった部分を個別に複数の図形として分割する。

図の結合

接合　　　　切り出し　　　単純型抜き
型抜き／合成　　重なり抽出

① 複数の図形を選択する。

② [図形の書式]〔**Mac**〕[図形の書式設定]]タブ→[図形の挿入]グループ→「図形の結合」プルダウンから目的の図形になる設定を選択する。

ちょっとしたコツ ㊶

もっと簡単に図形の位置を揃えたい！
オブジェクトをグリッド線に合わせて配置する

　PowerPoint のスライドには、グリッド線と呼ばれる格子が引かれており、グリッドを上手に使えば、整列機能を使わなくてもある程度簡単に図形などのオブジェクトの位置を揃えることができます。グリッド線に合わせてオブジェクトを配置する設定になっていると、矢印キーやマウスでオブジェクトを動かしたときに、グリッド単位で移動します。
　下記の作業でグリッド線の設定を確認してみましょう。
① スライドの何もないところで右クリック。→コンテキストメニュー→「グリッドとガイド」ダイアログボックスを表示。
②「描画オブジェクトをグリッド線に合わせる」にチェックされていれば、矢印キーで移動させたときにグリッド単位で動く。また、「グリッドを表示」にチェックを入れると、グリッドがスライド上に表示される。同じダイアログボックス内でグリッドの間隔を変更することも可能。
　微妙な位置を調整したいときは、Ctrl キーを押しながら矢印キーを使うと、グリッドとは関係なくオブジェクトを動かすことができます。

ちょっとしたコツ ㊷

プレゼンテーションのファイルサイズがとても大きくなっ
てソフトウェアの動作が遅くなってしまったのですが…

　高解像度の画像を挿入すると、PowerPoint のプレゼンテーションのファイルサイズが非常に大きくなる場合があり、ファイルを開いたり、スライドショーの実行に時間がかかったりすることがあります。目的によって解像度を適切に調節すると、ファイルサイズを小さくすることができます。デジタルカメラで撮影した写真をそのまま挿入している場合、特にファイルサイズが大きくなる傾向がありますので試してみてください。
① 写真などの画像をクリック。
②［図の形式］〔 **Mac** ［図の書式設定］〕タブ→［調整］グループ→「図の圧縮」 🖼
③「解像度の選択」〔 **Mac** 「図の圧縮」〕で目的に合わせて適切な品質を選択する。
④ プレゼンテーションファイル内のすべての画像データを圧縮する場合は、「この画像だけに適用する」にチェックが入っていない〔 **Mac** 「このファイル内のすべての画像」にチェックが入っている〕ことを確認し、OK ボタンを押す。
画像データの取り扱いや解像度の設定については、第 1 章を参照してください。

第9章

7 ▶ アニメーション効果

　スライドによるプレゼンテーションを行うとき、説明しながら箇条書きのスライドを 1 行ずつ表示したり、1 枚のスライドに複数のオブジェクトを順番に表示し

て、相手に提示する情報を調節すると、わかりやすい発表になる。また、一枚のスライドの内容を一通り説明した後に、重要なポイントを同じスライドに重ねて表示し、強調することもできる。PowerPoint では、このような動的な視覚効果をアニメーション効果と呼ぶ。

　アニメーション効果にはさまざまな種類があり、複数の図形が自動的に動く設定も可能である。また、次のスライドに切り替えるときの表示方法を指定することもできる。しかし、聴き手の視線や話の流れとは関係なくアニメーション効果を設定してしまうと、かえってわかりづらくなってしまう。特に、凝ったスライドにするためにアニメーション効果が多くなると、聴き手の集中がとだえることにもなりかねず、また説明が冗長になる可能性があるので、効果を十分に考えて適度なアニメーションを設定しなければならない。また、アニメーションを使ったプレゼンテーションを行う場合、十分にリハーサルを行い、表示させるタイミングなどを発表者が頭に入れておく必要がある。アニメーションを設定したことを忘れて、聴き手に必要なスライドを適確なタイミングで表示させずに説明してしまい、次のスライドに移ろうとしたときに、すでに話した内容が表示される、という事態は避けなければならない。

■1 アニメーション効果の種類

　アニメーション効果には、「開始」「強調」「終了」「アニメーションの軌跡」があり、さまざまな効果が用意されているので、それぞれの動きを自分で確かめるとよい。学術的な発表では、派手なアニメーションの必要性は低く、次に示す効果を理解して使い分ければ、たいていの目的は達成できる。

●開始効果

　開始効果を文字や図形などに設定すると、最初は非表示であり、効果を実行すると表示される。

表示：　　　最もシンプルな開始効果。一瞬で表
　　　　　　示される。

スライドイン：スライドの外側から内側に向かって動きながら表示される。

ワイプ：　　一定方向から拭うように徐々に表示
　　　　　　される。

●終了効果

　終了効果は、スライドに表示されている文字や

図形などを非表示にする。

クリア：　最もシンプルな終了効果。一瞬で非表示になる。

スライドアウト：スライドの外側に向かって移動させながら消す。

ワイプ：　一方向に向かって拭き取るように消える。

※プルダウンリストにない項目は、「その他の効果」からダイアログボックスを表示させて選択する。
※効果の種類によって、表示の方向や速さなど、詳細な指定が可能。

2 アニメーション効果の設定

◆コマンドボタンを利用して設定する

① アニメーション効果を設定する文字、図形やオブジェクトを選択する。

② ［アニメーション］タブ→［アニメーション］〔**Mac** ［開始効果］、［強調効果］、［終了効果］〕グループ

③ 設定する効果のボタンをクリック。

④ ①で選択した図形やオブジェクトの横にアニメーションで表示される順序が表示される。

⑤ 「効果のオプション」プルダウンから、アニメーションの種類に合わせて適切なオプションを選択する。

クリックすると効果の
一覧が表示される

「効果のオプション」プルダウン

※ **W10** **W11** 目的の効果が表示されていない場合は、［アニメーション］グループの右下に表示されているボタンをクリックすると、一覧が表示される。
※複数のオブジェクトに同時に設定するときは、対象のオブジェクトをすべて選択しておく。
※箇条書きのテキストが入力されたテキストボックス全体を選択してアニメーションを設定すると、1行ずつ表示される。

3 アニメーションを実行する順序の設定

一度設定したアニメーション効果は、実行する順序を変更することができる。

開始のタイミングなどを
視覚的に確認できる

① 順序を変更したい文字、図形やオブジェクトを選択する。

② ［アニメーション］タブ→［タイミング］グループ→「アニメーションの順序変更」で「順番を早くする」

または「順番を遅くする」をクリックする。

※［アニメーション］タブ→［アニメーションの詳細設定］グループ→「アニメーションウィンドウ」ボタンを押すと、アニメーションウィンドウが表示される。アニメーションウィンドウでは、対象の文字や図形を選択したり、全体の順序を確認しながら実行する順序を変更することができる。

4 アニメーションを実行するタイミングの設定

アニメーション効果は、既定では「クリック時」のタイミングで効果が実行されるが、それ以外に、「直前の動作と同時」や「直前の動作の後」に設定すると、動画のような連続した動きを作り出すことができる。

① アニメーション効果が設定されている文字や図形を選択する。

② ［アニメーション］タブ→［タイミング］グループ

③ 「開始」プルダウンからタイミングを選択する。

※アニメーションの遅延については、ちょっとしたコツ58を参照。

※「クリック時」を設定した効果は、スライドショーの際に Enter キーを押しても実行できる。

5 複数のアニメーションを設定する

アニメーション効果は、開始効果に加えて終了効果も設定するなど、複数の設定が可能である。効果を追加した場合は、順序の設定を確認しておく。

① アニメーション効果を追加する文字、図形やオブジェクトを選択する。

ちょっとしたコツ 58

アニメーションにタイミングを設定したはずなのに、スライドが勝手に動いてしまうのですが…

スライドにアニメーションを設定したときは、特に発表前の練習が大切です。このとき、PowerPoint のリハーサル機能を利用すると、各スライドや全体にかかる時間を確認することができて便利です。しかし、このまま本番の発表を行ったとき、自分で動かす前にアニメーションが実行されてしまったり、スライドが切り替わってしまったり、といった困ったことが起こります。

PowerPoint の初期設定では、リハーサルを行ったときのアニメーションやスライド切り替えのタイミングがスライドショーに反映されるようになっています。この機能をうまく利用すれば、自動的にスライドを切り替えて発表することが可能ですが、ほとんどの場合は、自動切り替えは不要です。これを避けるためには、［スライドショー］タブ→［設定］グループにある「タイミングを使用」のチェックを外しておきましょう。

なお、アニメーションの設定には、開始のタイミングのほかに、継続時間や遅延などがあります。例えば、遅延を2秒程度に設定すると、クリックして一呼吸おいてからアニメーションが始まるので、自分が話すタイミングに動きを合わせるなど、アニメーションの効果を高めることが可能です。凝り過ぎは禁物ですが、本当に必要と思ったときは設定してみてください。

② **W10** **W11** ［アニメーション］タブ→［アニメーションの詳細設定］グループ→
　「アニメーションの追加」プルダウンから、適切な効果の種類を選択する。
　〔 **Mac** p. 235 と同様に追加するアニメーションを設定する〕

※［アニメーション］タブ［→アニメーションの詳細設定］グループ→「アニメーションウィンド
　ウ」を開くと、現時点で設定しているアニメーションの種類や順序、オプションを確認して、修
　正することができる。

8 ノートの利用

　プレゼンテーションでは、発表時間が決められていることがほとんどである。定
められた時間内で原稿を用意せずに発表することは、よほど慣れている人でない限
り困難である。通常は、スライドを作成した後に発表原稿を作成し、関係のある内
容とともにメモとして手元に置きながら発表することが多い。

　PowerPoint では、原稿やメモをそれぞれのスライドに対応させて入力すること
ができる。これをノートと呼び、一枚の用紙にスライドとノートを同時に印刷する
ことができる。また、ノートを入力しておくと、発表者ツール（→ p. 239）を利用
してスライドショーを実施すると、発表者用画面に表示することができる。通常、
標準表示モードでスライド作成中は、ノート領域を利用して原稿やメモを入力する
が、ノート表示モードに切り替えると、文字列のフォントや配置など、印刷すると
きのテキストの体裁を整えることができる。

◆標準表示モードのノート領域の利用

① ［表示］タブ→［プレゼンテーションの表示］グループ→「標準」

② ノート領域をクリックし、発表原稿やメモを入力する。（ノート領域が非表示
　のときは、切り替えボタンで表示させる。→ p. 216）

③ スライド領域とノート領域の境界線をマウスでドラッグすると、ノートを入
　力する領域を広げることができる。

※標準表示モードでフォントのサイズや色を設定できるが、ノート領域画面には反映されない。ノ
　ート表示モードで確認可能。

◆ノート表示モードでの編集

① ［表示］タブ→［プレゼンテーションの表示］グループ→「ノート」

② ノートの入力枠に原稿やメモを入力する。

③ 必要に応じて、フォントの種類やサイズを設定する。

第9章

9 スライドショーの実施

　PowerPoint でスライドを作成して実際にプレゼンテーションを行うときは、スライドショーを実行する。多くの場合は最初のスライドからプレゼンテーションを開始する。しかし、すべての発表が終わってから一部のスライドを再表示したり、発表を一度中断した後に再開するなど、途中のスライドからスライドショーを行う場合もある。どのスライドからでもスライドショーを行うことができると、スマートな発表につながる。

■ スライドショーの開始

◆最初のスライドから開始する

① ［スライドショー］タブ→ ［スライドショーの開始］グループ→「最初から」〔**Mac** ［最初から再生］〕

② 次のスライドへ進むには、Enter キー、↓または→キーを押す。

③ 前のスライドへ戻るときは、BackSpace キー、↑または←キーを押す。

◆特定のスライドから開始する

① スライド一覧から開始スライドを選択するか、開始するスライドを表示する。

② ［スライドショー］タブ→ ［スライドショーの開始］グループ→「現在のスライドから」〔**Mac** 「現在のスライドから再生」〕

※ウィンドウ右下の切り替えアイコンから、「現在のスライドからスライドショー」をクリックしてもよい（→ p. 217）。

※スライドショーの途中で一時的にスライドの表示をやめるときは、半角モードでキーボードの「B」キーを押すと画面全体が黒くなり、再度「B」キーを押すと元のスライドが表示される。

■ スライドショーの終了

◆スライドの途中で終了する

① キーボード左上の Esc キーを押す。

◆すべてのスライドを表示してから終了する

① 最後のスライドから次に進めると、画面上部に「スライドショーの最後です。クリックすると終了します。」と表示される。Enter キーまたは、Esc キーを押す。

ちょっとしたコツ㊾
スライドショーではキーボードを上手に使おう
（F5、Enter、矢印キー）

　スライドショーを開始すると、マウスカーソルが一時的に表示されなくなります。マウスを動かすとカーソルが再表示されますが、画面上のどこにマウスカーソルがあるか、すぐにはわかりません。また、マウスを使って何か操作すると、その一部始終が画面に表示されてしまいます。最初のスライドからスライドショーを開始するとき、本文中で説明した方法のほかに、Windows OS のみですが、F5 キーを押す方法もあります。また、スライドを進めるときには、Enter キーを利用すると、キーが大きく、ノート PC でも余裕をもって操作することが可能です。前のスライドに戻るときは、上矢印キーが便利です。このようにスライドショーの最中は、マウスやパッドよりも、キーボードを上手に使ってはいかがでしょうか？

❸ 発表者ツールの利用

　スライドショーを行っているとき、次のスライドやアニメーション、現在までの経過時間、ノートの内容を確認しながら発表するために発表者ツールがある。一般的には、二台目のモニターとして液晶プロジェクターが接続されている状態で使用するが、未接続の状態でも発表者ツールを表示可能なので、あらかじめ見え方などを確認すると良い。

W10 W11

① ［スライドショー］タブ→［モニター］グループ→「発表者ツールに使用する」にチェックを入れておく。

② 2 台のモニターを接続している場合、p. 238 と同様にしてスライドショーを開始すると、1 台にスライドショー、1 台に発表者ツールが表示される。

第9章

ちょっとしたコツ㊿
PC を接続したのに液晶プロジェクターに何も写らない！
──外部出力の設定

　PC を使ってプレゼンテーションを行う時は、PC を液晶プロジェクターなどの外部モニターへ接続します。ほとんどのノート PC には、外部モニター接続端子があり、外部モニターとの接続ケーブルをつなぐと、自動的に外部モニターを認識して出力されます。

　ケーブルを接続したのに液晶プロジェクターに映像が表示されないときは、ノート PC の設定を確認しましょう。機種によって異なりますが、ファンクションキーのどこかにモニターの形のアイコンが描かれていませんか？　そのキーを Fn キーと一緒に押すと、画面の出力が「ノート PC のみ」→「ノート PC ＋外部モニター」→「外部モニターのみ」などの順に切り替わります。切り替えの動作には少し時間がかかりますので、落ち着いて 1 回ずつ操作し様子をみてください。

> **ちょっとしたコツ ⑥**
>
> **プレゼンテーション中に音を出したいのに、うまくいきません…**
>
> 動画を使ったプレゼンテーションを行うとき、外部モニターへの接続端子が HDMI であれば、PC で再生する音声データは HDMI ケーブルを経由して外部出力されます。このため、スピーカーが設置されている会場であれば、音声をスピーカーから出力できるはずなのに、自分の PC からしか音が出なくて困ることがあります。
>
> これは、音声の出力先がうまく切り替わっていないことが原因です。Windows OS の場合、通知領域のスピーカーアイコンをクリックしてみてください。外部モニターが認識されているのに、PC 本体から音が出ている場合は、スピーカーアイコンをクリックしたときに表示される「再生デバイスを選択します」から外部モニターに該当するデバイスに切り替えましょう。
>
> HDMI 端子から外部モニターに接続しているときは、PC の通知音がすべて会場に聞こえてしまいます。プレゼンテーションの前には、起動するソフトウェアを最低限にしておくなど、不意に音がでて驚かないような準備も必要です。なお、Web 会議でプレゼンテーションする場合は、Web 会議ソフトウェアで画面を共有するときに、音声も共有する設定が必要ですから注意しましょう。

Mac

① ［PowerPoint］メニュー→［環境設定 …］→「PowerPoint 環境設定」ウィンドウ→「スライドショー」をクリックする。

② 開いた「スライドショー」ウィンドウで「2 つのディスプレイを使って表示ツールを常に起動する」をチェックする。

③ ［スライドショー］タブ→［スライドショーの開始］グループ→「発表者ツール」

※スライドショーを開始後に、画面上で右クリック。→コンテキストメニュー→「発表者ビューを表示」〔**Mac**「発表者ツールの使用」〕をクリックすると、その時点から利用することができる。
※発表者ビューに表示されるノートは、文字のみである。

10 プレゼンテーションの印刷

PowerPoint では、印刷対象として「スライド」、「配布資料」、「ノート」、「アウトライン」を選択できる。配布資料は 1 ページに複数のスライドを配置したものであり、スライド一覧を配布したり、スライド内容を確認したりする場合に用いる。また、白黒プリンターを用いる場合は、グレースケールで印刷すると、カラーで作成した部分の濃淡や写真データなどが比較的見やすい印刷物になる。

スライド：1 枚の用紙に 1 枚のスライドを印刷する。

配布資料：1 ページに複数のスライドを印刷する。プレゼンテーションの内容をハ
　　ンドアウトとして配布する場合に有用である。

ノート：1 枚の用紙にスライドの縮小版と、ノート入力エリアで入力した原稿を一
　　緒に印刷することができ、発表時に発表者の手元の原稿として活用するとよい。

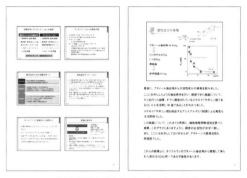

配布資料（左）とノート（右）

① ［ファイル］タブ→「印刷」→ Backstage ビューを表示。〔**Mac** ［ファイル］メ
　ニュー→「プリント ...」〕

② 「プリンター」プルダウンから使用するプリンターを選択する。用紙サイズの

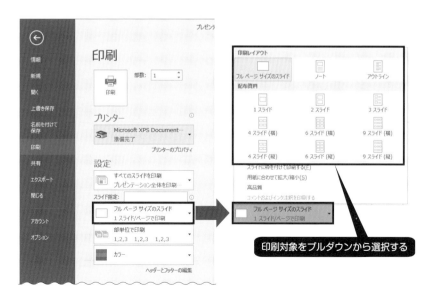

ちょっとしたコツ ⑫ プリンターのプロパティを利用して、1枚の用紙に複数のページを印刷する——割付印刷

　スライドの内容を確認したり、ノートの原稿を校閲するとき、サイズを縮小して印刷したい場合があります。この場合、配布資料を印刷して確認することもできますが、ちょうどよい大きさにならなかったり、用紙を節約したいと思ったりしたことはありませんか？

　最近のプリンターには、割付印刷機能が用意されたものが多く、この機能をうまく利用すると、見やすい大きさの印刷物を作成することが可能です。PowerPoint の配布資料機能を利用して印刷しなくても、1枚の用紙に2枚、4枚のスライドを配置して印刷したり、1枚の用紙に、2枚のノートを印刷したりすることができます。

　この方法は、Word や Excel などの他のソフトウェアでも活用できます。設定方法はプリンターによって異なりますが、プリンターのプロパティにある割付印刷機能を一度確認してはいかがでしょうか。

　　変更など、プリンターの設定を変更する必要がある場合は、「プリンターのプロパティ」〔 **Mac** 「詳細を表示」をクリック〕を開いて設定する。

③「設定」プルダウンで、印刷範囲を設定する。「スライド指定」欄にスライド番号を入力して、印刷範囲を指定することも可能。〔 **Mac** 「スライド数」欄に入力する。〕

④ 印刷対象をスライド、ノート、アウトライン、配付資料を〔 **Mac** ［レイアウトプルダウン］から〕選択する。

⑤ 部数を設定し、内容を確認したら「印刷」〔 **Mac** 「プリント」〕ボタンを押す。

※大判用紙への印刷設定については、次項を参照。

11　ポスターの作成

　ポスターを使ったプレゼンテーションでは、掲示用に幅90〜120 cm、高さ120〜180 cm のスペースが定められていることが多い。学会などでは上部20 cm 程度がポスター番号や発表タイトルのスペースとして指示されていることもある。このスペースに合わせてポスターを掲示する方法は大きく分けて、A4判、B4判、A3判などの単票用紙を複数枚使って掲示する方法と、1枚の大きな用紙で掲示する方法がある。例えば、幅90×高さ120 cm のスペースには、A4判用紙であれば横3×縦5 = 15枚が掲示できる。一方、ポスターを模造紙のような大判用紙1枚で作成すると、強調点、補足事項などにメリハリをつけて受け手に印象付けることがで

き、さらに、いくつかのトピックがある場合は、相互の関連をわかりやすく提示できる。

Ａ ポスターを作成するときのポイント

発表用ポスターを作成するときのポイントは、スライドの場合とほぼ同様であるが、掲示するスペースが限られている点がスライドの場合と異なるので、次に示す点に注意する。

1) ポスターを見る人の視線を考える
- 要旨、目的、実験結果、考察、結論などの構成要素をわかりやすく配置する。
- 関連している実験結果などは、まとめて配置する。
- 大判ポスターでは、項目のまとまりがわかるように枠で囲むなどの工夫をする。

2) 強調する項目をわかりやすく配置する
- 縦長ポスターの場合、上の方に目的や結論などを配置すると、遠くからでもその発表の骨子を眺めることができる。
- スペースを効果的に使うために、実際にデータを並べて配置を検討する。
- 大判ポスターの場合は、項目のまとまり同士が密着しすぎないように適度な余白を設定したり、段組にするなどの工夫をする。

3) 遠くからでも判別できるフォントを使用する
- ポスターから1m離れたところから判別できる程度にする。
- 見出しのフォント、本文のフォントなど、要素ごとにフォントの大きさをできるだけ統一する。
  - 例えば、見出しのフォントは40 pt以上、本文のフォントは24 pt以上にするなど。
  - 参考で載せる内容は、フォントサイズを一回り小さくするなど工夫する。
- フォントサイズに合わせた行間を適切に設定して読みやすくする。
- 遠くからの視認性が良いゴシック系フォント（→ p. 15）の利用を検討する。

Ｂ ポスターのページ設定と印刷

１ ポスターのページ設定

PowerPointでは、ページ設定を行った後に、再度用紙サイズを変更すると、自動的にフォントサイズなどが変更される。このため、できるだけ最初にレイアウトを決め、用紙サイズを確定してから、ポスター作成を開始した方がよい。

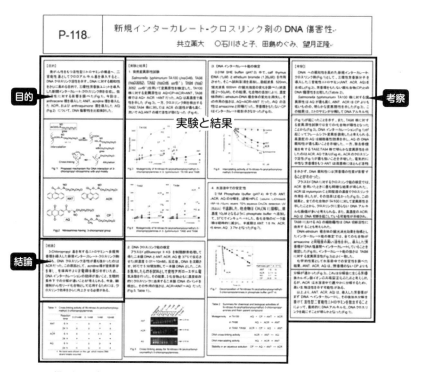

幅 120 × 高さ 130 cm のスペースに A4 用紙でレイアウトしたポスターの例

① ［デザイン］タブ→［ユーザー設定］グループ→「スライドのサイズ」プルダウン→「ユーザー設定のスライドのサイズ」〔**Mac** ［ページ設定］〕。

② 単票用紙を使用する場合は、「スライドのサイズ」〔**Mac** 「ページ設定」〕ダイアログボックスの「スライドのサイズ指定」のプルダウンから、使用する用紙のサイズ（A4、B4 など）を選択し、OK ボタンを押す。

③ 大判用紙を使用する場合は、「スライドのサイズ」ダイアログボックスの「幅」と「高さ」にポスターのサイズを cm 単位で入力し、印刷の向きを確認して OK ボタンを押す。

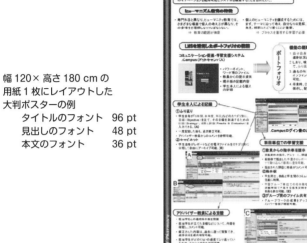

幅 120 × 高さ 180 cm の
用紙１枚にレイアウトした
大判ポスターの例
　　タイトルのフォント　96 pt
　　見出しのフォント　　48 pt
　　本文のフォント　　　36 pt

※PowerPoint では、幅、高さともに最大 142.24 cm までしか設定できない。このため、幅また
　は高さが 142 cm 以上のポスターを作成するときは、縦横比を合わせた小さめのページサイズ
　を入力し、印刷時に拡大印刷を行う。例えば、幅 120 × 高さ 180 cm のポスター（上の図）を
　作成するときは、用紙サイズとして幅 90 × 高さ 135 cm を設定し、次項を参照して印刷時に
　「用紙サイズに合わせて拡大/縮小」の機能を利用する。

２ ポスターの印刷

　基本的な印刷方法については、スライドと同様である。注意しなければならない
のは、ポスターとして掲示するための用紙サイズと種類を考えて印刷する点であ
る。特に大判用紙を使用する場合、印刷前に印刷プレビューで必ず確認する。ま
た、プリンターのプロパティを開いて、プリンター独自のプレビュー機能がある場
合は、印刷直前に最終確認するとよい。

◆単票用紙を使用する場合

　単票用紙でポスターを作成する場合、プリンターのプロパティで用紙サイズを確
認し、印刷対象を「スライド」にしてプリントする。

◆大判用紙を使用する場合

　大判ポスターを印刷するときは、PowerPoint でのページ設定と実際に使用する用紙サイズを考えて、印刷設定を行う必要がある。小さめのページサイズでポスターを作成している場合、まず、プリンターのプロパティで実際に印刷する用紙サイズを設定し、その後、印刷レイアウトのプルダウンで「用紙サイズに合わせて拡大／縮小」をクリックして、チェックを入れる。このチェックを入れると、PowerPoint の制限のために小さめの用紙サイズを設定したポスターを、プリンターで設定した実際の用紙サイズに合わせて拡大印刷できる。この方法を利用すると、大判ポスターの全体のイメージや内容の確認、配布用プリントの作成などのために、A3 や A4 用紙に縮小印刷することもできる。

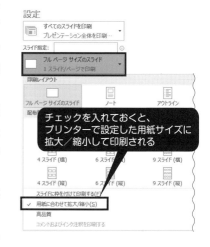

※プリンターのプロパティで拡大印刷の設定が可能な場合もあるが、プリンター独自の機能は使わずに PowerPoint の「用紙サイズに合わせて拡大／縮小」の機能を使った方が確実である。また、印刷時の拡大率が極端に大きくなると、PC やプリンターの性能によっては時間がかかったり、エラーが起こることがあるため、作業開始時のページ設定で可能な限り実際のサイズに近づけておくとよい。

第

10

章

さまざまな情報源と
情報の信憑性

　情報検索は、身の回りで常に行われている。例えば、旅行に行くときや、食事に出かけるとき、どこに行くのか、何が食べたいのか本やインターネットで調べる、などである。ここで、情報が得られたとしても、本当にその通りなのか疑わしいと思った場合は、別の手段で情報を確かめようとしていないだろうか。

　学習や研究に関する情報収集も同様である。必要な情報を検索し、さまざまな情報源の中から信憑性の高い情報を選び出すスキルは学生時代から身につける必要があり、社会人には必須である。本章では、インターネット上の情報の特徴を知り、情報検索の基本と得られた情報の信憑性判断の重要性を理解してほしい。さらに、卒業研究などに利用できる学術情報に関する基本的知識と代表的な情報源について確認しよう。

1 情報検索の基本

A 情報入手にあたっての考え方

何かを調べたいと思ったとき、調査する領域の概略・範囲を知るため、まず目的とする領域の基礎的知識を得る。このためには、身近な図書館へ出向き、関連した領域の図書や百科事典を拾い読みすることが重要である。ここで得た知識が手がかりとなって、次にどのような言葉で何を検索すればよいかがわかり、情報検索をスムーズに進めることができる。一方、インターネット上の情報を検索することも有効な手段であるが、信頼できるものばかりではないことを念頭におき、情報の信憑性を自分で判断する必要がある。

さらに詳細な情報が必要な場合は、専門的な情報すなわち学術情報へアクセスする必要がある。専門的な情報を得るためには、どのような情報源があるか大学の図書館に問い合わせてみるとよい。学術情報とは、「学術活動の進展に寄与する情報」と定義され、発見や研究の進展によって、事実やデータが逐次追加・更新されている。専門的知識を得るだけでなく、最前線の動向を知るためにも学術情報の調査は重要である。

物事を調べるときには、まず事実を集め、その信頼性を吟味する。特にくすり、医療、健康などに関する話題や、社会的に問題となっているテーマについては、広く情報を集め、さまざまな立場の人の考えを調査することが重要である。

B 情報検索の原則

●手近な情報源から遠くの情報源へ

大学などの図書館の所蔵誌をあたってみる。インターネットを利用して探してみるのもよい。

●一般的な情報源から専門的な情報源へ

一般的な知識を得るために、例えば、事典、参考書、専門書で得た知識を手がかりにすると、次の検索をいっそう効率的に行うことができる。

●最新の情報から過去の情報へ

学術的な発見や研究の進展に追従するために、常に最新の情報を入手することを心がける。

2　インターネットを利用した情報検索

　インターネット上には膨大な情報があり、比較的新しい情報が公開されている。このため、現代社会ではインターネット上の情報を有効に活用する必要がある。ただし、これらの情報は誰でも発信・複製が可能であるため、オリジナルの情報を必ず確認するとともに、どのような目的で書かれたのか、誰が情報発信しているのかを常に意識・理解した上で利用することが重要である。

　インターネット上には、多くの学術雑誌、特許情報、遺伝子データベースなどが公開されているが、これ以外の99％以上は非学術情報である。インターネットでは情報の確かさはともあれ、社会的に話題になっているトピックについては、多くの情報が得られる（例：×××を食べるだけでダイエットができる、など）。ただし、これらの情報は、参考図書のような印刷物と比較すると、多面的な情報が紹介されておらず、一部の人の考え方や、一部の人の利益になる情報しか記載されていないことが多い。また、科学的な実験や議論に乏しく、誤った情報が多く氾濫している。しかしながら、インターネットによる情報公開には即時性という大きな特徴があり、進歩の早い科学技術の最新情報を得るためには、インターネット上のデータの利用が必須になる。このため、インターネットで得られる情報の特徴を理解し、情報の信憑性（確かさ、信頼性）を判断しながら利用することが求められている。

Ⓐ インターネット上の情報の特徴

● 情報が刻々と変わってしまう

　インターネット上の情報はデジタルデータであり、容易に内容の修正、更新、削除が可能である。このため、情報が伝播しているうちに情報を受け取った人の主観が入ったり、間違ったりして、オリジナルの情報が変化してしまう。特に問題なのは、どれがオリジナルな情報で、どれが改変された情報かを見分けにくく、最初の発信者の意図とずれた情報が出回ることである。また、インターネットへ誤った情報を公開してもすぐに訂正できるため、本の出版とは異なり、十分に調査・吟味されずに情報発信され、その内容も刻々と変わっている可能性がある。

● 情報が断片的である

　インターネットで公開されている情報の多くは、個人が発信している。このため、個人の主観が含まれるほか、発信者が把握できる範囲のみの情報に限定され、

物事の一部分だけしか記載されていないことがある。また、出版社の編集者のように全体を見渡す人がいないため、総合的な情報を記載している Web サイトが少ないのが現状である。しかし、インターネットの特徴であるハイパーリンクが、断片化した情報をつなぎ合わせている場合もある。

●不要な情報が多い

インターネットへの情報発信は、紙媒体を利用しないため低コストであり、誰もが気軽に発信できる。Google などで Web サイトを検索すると、政府機関や地方公共団体からの情報と、個人が作成した思想・思惑だけで書かれた情報が混在して表示される。個人が発信する情報には、掲示板のように仲間だけでしか活用できないものも混在している。

●偏った発言をする人がいる

自然科学領域とは限らないが、メディアを通して刺激的・挑戦的で偏った内容のデータを提示する人がいる。メディアは提示された情報の信憑性を評価してはいるが、刺激的な内容はメディアや世間から歓迎されてしまうことがある。このような場合は、発信者に有利なデータは提示されるが、不利な情報は提示されず、偏った情報が開示されることになる。

Ⓑ 検索エンジンの特徴と検索方法

検索エンジン（サーチエンジン）とは、インターネット上に公開されている Web ページ等を検索するためのプログラムを指し、利用者が入力した検索語を質問式（クエリー , query）に変換し、索引データベースから該当する答えを検索して表示する。検索エンジンには、大きく分けてディレクトリ型とロボット型がある。

１ 検索エンジンの種類と検索のタイプ

ディレクトリ型検索エンジンとは、テーマ別に階層化されたディレクトリ（カテゴリ）に Web サイトを分類したデータベースを利用して**カテゴリ検索**（ディレクトリ検索）を可能にしている。しかし、代表的なカテゴリ検索サイトの Yahoo! カテゴリ検索のサービスが 2018 年 3 月に終了し、現在はほとんど用いられていない。

一方、**ロボット型検索エンジン**では、検索ロボット（クローラー）と呼ばれるプログラムを使って世界中の Web ページから自動的に情報を収集し、一定のルールに従って Web ページ内の情報を解析して索引（インデックス）データベースを構築している。このような検索サイトで検索語を入力し、Web ページを網羅的に検索する方法を**キーワード検索**と呼ぶ。キーワード検索では、膨大な数の Web ページ

を対象として広範囲な検索が可能であるが、不要な情報も多く、結果を絞り込むためにさらに検索語を追加したり、組み合わせたりする場合が多い。また、検索結果の表示順序が検索サイトによって異なり、重要なものが上位に表示されるとは限らない点に注意する。

2 さまざまな検索方法

●複数の検索語を組み合わせて検索する

効率よくキーワード検索するためには、複数の検索語を演算子とともに組み合わせる。すべてのキーワードを含む AND 検索、いずれかのキーワードを含む OR 検索、特定のキーワードを除く NOT 検索を使い分けると、さまざまな検索が可能になる。次ページに検索例を示したが、演算子の使用方法が検索サイトによって少しずつ異なるので、利用する検索サイトのヘルプなどを参考にしてほしい。

●長い文字列をキーワードとして検索する

英語で検索する場合は、単語の間にスペースがあるため、個々の単語を組み合わせた AND 検索が容易であるが、日本語の場合は、検索エンジンが入力された文字列を自動的に分割して検索する。例えば、「ビタミン C とビタミン E の相乗効果」という文字列を入力した場合、

ビタミン｜ C ｜と｜ビタミン｜ E ｜の｜相乗｜効果

などと分解され、助詞などを除いた単語による AND 検索が実行される。この分解の仕方は検索エンジンによって異なるため、検索結果として表示される Web サイトも異なる。一方、長い文字列や助詞を含む文字列、英語のフレーズなどをそのま

第
10
章

AND 検索
入力したすべての検索語を含む

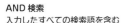

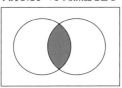

ビタミンA　　ビタミンC
　　　スペース

「ビタミンA」と「ビタミンC」の
両方を含む
Web サイト

OR 検索
入力した検索語のいずれかを含む

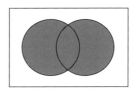

ビタミンA　OR　ビタミンC
半角大文字 OR の前後に
スペースが必要

「ビタミンA」か「ビタミンC」の
いずれかを含む
Web サイト

NOT 検索
検索語の一方を除く

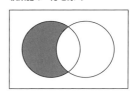

ビタミンA　-ビタミンC
半角ハイフンの後に
スペースは入れない

「ビタミンA」は含むが
「ビタミンC」は含まない
Web サイト

ま検索語にするときは、対象文字列をダブルクォーテーションで囲って**フレーズ検索**を実行する（例："ビタミンＣとビタミンＥの相乗効果"）。

Ｃ 情報検索のポイント

● 適切な単語で検索する

- 同じ意味を持つ複数の単語を使う。例えば、患者が検索するときは「胃カメラ」、専門家が検索する時は「胃内視鏡」が多く、用いる単語によって検索される情報が変わってしまう。「タンパク質」、「たんぱく質」、「蛋白質」、「タンパク」など、書き手の習慣などで変わってくる用語にも注意する。
- 具体的な単語を使う。例えば、2022年度の情報のみを調べたいときは、「2022年」という単語を併用する。

● 複数の情報を比較する

- 情報検索の結果が偏らないように、立場の違う人が発信している複数の情報を比較し、検討する。

● 適切な情報源を用いる

- 目的に合った適切なデータベースを用いて検索する。例えば、学術的な情報を検索する場合は、後述する学術情報データベースを利用する。

● 検索できない情報もあることを理解する

- 検索エンジンのデータベースに索引されていない情報は見つからない。必要に応じて複数の検索エンジンを利用する。
- 電子化または公開されていない情報は見つからない。古いもの、特殊なものは見つからない可能性が高いことを念頭に置いて検索する。

Ｄ 信憑性の高い情報を見極めるために

1）なぜその Web サイトが存在するか考える

　Web サイトは、個人で作成する場合と業者に委託して作成する場合がある。個人で作成するためには、作成のための時間をそれなりに割く必要がある。それでも作成する目的には、自己満足、趣味、ボランティア、仲間との連絡などが考えられる。一方、業者に委託する場合は多額の費用がかかるが、企業などは、その費用が商品の販売、企業イメージの向上などで回収できると考えている。個人、企業以外の情報公開者としては、国、地方公共団体およびその関連機関があり、これらのサイトには営利性がなく、比較的まとまった、公平な情報が掲載されている。

2) 作成した人はどのような人か考える

　Web ページを見ていると、作者の写真と所属が掲載されていることがある。このようなページを見ると、作者は自信があり、責任を持っているという印象を受ける。このほかにも、文章の書き方、使用している言葉などを確認しながら、専門家が書いたものか、この分野が好きな人が書いたのか、その事実を信じていない人が書いたのかなど、Web ページの作成者を想像すると、偏見を持って書かれた情報が排除できる。

3) オリジナルに戻れる情報を利用する

　Web ページに掲載されている情報は、そのページの作者本人が発見したこと以外はすべて、他人が表現した情報をまとめて整理し、作者なりの解釈を加えて公開されている。すなわち、多くの情報は論文や新聞記事などが元になっているはずである。このような場合、引用元、参照元などの出典が記載されていれば、Web ページのどの部分が元の資料に書かれていた情報なのかを明らかにすることができ、必要に応じて元の情報を辿って参照することができる。公開されている Web ページに情報の引用元が明記されているページは、客観性が高いと考えられる。

4) コピー＆ペーストを見破る

　インターネット上では、コピー＆ペーストが横行している。コピー＆ペーストだけで作成した Web ページの作者は、ほとんど考えることをしていない。さらに、作者が不用意に編集して掲載される情報が歪んでしまい、誤解を招くことがある。情報がよく吟味され、整理されて、作者自身の結論に達している Web ページを見極めて利用する。

5) 自分で納得し、信頼できると思うまで調べる

　インターネットを利用した検索では、多くの情報を得られたことだけで満足してしまうことがある。適切な情報だと思っても、信憑性を判断するためには、複数の Web ページを念入りに比較する、インターネット以外の情報も併せて調べるなど、懐疑主義を貫くことが重要である。確からしいと思った情報でも、その Web ページの更新頻度が低く、日付が古かったり、更新日付が記載されていなければ、その情報の信憑性は低いと判断せざるを得ない。最終的には、インターネットの利用者自身が、情報の発信者を理解し、その情報の質を正しく評価できるかが、情報の信憑性を判断するために必要なことである。

　このようにして見極めた情報に基づいて資料やプレゼンテーションのスライドを作成する場合、本章第 5 節を参照にして情報源について正しく記載しよう。

3 学術情報の検索とその情報源

A 学術情報と非学術情報

　私たちの身の回りに氾濫している情報は、学術情報と非学術情報に分類される。代表的な学術情報である学術論文は、内容を他の専門家が確認した後に公開されるため、情報の根拠が担保されている。この学術論文は、一般的に専門領域ごとに冊子として発行されており、これを学術雑誌（journal）と呼んでいる。大学の図書館ではさまざまな専門分野の学術雑誌を閲覧できるが、近年では、電子ジャーナルという形態によってインターネット上で閲覧できる学術雑誌が多くなっている。科学的に大きな発見があったとき、新聞報道などで「この内容は、Nature 誌、Science 誌に発表されます」などという記載を読んだことはないだろうか？　この 2 誌は、自然科学分野の代表的な学術雑誌である。このほかに、大学や企業の研究開発成果、学会発表の要旨、学位論文、教科書、事典、研究報告書、特許情報、遺伝子やタンパク質のデータベースなどが学術情報と考えられ、これ以外は、非学術情報である。

B 学術論文の構成

　学術論文のうち、独自の研究成果を報告するものを**原著論文**（original paper, original article）、テーマに沿って多くの原著論文を引用しながら内容をまとめたものを**総説**（review）と呼ぶ。学術論文は英語で執筆されることが多いが、一定の形式に沿っているため、構成を理解すれば学術論文の読解が容易になる。

●見出し部

　見出し部（Header）には、表題（heading, title）、著者（author）、所属（affiliation）、原稿受領日（received date）、論文受理日（accepted date）など、論文を特定するための基本的な情報が記載されている。論文の受理（アクセプトとも言う）はその論文の公開を意味し、論文に記載された事実を発見した優先性を決定するため、著者にとって受理日は重要な事項である。

●要旨

　要旨（Abstract, Summary）には、論文の概要が、英文では 250 words 程度、和文では 400 字程度で記載されている。論文を読みはじめるときには全容を把握することができ、論文の読み終わりには全体の論旨の再確認に有効である。

●本文

本文（Text）は、序論・導入（Introduction）、方法（Method）、結果（Result）、考察（Discussion）、結論（Conclusion）で構成される。

序論：先行研究と照らし合わせながら、研究の目的や意義を記載する。

方法：研究に用いた対象、試料、試薬、実験の方法について他の研究者が追試できるように記載する。

結果：研究でわかった新たな知見について記載する。図表も含まれる。

考察：実験結果よりどのような過程を経て結論に至ったのか、また、先行研究との相違点、結果で記載した内容の補足、研究の限界や今後の課題などを記載する。最後に結論をまとめて記載することも多い。

●参考文献

参考文献（References）は、論文を作成する際に参考とした過去の論文を整理して記載する。読者にとって今後の調査・研究の参考になるものが多い。

Ⓒ 学術情報を表すための書誌事項

書誌事項とは、学術論文等の情報を特定するために必要な情報のことであり、著者、表題、雑誌名などの出版情報、発行日に関する要素が含まれる。検索した原著論文や総説を読むときなどは、書誌事項を確認する癖をつけよう。また、学術論文を引用したり、参考情報として記載したりするときには、その論文を閲覧した人が同じ情報源に辿り着くことができるように、書誌事項を正しく記載しなければならない。そのための記載の方法を p. 273 以降に示した。記載する項目やルールは分野や学術雑誌等によって若干異なるが、自分で記載するときは、一つの文書の中では統一するようにしよう。

近年、インターネット上で公開されている情報にはデジタルオブジェクト識別子（Digital Object Identifier, **DOI**）が付与されており、学術論文の場合でも書誌事項として doi：XXXX/XXXX の形式で記載されていることが多くなった。DOI は学術論文に限らずインターネット上で公開されている資料に付与される恒久的な識別子であるため、特にオンラインのみで公開される学術論文では DOI を記載する方がよい。DOI のデータベースで、情報が存在する URL と情報に付与された DOI の対応が適切に管理されている限り、利用者は DOI のみで目的の情報にアクセスできる。目的の情報に DOI の表記があった場合は、Web ブラウザーで "https://dx.doi.org/" に続けて XXXX/XXXX を入力して確認してみよう。

第 10 章

D 学術論文、特許の検索

　2021年1年間に発表された、科学、薬学、医療系の学術論文（原著論文および総説）の数は約297万件である。これらの学術論文や特許などの学術情報を効率よく検索するために、学術文献データベースを利用する。検索結果が電子ジャーナルにリンクされている場合は、引き続いて論文の全文を閲覧することができる。興味のある学術論文について全文がインターネット上に公開されていない場合は、その論文を取り寄せて閲覧することになる。また、文献データベースや検索ツールには有償のものもあり、大学単位で契約している場合が多い。以下には、代表的なデータベースとその特徴について示したが、インターネットに公開されていない論文の入手や、データベースの利用については指導教員や大学の図書館に尋ねてほしい。

1 MEDLINE / PubMed

　MEDLINE（Medical Literature Analysis and Retrieval System Online）は、米国国立衛生研究所（National Institutes of Health, NIH）の付属機関である米国国立医学図書館（U. S. National Library of Medicine, NLM）が提供する生物医学文献データベースであり、医学、看護学、歯科学、生命科学、前臨床科学分野の論文を中心に、1946年以降の約5,200の学術雑誌に掲載される学術論文が収集・蓄積されている。各文献には、内容を表すMeSHとよばれる索引用のキーワードが10〜15個程度、人手によって付与されているが、自動付与の仕組みが取り入れられ、2022年半ばにはすべての論文のMeSHが自動付与されるとされている。

　PubMedは、NLMの一部門である米国バイオテクノロジー情報センター（National Center of Biotechnology Information, NCBI）が提供する無償の文献データベースである。PubMedデータベースの主体はMEDLINEであるが、それ以外に1949年以降のMEDLINEの収載対象とならない化学系学術論文や、MEDLINEにおいてMeSHがまだ付与されていない、または収載が決定していない情報なども登録されている。また、NCBIが提供する塩基配列、アミノ酸配列、疾患遺伝子等のデータベースと相互リンクされているほか、検索した論文の全文が閲覧可能な場合は、該当Webサイトへのリンクが表示される。

◆ PubMedを使った基本的な検索方法

　① PubMedへアクセスする（PubMedの基本画面は次ページの図を参照）。

　② 検索語の入力欄にキーワードを入力し、「Search」をクリック。

※入力内容によっては、検索語を入力する欄に検索頻度が高い関連語が予測されて表示される場合もある。

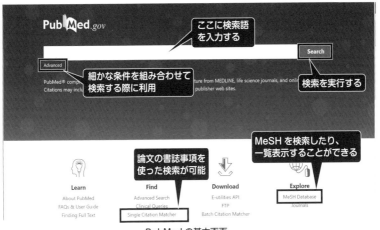

PubMed の基本画面

◆ MeSH とは何か

MeSH（Medical Subject Headings）は、MEDLINE 収載文献の索引や検索のために付与されるシソーラス（類義語）であり、最新の研究に対応できるようにNLM の専門セクションで毎年改訂されている。MeSH データベースは主見出し語Descriptors（統制語、または Main Headings 主見出し語）、Descriptors と組み合わせて用いる Qualifiers（Subheadings 副見出し語）および補足概念語（Supplementary Concept Records, SCRs）で構成されている。Qualifiers は単独で用いることもできるが、Decriptor と組み合わせて検索すると、特定のテーマを含む論文を直接検索できる。以下の説明で単に "MeSH" とあるときは MeSHDescriptor のことを指す。

2022 年版の MeSH データベースには 30,194 個の MeSH Descriptors、155 個のSubheadings、318,110 語の SCRs が登録されている。MeSH は 16 個のカテゴリに分類され、それぞれを第 1 階層として最大 13 までの階層構造（ツリー）をとっている。利用者が入力した検索語が MeSH のツリーにあると、それよりも狭い概念の下位語も含めることになり、より包括的な検索が実行される。また、利用者が入力した語が正確でなくても、目的に合った適切な MeSH で検索するために、entryterm と呼ばれる相互参照用の同義語、類義語が登録されている。例えば、「VitaminC」は Decriptors である「Ascorbic acid」の entry term として定義されている。

MeSH Descriptors のカテゴリ（第 1 階層）

1. Anatomy
2. Organisms
3. Diseases
4. Chemicals and Drugs
5. Analytical, Diagnostic and Therapeutic Techniques, and Equipment
6. Psychiatry and Psychology
7. Phenomena and Processes
8. Disciplines and Occupations
9. Anthropology, Education, Sociology and Social Phenomena
10. Technology, Industry, Agriculture
11. Humanities
12. Information Science
13. Named Groups
14. Health Care
15. Publication Characteristics
16. Geographicals

Subheadings の例

analogs & derivatives, analysis, biosynthesis, chemical synthesis, diagnosis, drug effects, education, ethics, immunology, isolation & purification, nursing, pharmacokinetics, prevention & control, radiation effects, therapy, toxicity

◆自動定義語マッピング機能による検索結果を確認する

　PubMed では、入力された検索語をすべてのデータベースフィールド（データ格納領域）から検索すると同時に、MeSH 対応表、論文誌対応表、著者対応表などに該当する定義語がある場合は、それらを検索対象にする。最初に問い合わせするのは MeSH 対応表であり、MeSH が見つかった場合は、その MeSH で索引されているデータを検索する。この機能を自動定義語マッピング（Automatic Term Mapping）と呼ぶ。

　例として、「ビタミン C の抗酸化作用」に関する論文検索が、どのような MeSH を用いて実行されるかを確認してみよう。

① 検索語に「vitamin C antioxidant」を入力。→「Search」をクリック（図の場合は 54,332 件の結果が得られた）。

② Advanced をクリック。

③ 表示された「Histry and Search Details」欄で、表示したい検索の展開するボタンをクリック。実際の検索に使われた検索式が表示される。

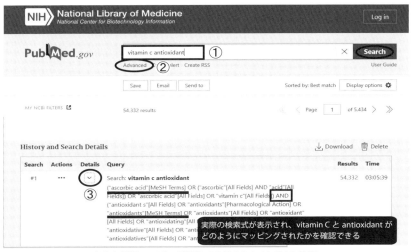

自動定義語マッピング機能で変換された MeSH の確認

④ Query 欄に、[MeSH Terms] と付記されている単語があれば、それが入力し
た検索語から変換された MeSH である。この例の場合は、2つの単語が別々
の MeSH に変換され、AND 検索が実行されている。（注：検索結果数は
2022 年 5 月 18 日現在）

> vitamin C 　—変換→　 ascorbic acid [MeSH Terms]
>
> antioxidant —変換→　 antioxidants [MeSH Terms]

次に、「糖尿病の予防」に関する論文を検索してみよう。糖尿病を一般的な単語
で表すと diabetes なので「diabetes prevention」と入力して検索し、History and
Search Details で確認すると、diabetes は「diabetes mellitus（糖尿病）」と
「diabetes insipidus（尿崩症）」という2つの MeSH に変換されたことがわかる。
つまり、検索結果には糖尿病に関する論文だけでなく、尿崩症に関する論文も含ま
れている。また、prevention は MeSH ではなく、「prevention and control」という
Subheading にマッピングされた。

> diabetes 　　—変換→　 diabetes mellitus [MeSH Terms]
>
> 　　　　　　　　　　　 diabetes insipidus [MeSH Terms]
>
> prevention —変換→　 prevention and control [Subheading]

3つめの例として、「肺がん」に関する論文検索を考える。「lung cancer」という
検索語のマッピングを確認すると、lung neoplasms という単語が MeSH に使われ
ている。「lung tumor」という検索語を使っても、同じ MeSH に変換される。

> lung cancer 　—変換→ lung neoplasms [MeSH Terms]
>
> lung tumor 　—変換→ lung neoplasms [MeSH Terms]

このように、一つの概念に対して複数の語がある場合、MeSH、Subheadings、
SCRs へのマッピングにより、利用者自身が類義語を考えて OR 検索をしなくても
入力した検索語が PubMed データベースに対して最適化される（次ページの図参
照）。検索語の制限なく、より広範囲を検索することができるが、糖尿病の例のよ
うに、利用した検索語によっては不要な検索結果が含まれる場合もあるので、実際
にどのような用語が検索に用いられたのかを確認するように心がけるとよい。

◆ MeSH をデータベースから検索して PubMed で利用する

MeSH は、利用者が検索結果を絞り込むためにどのような検索語が適切かわか
らない場合などにも活用できる。例えば、「インフルエンザの予防」に関する論文
の中でも、特に A 型インフルエンザの H1N1 亜型に関する論文を検索する場合を
考えてみる。「H1N1」という単語はアルファベットと数字からなっており、自動定

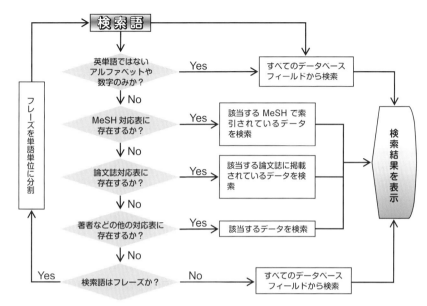

PubMedの自動定義語マッピング機能による検索の概略

義語マッピング機能の対象とならない。このため、タイトルや要旨にH1N1という単語がある論文がすべて検索され、インフルエンザとは関係のない論文もヒットしてしまう。一方、「H1N1」という表記がタイトルや要旨に含まれていない論文は検索できない問題点がある。このような場合は、A型インフルエンザH1N1亜型を指すMeSHをMeSHデータベースから検索して検索語に指定すると、効率よく検索することができる。

① PubMed検索画面下部にあるMeSHをクリックしMeSHの検索画面の移動する。検索語に「influenza H1N1」を入力。→「Search」をクリック。
② MeSHデータベースに、「Influenza A Virus, H1N1 Subtype」というMeSHが存在することを確認。
③ 該当するMeSHの左側にある□にチェックし、「PubMed search builder」の欄にある「Add to search builder」ボタンをクリックして、検索式に追加する。
④ 「Search PubMed」ボタンをクリックすると、「Influenza A Virus, H1N1 Subtype」というMeSHで索引された論文がPubMedで検索される。

検索語として、「influenza H1N1」を用いると、検索結果数は22,618件であったのに対して、「Influenza A Virus, H1N1 Subtype」を指定して検索すると16,906件

MeSH データベースでの検索と PubMed へのリンク

が検索されたことから、22,618 件のうち約 5,700 件は関係のない論文である可能が考えられる（注：検索結果数は 2022 年 5 月 15 日現在）。

　MeSH データベースから検索目的に適した MeSH を探すことで、単に PubMed で検索するだけではできない無関係なデータの排除と、概念的に関連性の深い論文を効率よく検索することが可能になる。このため、特に初めての領域で検索する場合は、MeSH を確認することを勧める。

　ここでは、基本的な検索方法について述べたが、さらに詳細な検索方法については、多くの図書や資料を参考にしてほしい。また、PubMed のヘルプサイト（PubMed Help）には動画による解説 PubMed Quick Start が用意されているので、参照するとよい。

2 CAS SciFinder^n / CAS Content Collection

　SciFinder^n は、アメリカ化学会の一部門である Chemical Abstracts Service（CAS）が提供している研究者向けオンラインデータベース検索システムである。検索結果から原文献にもリンクされているが、これは有償サービスであるため、所属する大学での利用については図書館や指導者に問い合わせるとよい。

　CAS SciFinder^n の検索対象は、CAS Content Colletion と呼ばれる膨大なデータベースコレクションであり、毎日新しい情報が追加されている。コレクションの柱である CAS References には、MEDLINE では取り扱われない有機化学、高分子化学、無機化学、分析化学、物理化学などあらゆる分野の科学文献情報が含まれ、1800 年代初頭から現在までの 10,000 誌以上の学術雑誌、世界中の 63 の特許機関による特許情報、学会会議録、書籍、技術報告書、電子版のみの雑誌などの約 50,000 の情報源から 4,700 万件以上の論文、特許が登録されている。もう一つの

柱は化学物質情報データベース（CAS REGISTRY）であり、この中には、1800 年
代初頭からの論文や特許で取り扱われた 1 億 9,300 万種類以上の化学物質（有機化
合物、無機化合物、ポリマーなど）の情報、および 7,000 万種類以上の核酸やタン
パク質の配列情報が収載されている。化学構造による検索は構造式が完全に一致
するものだけでなく、部分的に一致するものも結果として表示される。このほか
に、CAS が提供しているデータベースには 1840 年以降に論文などで報告された 1
億 4,400 万件以上の有機化学反応が登録された反応情報データベース（CAS
Reactions）がある。学術論文で化学物質について記載する場合は、CAS RN とい
うコードが併記されているが、これは CAS REGISTRY データベースにおける固有
の識別番号（CAS Registry Number）を指す。コレクション内では、この CAS
RN で各情報が紐付けられており、目的の物質が見つかったら、その物質の合成反
応や生物活性、毒性などの分野別の論文情報をさらに検索することが可能である

　SciFinder[n] では、これらのほかに化学物質の規制情報データベース、市販化学
品カタログ情報、さらに MEDLINE データベースに収載された文献も検索対象に
含まれるため、より広範囲な検索が可能になっている。

※ CAS RN は化学物質の規制関連の識別情報としても国際的に利用されている。

❸ Web of Knowledge / Web of Science, BIOSIS Previews

　Web of Science は Clarivate Analytics 社が提供する自然科学、社会科学、人
文・芸術分野の学術雑誌の書誌事項を収載したデータベースで、通常のキーワー
ド検索に加えて、論文の引用・被引用関係からも検索できることが特徴である。収
録源になる自然科学系の学術雑誌は約 12,500 誌であり、1898 年の情報まで遡れる
ほか、1996 年以降の学会などの発表要旨も検索できる。Web of Science の検索に
は Web of Knowledge と呼ばれる有償サービスを用いる。Web of Knowledge で
は、Web of Science のほかに、MEDLINE などのデータベースを横断的に検索で
きる。

　医学、薬学、生命科学分野全般の文献データベースである BIOSIS Previews
は、1926 年以降の学術論文、図書、特許などの情報が収載されており、Web of
Knowledge を介して検索可能である。

❹ 国内の機関が提供しているデータベース、検索システム

　❶ ～ ❸ のデータベースは英語で構築されているため、日本語の文献が登録され
ている場合も、英語のキーワードを使用する必要があり、要旨も英文である。表に
示したデータベースは、日本国内の機関が提供しており、J-STAGE、CiNii、

J-PlatPat の検索は基本的には無償である。それぞれの特徴を知り、必要に応じて利用するとよい。

名　称	提供機関	特　徴
J-STAGE CiNii <small>さいにぃ</small>	科学技術振興機構 （JST） 国立情報学研究所 （NII）	J-STAGE（科学技術情報発信・流通総合システム）では、国内の学術雑誌（約 3,000 誌以上）を電子ジャーナルとして公開している。CiNii（NII 学術情報ナビゲータ）は、日本国内で出版された論文、図書、博士論文などの学術情報を検索できる。
JDream III <small>※大学での契約が必要</small>	（株）ジー・サーチ	科学技術、医学、薬学等の領域の国内外の学術雑誌・会議録・技術レポート類を収載し、和文要旨が登録された検索システム。MEDLINE データベースも含まれ、その情報には日本語に訳された MeSH が付与されているため、日本語のキーワードで検索できる。
医学中央雑誌 （医中誌 web） <small>※大学での契約が必要</small>	医学中央雑誌刊行会	国内で発行されている医学、歯学、薬学およびその関連領域から、約 7,500 の学術雑誌からの約 1,400 万件の情報で構築された有償データベース。生理学、生化学などの基礎分野から臨床医学の各分野、さらには獣医学、看護学、社会医学に関する原著論文、総説、症例報告、学会要旨等が検索できる。
特許情報プラットフォーム （J-PlatPat）	工業所有権情報・研修館	明治以来発行されている特許・実用新案・意匠・商標の公報類、関連情報を検索可能な無償システム。

5 Google Scholar

　Google 社が提供するロボット型検索エンジンを利用した学術情報検索サイトであり、無償で利用できる。大学内から検索するときには、その大学で利用できる電子ジャーナルへのリンクを表示可能である。一般的に利用されている Google と異なり、Google Scholar では、論文、書籍、学会発表の要旨など、インターネット上に公開されている学術情報に検索対象が絞られており、日本国内で公開された情報も多く含まれる。学術的に信憑性が高い情報が得られる可能性があるが、すべての学術情報が網羅できるわけではないので注意する。

◆ Google と Google Scholar での検索結果を比較する

　Google と Google Scholar で日本語の「インスリン」をキーワードとして検索すると、Google での検索結果は約 962 万件であり、上位には Wikpedia などの非学術情報が表示された。一方、Google Scholar では約 28,100 件の学術情報が検索された（注：検索結果数は 2022 年 5 月 18 日現在）。

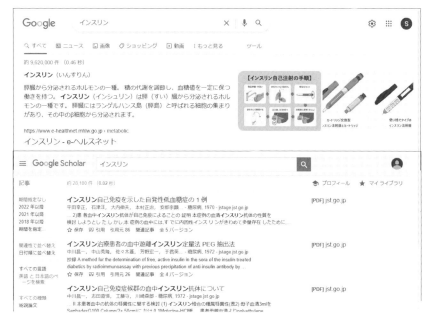

Google（上）とGoogle Scholar（下）の検索結果の比較

◆ Google Scholar と PubMed の結果を比較する

　Google Scholar と PubMed を用いて「insulin」をキーワードとして検索すると、Google Scholar では約 1,090,000 件、PubMed では 445,980 件が検索され、Google Scholar は PubMed より広範囲の情報を索引していることがわかる（次ページの図）。さらに、PubMed に含まれる MEDLINE データベースは、一定基準を満たした学術雑誌の論文情報のみ収載するため、検索結果の件数に差が出ている。また、上記の例で Google Scholar で「インスリン」という日本語のキーワードで検索したときは、約 28,100 件の結果しか得られないことからもわかるように、学術情報の多くは、英語で記載されているため、英語での検索を推奨する（注：検索結果数は 2022 年 5 月 18 日現在）。

E 遺伝子、タンパク質、疾患に関する情報の検索

　自然科学分野の研究では、遺伝子やタンパク質の配列情報、遺伝子と疾患の関連、代謝酵素、医薬品の臨床試験に関する情報などを検索する必要がある。しかし、原著論文や総説からこれらの情報を得ようとしても、広範囲に分散しているた

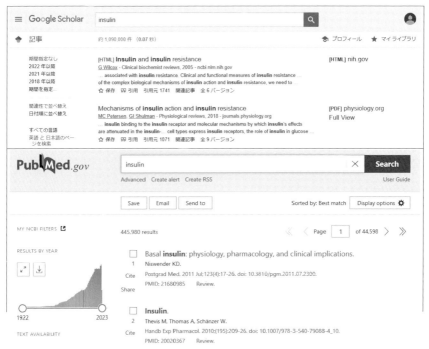

Google Scholar（上）とPubMed（下）の検索結果の比較

め必要な情報すべてを探し出すことは困難である。このため、情報を共有するために さまざまな専門領域のデータベースが世界中で構築され、インターネット上に公開されている。バイオインフォマティクス（生物情報学）は、上記の情報をとりまとめ、生命現象の解析を行ったり、そのためのコンピューターシステムを開発する学問である。

■ 統合的な検索システム

● NCBI Database

NCBI が提供するデータベースを統合検索することができる。検索対象を「All Databases」とすると、PubMed、塩基配列、アミノ酸配列、タンパク質の立体構造、疾患関連遺伝子などの多くのデータベースを横断的に検索できる。

● ExPASy（Expert Protein Analysis System）

スイスバイオインフォマティクス研究所（Swiss Institute of Bioinformatics, SIB）が提供しているデータベース統合検索システム。塩基配列、アミノ酸配列、

NCBI データベースを利用した統合検索

立体構造解析以外にも生物の進化・系統に係わる情報など、さまざまな分野のデータベースやツールにアクセスすることができる。

● DBGET / LinkDB

京都大学化学研究所バイオインフォマティクスセンターが提供する生命科学、創薬、医療、環境保全に関する研究推進を目指した Web サイト（ゲノムネット）の基幹になるデータベース統合検索システム。細胞内の分子間ネットワークの情報を

データベース化した KEGG を中心として、世界中に存在する分子生物学データベースを対象とした横断検索を可能としている。

2 塩基配列データベース

国際塩基配列データベース（International Nucleotide Sequence Database Collaboration, INSDC）は、米国、欧州、日本で構築、運用されているデータベースを連携させた国際的共有財産である。研究者が核酸の塩基配列についての研究成果を発表するときは、以下に示すいずれかのデータベースに登録する義務がある。これらのデータベースは日々データが相互交換されており、ほかにも各国特許庁が処理したデータが含まれる。例えば、現在では、下記に加え、いわゆる次世代シークエンサーからの出力データを収集する Sequence Read Archive と従来のシークエンサーからの出力データを収集する Trace Archive も参加している。

GenBank NCBI が構築するデータベース。関連したアミノ酸配列の情報も存在する。NCBI Database から利用可能。

ENA (European Nucleotide Archive) イギリスにある欧州分子生物学研究所（European Molecuar Biology Laboratory, EMBL）の一部門である欧州バイオインフォマティクス研究所（European Bioinfomatics Institute, EBI）（EMBL-EBI）が構築しているデータベース。

DDBJ (DNA Data Bank of Japan) 日本の国立遺伝学研究所（National Institute of Genetics, NIG）内の DDBJ センターが構築、運営しているデータベース。

3 タンパク質関連のデータベース、検索ツール

タンパク質に関しては、アミノ酸配列情報、ドメイン構造情報、立体構造情報など、さまざまな情報があるため、適切なデータベースを選択する必要がある。

● UniProtKB / Swiss-Prot

SIB が管理しているデータベース。アミノ酸配列情報に対応するタンパク質機能やドメイン構造などの情報（アノテーション）が充実している。

● PROSITE

SIB が管理しているタンパク質配列モチーフ（共通配列）のデータベース。タンパク質と他の分子との相互作用に関与する部位の特徴的な配列が登録されている。登録データは学術論文等で公開されたデータ、総説などをもとに選択されている。

● PDB（Protein Data Bank）

タンパク質、核酸、糖鎖など生体高分子の立体構造の座標、解析パラメータなどが登録されたデータベース。世界中の研究者によって随時データが追加されており、登録時には PDB ID と呼ばれるタンパク質分子や配列を特定する番号が付与される。PDB のデータを利用すると、タンパク質などの立体構造を描画することができる（→第 8 章）。現在、下記の 4 種のデータベースが国際タンパク質構造データバンク（Worldwide Protein Data Bank, wwPBD）として構成されており、それぞれを運営する 4 機関が共同でデータの登録等の管理を行っている。

RCSB PDB　米国構造バイオインフォマティクス研究共同体（Research Collaboratory for Structural Bioinformatics, RCSB）が構築。

BMRB (Biological Magnetic Resonance Data Bank)　米国ウィスコンシン大学マディソン校で構築。生体高分子の核磁気共鳴（NMR）の解析データが登録されている。

PDBe (Protein Data Bank Europe)　欧州バイオインフォマティクス研究所（EBI）が構築。

PDBj (Protein Data Bank Japan)　大阪大学蛋白質研究所の共同利用・共同研究拠点活動として運営されている。

F　その他のデータベース、検索ツール

ENZYME　SIB が公開している酵素命名データベース。酵素別に付与される EC 番号（酵素番号、Enzyme Commission numbers）、酵素の名称、基質になる化学物質、補酵素などから検索可能。

OMIM (Online Mendelian Inheritance in Men)　NCBI が提供するヒトの遺伝子と遺伝性疾患に関するデータベース。遺伝子の塩基配列とそれが原因になる疾患の関連を検索できる。

BLAST (Basic Local Alignment Search Tool)　検索対象の塩基配列またはアミノ酸配列をデータベースと比較して相同性（ホモロジー）を調べるためのプログラムであり、バイオインフォマティクス（生物情報学）の分野でもっとも広く使われている。BLAST は主に配列の一部分を比較（アライメント）する目的で利用され、問い合わせ配列と検索対象データベースについて、それぞれ塩基配列やアミノ酸配列を選択できる。アライメントの方法には、2 つの配列を比較して配列間の類似度を調べるペアワイズアライメントと、3 つ以上の配列を同時に比較して、配列内の共通性を見出すマルチプルアライメント

があるが、BLAST ではいずれも可能である。さらに、検索結果をもとに、ある配列について機能的あるいは進化的に関係のある配列を推定し、その配列が属する遺伝子ファミリーを同定することができる。例えば、自分が決定したDNA 塩基配列とよく似たものはないか、どのような種に由来し、どのようなタンパク質を作り、どのような機能があるのか、などを調べることができる。また、ヌクレオチドデータベースを対象とした BLAST では、遺伝子の塩基配列が一つだけ変化し、タンパク質の活性が異なるなどの影響をもつ一塩基多形（Single Nucleotide Polymorphisms, SNPs）の検索が可能である。

Clustal Omega　EMBL-EBI が提供する、複数のアミノ酸配列を対象としてマルチプルアラインメントを行うツール。BLAST と同様に、問い合わせ配列中の保存領域を解析し、機能の変化や構造に基づいた分岐図や系統樹を描くことによって進化との関連を見い出すことができる。

4　インターネット上のさまざまな情報源

　前節では、バイオインフォマティクスの分野で頻繁に利用されるデータベース、検索ツールについて記載した。このほかにもインターネット上には学術研究活動に活用すべき、多くのデータベースや情報サイトが存在する。本節では、国内の公的機関等が提供しているいくつかの Web サイトをあげる。このほかにも専門分野によってさまざまな情報源がある。研究者が効果的に研究を進めたり、医療者が患者や他の専門職の要求に対して適切な情報を提示したりするために、自分に必要な情報源を知り、常に最新の情報に触れることが大切である。

■ 科学技術に関する総合的な情報

　科学技術総合リンクセンター（J-GLOBAL）　国立研究開発法人 科学技術振興機構（JST）が提供する Web サイト。化学物質、遺伝子などの情報に加えて、国内の研究者、研究資源などの情報、文献、特許情報が登録されている。登録されている情報を横断検索することができるほか、検索結果には、J-GLOBAL に登録されている関連情報や外部サイトへのリンクなども表示され、これらを辿りながら詳細な情報の参照や様々な情報をつなげた検索が可能である。

② 化学物質の性質などに関する情報

　日本化学物質辞書（日化辞）　JST が作成する有機化合物のデータベースで

J-GLOBAL から検索可能。化学物質の名称、構造情報、法規制情報などが登録されており、検索には文献のキーワードや分子式、構造式などが利用できる。

有機化合物のスペクトルデータベース（SDBS）　国立研究開発法人 産業技術総合研究所が提供しており、主に有機化合物の NMR、MS、ESR、IR、ラマンスペクトルを化合物名、構成元素、分子量、CAS 登録番号（CAS RN）などから検索可能。

高分子データベース（PoLyInfo）　国立研究開発法人 物質・材料研究機構が提供している。ユーザー登録（無料）を行うと、高分子（ポリマー）の物性、化学物質、原料であるモノマーなどの名称、分子式、物性などを検索できる。

❸ 化学物質の安全性、毒性、規制情報などに関する情報

NITE 化学物質総合情報提供システム（NITE-CHRIP）　独立行政法人 製品評価技術基盤機構 化学物質管理分野が提供しているシステムであり、CAS 登録番号（CAS RN）や物質の名称などから目的の物質の有害性情報、法規制情報、国際機関によるリスク評価情報などが検索可能。

化審法データベース（J-CHECK）　「化学物質の審査及び製造等の規制に関する法律（化審法)」に関わる厚生労働省、経済産業省および環境省が化学物質の安全性情報を発信している。

化学物質の安全性に関する情報　国立医薬品食品衛生研究所 安全性予測評価部が、国際化学物質安全性計画の文書類や OECD 毒性試験ガイドラインの翻訳版など、化学物質の安全性に関する情報を提供している。この中にある国際化学物質安全性カード（ICSC）日本語版は、専門家ではないが化学物質を取り扱う人を対象として、人の健康や安全に関する化学物質の物性、毒性などがまとめられており、物質名や CAS 登録番号（CAS RN）から検索可能。

既存化学物質毒性データベース（JECDB）　国立医薬品食品衛生研究所 安全性予測評価部が運用している。化学物質名または CAS RN で検索すると、国内でこれまでに実施されたさまざまな毒性試験の報告書を閲覧可能。JECDB は、上記の J-CHECK と共に、世界中の化学物質のデータベースへリンクしている OCED の eChemPortal というサイトに参加している。

中毒情報データベース　公益財団法人日本中毒情報センターが医療従事者向けに提供しており、家庭用品、自然毒による中毒の概要、症状、処置などの情報を検索できる。また、同センターの Web サイトでは一般向けに中毒事故発生時の対応や予防に関する情報が提供されている。

▟ 医薬品、医療機器に関する情報

医薬品等安全性関連情報　厚生労働省のWebページ。緊急安全性情報や医薬品・医療機器の安全性に関するトピックスがリスト化されている。

医療用医薬品 情報検索／一般用医薬品・要指導医薬品 情報検索　独立行政法人医薬品医療機器総合機構（PMDA）のWebサイトであり、添付文書、インタビューフォーム、緊急安全性情報、医薬品の回収に関する情報などを検索可能。このほかに、医療機器、再生医療等製品についての情報検索ページや患者向け医薬品ガイドなどの情報も提供されている。

医薬品情報データベース（iyakuSearch）　一般財団法人 日本医薬情報センター（JAPIC）が提供する国内外の医薬品に関するデータベース。医薬品に関連した文献、医薬品の類似名称、臨床試験の情報などを検索できる。

▟ 疾患に関する情報

がん情報サービス　国立研究開発法人 国立がん研究センターが運営しているWebサイト。がんに関する科学的根拠に基づく信頼性の高い情報やがんの解説、予防と検診、診断、治療方法、統計データなどを、医療者向けと一般向けに分けて提供している。

重篤副作用疾患別対応マニュアル　厚生労働省が作成して公開しているほか、PMDAのWebサイト内にも掲載されている。医療関係者向けに重篤な副作用の治療法、判別法等が包括的にまとめられている。

MSDマニュアル　「メルクマニュアル」として知られるアメリカの包括的な医学書の日本語版。定期的に新しい情報に更新され、検索機能も充実している。プロフェッショナル版および家庭版をMSD株式会社が提供している。

▟ 健康、医療に関する情報

「健康食品」の安全性・有効性情報　国立研究開発法人 医薬基盤・健康・栄養研究所が公開しているWebサイトであり、食品、食品成分、「健康食品」に関する基礎知識、話題の食品、成分、被害関連情報などが掲載されている。

食品の安全性に関する情報　国立医薬品食品衛生研究所が公開するWebサイト。食品の安全性に関するトピックや国外の最新情報がまとめられている。

医療事故情報収集等事業　公益財団法人 日本医療機能評価機構のWebサイトであり、医療従事者が報告した事故防止に役立つ事例が掲載されている。

厚生労働統計一覧　厚生労働省が実施している人口動態調査、医療施設調査、国民医療費、地域保健・健康増進事業報告、社会福祉、社会保険などに関す

る調査結果が閲覧可能。

環境総合データベース　環境省がまとめた環境研究技術ポータルサイト内にある、国内外の環境研究・技術に関するデータベースをまとめた Web サイト。

7 その他、研究に役立つ情報

researchmap　JST が運用、提供している研究者中心の双方向コミュニケーション。国内の大学・公的研究機関等に関する研究者情報を検索可能。

サイエンスポータル（Science Portal）　JST が公開している Web サイト。科学技術に関するニュース、新聞記事、専門家の意見などのほかに、研究機関等のプレスリリース、イベントの開催情報などが掲載されている。

ライフサイエンスの広場　文部科学省が提供している Web サイト。ライフサイエンスの研究推進に寄与する情報、政策・予算に関する情報のほか、生命倫理、安全に対する取り組みや、遺伝子組み換え実験などの安全に対する取り組みについての情報がまとめられて発信されている。

国立国会図書館リサーチ・ナビ　国立国会図書館が提供している Web サービス。特定のテーマや分野別に Web サイトや資料、データベースなどが紹介されているほか、情報検索をするためのヒントなども掲載されている。

5　情報源の記載方法

　さまざまな情報源にアクセスする目的には、吟味した内容を他者に提供することや、自分の研究の関連情報として活用することなどがある。検索した情報を不適切に使用することは避けなければならないが、その情報がなければ、自分が作成する文書などが成り立たない場合、定められた条件を満たせば引用することができる。以下では、すでに公開された情報を引用する際の情報源の記載方法について説明する。学術情報、非学術情報ともに、正しく引用できるようにしよう。引用とその条件については第 5 章で十分に確認してほしい。

A　インターネット上の情報源の記載方法

　本章で解説してきたように、インターネットで検索した情報を利用する時は、内容を吟味するとともにその情報源を適切に記載することが大切である。これは情報の信憑性を担保するためであるほか、参考にしたいと思った人が同じ情報にたどり

第 10 章

着くためである。一般的に必要とされる情報と記載例を以下に示した。記載順序などにはさまざまなルールがあるが、一つの文書の中では統一した方がよい。Webサイトによっては、記載方法が指示されている場合もあるので、Webサイトを訪問したときに、「このサイトについて」「著作権について」などのページがあれば、そのページにアクセスして、記載内容を確認しよう。

インターネット上に公開された情報を示すために必要な項目と順序

著者名. 組織名. "Webページのタイトル". Webサイトの名称. ［Webページの更新年月日］. 入手先URL［参照年月日］.

例①：特定のWebサイト

医薬品医療機器総合機構．くすりQ&A．https://www.pmda.go.jp/safety/consultation-for-patients/on-drugs/qa/0014.html［参照 2022-05-14］．

例②：特定のWebページ

医薬基盤・健康・栄養研究所．"「健康食品」の素材情報データベース−ウコン（アキウコン）"．「健康食品」の安全性・有効性情報．［更新 2021-12-20］．https://hfnet.nibiohn.go.jp/contents/detail121.html［参照 2022-05-14］．

例③：インターネット上に公開されているPDFファイル

厚生労働省．第十八改正日本薬局方 通則〜一般試験法．https://www.mhlw.go.jp/content/11120000/000788359.pdf［参照 2022-05-14］．

通常のWebサイトには、情報を公開している組織や個人の名称が記載されている。個人名がなく組織名や担当部署名だけが表示されていることもある。見当たらない場合は、閲覧しているWebページの最上部（ヘッダー）、最下部（フッター）、サイドバーなどの表記や、「このサイトについて」のようなコンテンツを探すとよい。著作権（copyright）の所有者と必ずしも一致しないので注意しよう。情報の引用については、第5章も参考にしてほしい。

Ⓑ 学術情報の記載方法

学術論文には、引用したり参照したりした論文等の書誌事項が、最後にリストアップされており、読者はその情報からさらに遡って詳細を確認することができる。次ページの例は、米国国立医学図書館（NLM）が刊行している「Citing Medicine, 2nd edition」および独立行政法人科学技術振興機構が公開している「科学技術情報流通技術基準−参照文献の書き方（SIST 02）」に記載されたルールを参考にし

た例である。書誌事項については p. 255 も参照のこと。

学術論文

Maron DM, Ames BN. Revised methods for the Salmonella mutagenicity test.
　　　　著者.　　　　　　　　　　　　　論文タイトル.

Mutat Res. 1983, 113(3-4):173-215.
掲載雑誌名. 発行年.　巻 (号): 開始−終了ページ.

単行本の一部

Miller A. "Reactions of Nucleophiles and Bases". Writing Reaction Mechanisms
　著者.　　　　　章のタイトル.　　　　　　　　　　　書名.

in Organic Chemistry.　London, UK, Academic Press, Inc. 1992, p.113-208.
　　　　　　　　　発行地.　　　　出版社.　　　出版年, 開始−終了ページ

　英語で著者名を記載する場合、多くは family name をスペルアウトし、first name、middle name はイニシャルのみにする。日本語の著者名は氏名を略さずに記載する。著者全員を記載するのが基本であるが、著者が多い場合には筆頭著者（ファーストオーサー）以外の著者を *et al.*（*et alia* というラテン語の略。= and others）として省略するときもある。論文タイトルは、ルールによって省略される場合があるが、後から確認するときのために指定されているとき以外は、記載しておくとよい。

　複数の単語からなる学術雑誌名は一定の規則（Journal → J　Japanese → Jpn Toxicology → Toxicol など）に従って省略して記載する。省略を示すピリオドの有無はルールによって異なる。PubMed などの検索結果には省略された形で学術雑誌の名称が書かれているので、元の雑誌名を自分で確認するとよい。また、日本語の雑誌名は略さないで記載する方が多い。単行本の場合、出版社や発行地のほかに、必要に応じて編者や版数が追記される。

学術雑誌名を省略した例

J Am Chem Soc　（Journal of the American Chemical Society）

Proc Natl Acad Sci USA （Proceedings of the National Academy of Sciences of the United States of America）

Chem Pharm Bull （Chemical and Pharmaceutical Bulletin）

　近年、冊子体を発行せず電子版のみで論文を公開するオンラインジャーナルが

増えており、正式公開前に「Online ahead of print（早期公開）」の形で学術論文データベースに収載される場合も多くなった。雑誌によっては、掲載順にページ番号を付与するのではなく、一つ一つの論文に固有の番号（Article Number）を付与し、各論文のページ番号を1ページから始めている場合がある。この場合は、前ページの例にある「開始ページ – 終了ページ」の部分に「Article Number」と、さらにDOIを記載して、論文が特定できるようにする。

　学術研究活動を推進するためには、すでに報告されている情報を有効に活用することが必須である。論文だけでなく、実験報告書、研究レポートを作成したり、学会で研究発表するときなどには、盗用や剽窃にならないような配慮はもちろんのこと、先行研究を適切に引用し、参考情報を正しく提示するように行動できるようにしてほしい。（引用については、第5章を参照のこと。）

※本章の一部（第1,2項、第3項A）は、飯島史朗：薬学生のためのヒューマニティ・コミュニケーション学習（小林静子, 江原吉博編）, 南江堂, 2009, pp.8-11の内容を修正・加筆したものである。

第11章

Web ページによる
情報の発信

　現在、多くの情報は Web ページ（ホームページ）を利用して公開されている。情報を発信する手段として、Web ページが日常的に利用されている理由の一つは、Web ページが手軽に作成でき、短時間で情報発信できる点である。また、公開された Web ページは検索エンジンによって索引されるため、発信した情報のありかが伝搬されやすい点も特徴としてあげられる。本章では、Windows 標準のソフトウェアであるメモ帳を使って、Web ページ作成の基本を理解するとともに、情報発信の手段として Web ページが簡便に利用できることを解説する。

　みなさんが社会に出たときに Web ページで情報公開を行う立場になり、本章に記載した内容を利用するかもしれない。HTML 言語の記述をはじめとする Web ページの本質を知り、簡単な修正であれば、自分でやってみようと思えるように、また、検索されやすい Web ページを作ることができるように Web ページの仕組みに親しんでほしい。

1 Webページと HTML

　Webとは、「蜘蛛の巣」を意味する英単語であるが、インターネットが普及した現在、Webと言えばWWW（World Wide Web）と呼ばれるシステムを意味する。Webページは、**HTML**（Hyper Text Markup Language）というプログラミング言語の一種で記述されている。Microsoft Edge、Google Chrome、Safari、Mozilla Firefox、Operaなどの Web ブラウザーで閲覧可能であり、Web ページ間を自由自在に行き来できるなどの特徴をもつ。また、Web サイトとは、Web ページが集まった単位であり、例えば、「ある大学の Web サイト」というと、その大学が公開する Web ページ全体を指す。日本では Web ページのことをホームページと呼ぶことが多いが、ホームページという言葉の厳密な定義は、「Web ブラウザーを起動した直後に表示される Web ページ」である。しかし、最近では、そのような Web ページもスタートページと呼ばれる方が一般的となった。実際にはホームページという呼び名は頻繁に使われているが、本章では Web ページと表現する。

　ハイパーテキストとは、文書間をリンクする仕組みのことである。HTML にはページレイアウトについての情報、他のページへのリンク（ハイパーリンク）、図表を含めるための記述方法が WWW の標準化団体である W3C（World Wide Web Consortium）によって規定されている。Web ブラウザーは、WWW のシステム上で、HTML 言語を解析し、指示に従って本文を表示させるソフトウェアである。HTML はテキスト文書であるため、編集が容易であるという特徴がある。W3C は技術の進歩に合わせて HTML の規格を策定しており、2014 年 10 月に Web 標準技術として HTML5 が勧告された。このため、本章では、HTML5 および Web ページのデザインを定義するスタイルシートである CSS3 を基本として Web ページ作成について解説する。

　Twitter や Facebook を含め、ブログや Web サイトは、誰でも作成し、公開することができる。第 3 章や第 5 章でも説明したように、インターネットの世界では、利用者それぞれが秩序を守ることが重要である。Web サイトを公開したり、SNS サービスで発言する際には、他人の個人情報は公開しない、著作権を侵害しない、公序良俗に反しない、などの基本的な注意事項を守り、自分が発信する情報には責任を持つということを忘れてはいけない（→ p. 296 ちょっとしたコツ㊼）。

2　Web ページを構成する要素

　HTML 文書は、Web ページに表示する文字や写真などの情報を記載したものであり、背景の色、フォントの大きさや色などのページの装飾（見栄え）はスタイルシートと呼ばれる手法で定義される。HTML と組み合わせる場合、一般的に CSS（Cascading Style Sheets）と呼ばれるスタイルシートが使用される。CSS の役割は Web ページのレイアウトと装飾、すなわち背景に色をつけたり、文字に色をつけることである。また、複数の HTML ファイルに共通の CSS ファイルを作成して利用すると、デザインが統一された Web ページを簡便に作成することができる。

Ⓐ HTML の基本構造

　HTML 文書には、Web ブラウザーに対して指示するための命令と、テキストや画像ファイルの指定などの本文が含まれ、これらをソースと呼ぶ。ソースの中では、さまざまな命令を< >で囲んだ半角文字列で記し、これをタグ（tag, 標識）と呼ぶ。タグには、開始タグと終了タグがあり、両者で囲まれた全体を要素と呼ぶ。要素の中には、終了タグのない要素や、< > の内側に詳細な設定項目を属性として指定することができる要素もある。

```
<タグ名>    文字列    </タグ名>
開始タグ              終了タグ
```

　HTML 文書は、複数のタグを入れ子構造 * で記述して構造化しなければならない。基本構造を定義するタグは、HTML 全体を示す <html> タグ、Web ページの

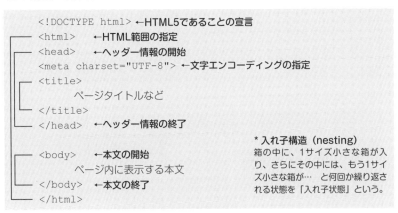

HTMLの基本構造

タイトルなどのヘッダー情報を記載する <head> タグ、実際のページの内容を記述する <body> タグの 3 つである。前ページの図で、html 要素に先だつ DOCTYPE 宣言は、HTML のバージョンをブラウザに提示するために必要な行であり、また、4 行目には日本語表示に使用する文字コードを <meta charset="UTF-8"> で記述している。日本語の文字を表すコードとして、HTML5 では UTF-8 が推奨されているが、Shift-JIS という文字コードも使用できる（→ p. 14）。

基本構造		説　　明
`<html>`	`</html>`	HTML ファイルであることを示す。
`<head>`	`</head>`	タイトルなど、Web ページに関する情報を記載する。Web ブラウザーでは表示されないが、検索エンジンはこのタグの内容も参照している。
`<title>`	`</title>`	head 要素内で使用されるもっとも重要なタグ。Web ブラウザーの上部にあるウィンドウバーに表示されるタイトルや、タブブラウザのタブに表示される文字列を示す。
`<body>`	`</body>`	ページの本文を示す。

Ⓑ CSS の基本構造

CSS は、HTML で記述された Web ページの「見た目」を定義するためのスタイルシートであり、HTML5 と組み合わせて使用する CSS のバージョンは CSS3 である。HTML と同様に、CSS にも書き方の決まりがある。CSS の基本単位は規則集合であり、セレクタ（選択子）と ｛ ｝ で囲まれた宣言ブロックで構成される。セレクタには修飾される対象、例えば HTML5 の要素や、要素を区別する class 属性を指定し、宣言ブロックには修飾内容を記載する。宣言ブロックのうち、" : " より前をスタイルの種類を示すプロパティ、後を指定値と呼ぶ。例えば、後述する p（段落）要素に含まれる文字を赤にする、という設定は以下のようになる。また、同時に複数の修飾を行う場合は宣言ブロック内に " ; " で区切ることにより並べて書くことができる。

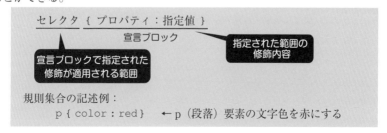

◆ CSS を定義する

　CSS は HTML 文書内に記述するか、別ファイルを作成して HTML 文書から参照することで、設定したレイアウトを実現する。統一したデザインを複数の Web ページに適用するという CSS の目的を有効に活用するために、本書では、CSS を独立した別ファイルとして作成することを推奨する。

- 別に CSS ファイルを作成し、HTML 文書から参照する場合

　CSS ファイルはテキストファイルである。規則集合を記載したテキストファイルを作成し、拡張子を CSS にして保存する。その上で、link 要素を HTML 文書内の head 要素に記述し、外部 CSS ファイルの使用を宣言する。

HTML ファイルでの外部 CSS ファイルの指定例：

```
<link rel="stylesheet" type="text/css" href="CSS のファイル名 .css">
```

- HTML 文書内に記載する場合

　HTML ファイル内の head 部分に style 要素を挿入し、この中に規則集合を記載すると、文書全体に適用される。このほか、各タグの中に記述して部分的に適用する方法もある。

HTML ファイルの head 要素内への記述例：

```
<style type="text/css">
要素 { プロパティ：指定値 }
</style>
```

※type 属性に書かれた "text/css" という記述はスタイルシートが CSS であることを設定している。HTML4 では必須であるが、HTML5 では省略可能。

○ 文字の修飾

　文字の修飾は、その内容に応じて HTML ファイルに直接記述する場合と、CSS ファイルに記載する場合がある。HTML ファイル内にタグとして記載する要素について、次ページの表にまとめた。この中で h1 ～ h6 の見出し要素は、ただ文字を大きくしたり、強調したりするだけではなく、その Web ページの見出しとして、重要なキーワードを表すものである。h とは、見出し（heading）を意味する。

h1タグは見出し1

h2タグは見出し2

h3タグは見出し3

本文のフォント

特に、検索エンジンは6段階中でもっとも文字が大きくなる <h1> タグに囲まれた文字を title 要素と同様にキーワードとして収集しているため、Web ページの本文中の表題には基本的に h1 要素が使われる。Word 文書のアウトライン機能（→ p. 129）と同様に考えるとよいだろう。

| 見出し要素の使用例： | <h1> サンプル Web ページ </h1> |

このほかに、文字や文章を強調する要素が複数ある。文字の大きさや色などの修飾は CSS を利用して指定する。

文字の修飾タグ		説　明
<h1>	</h1>	見出しタグ：1〜6までの数字を変えて見出し設定ができる。1が一番大きく、目立つようなフォントになる。このタグで囲まれた文字列の後は、自動的に改行される。
<b>	</b>	太字にして他の単語と区別する。（＝bold）
<i>	</i>	斜体にして他の単語と区別する。（＝italic）
<strong>	</strong>	重要な単語であることを示す。（＝strong）
<em>	</em>	強調したい文字であることを示す。（＝emphasis）

◆ CSS で文字のサイズを指定する

文字のサイズは、規則集合の宣言ブロック内に font-size というプロパティで指定する。大きさの単位には、画面上のドット数で表すピクセル（px）や、基準サイズに対する値の rem などがある。例えば、基準となるフォントの 0.8 倍のサイズの文字で表すときは、{font-size : 0.8rem} と記述する。

規則集合の記述例（p 要素の文字サイズを基準の 0.8 倍にする）：
p { font-size : 0.8rem }

◆ CSS で文字の色を指定する

文字の色を指定するためには宣言ブロック内で color というプロパティを使用する。色の値はカラーコードと呼ばれる #XXXXXX という表記、または色の名称を利用する。# に続く6桁の文字（000000 〜 FFFFFF）は、赤（R）、緑（G）、青（B）をそれぞれ 256 階調（16 進数で 00 〜 FF）で表記したものである（→ p. 17）。また、CSS に定義されている色の名称を直接記述しても指定できる。例えば、{font-color : # FF0000} でも {font-color : red} でも、文字色に赤を指定することになる。インターネットで「色見本」や「css」などのキーワードを用いて検索すると、さまざまなサイトで色見本と名称を確認することができる。

D　ページのレイアウト

　HTML では、記述の途中で Enter キーを押して改行しても、Web ページに反映されず、半角スペースとしてしか認識されない。このままでは、Web ページで思い通りの場所で文章を区切ることができないことになる。このため、本文の内容に合わせて、段落、改行、内容の区切りを表すレイアウトタグを使用する。

　Word 文書と同様に、Web ページにも段落という概念がある。段落（paragraph）のまとまりを示すのが p 要素であり、<p> タグで囲まれた段落の前後に 1 行ずつの改行が挿入される。一つの文章中で単に改行（break）する目的には
 タグを用いる。br 要素は空要素と呼ばれ、終了タグなしで使用する。

段落1	<p> タグを使用した例	段落1	 タグを 1 行目の
		段落1	行末に記述した例
段落2			

　Web ページの内容を区分けして表示する場合、hr 要素を利用する。hr 要素にも終了タグはなく、<hr> タグを挿入した位置に、水平の罫線（horizontal rule）が表示される。線の幅 (width) や、線の太さ（height）などは CSS で指定する。例えば、HTML ファイル内の水平線を引く部分に <hr> タグを挿入し、CSS で hr 要素に対する規則集合に ｛width : 70% ; border - width : 3px｝を記述すると、図のように画面の横幅に対して 70% の幅、太さ 3 ピクセルの水平線になる。

テーマの区切りでhr要素を利用する

CSSで幅や線の太さを指定できる

罫線タグで水平罫線を表示させた例。上はプロパティの指定なし、下は幅と太さを指定した。

レイアウトタグ		説　　明
<p>	</p>	段落の区切りを示す。前後に1行ずつの改行が入る。
 		改行する。（終了タグなし）
<hr>		水平の罫線を挿入して区切りを表す。（終了タグなし）
<div>	</div>	文書の中で一つのかたまりであることを示す。

　CSS によるレイアウトの例として、段落全体を字下げして表示する場合は、p 要素に対して ｛margin - left : ○○ px｝を指定する。また、本文の文字列をページ中央に揃えるときは CSS に ｛text - align : center｝を記述する。

E 画像の表示

Web ページにロゴ、写真、イラスト、スキャナーで作成した画像（image）を表示する場合は img 要素を使用する。<img> タグ内には、画像ファイル名や画像を表示する代わりの文字列などを属性として指定することができる。img 要素も空要素であり、終了タグは必要ない。

表示する画像ファイルを指定する属性は source を意味する src であり、<img src=“sample.jpg”> のように、ダブルクォーテーションでファイル名を囲んで記述し、ファイル名には拡張子を忘れずに含めなければならない。また、画像ファイルが HTML ファイルと同じフォルダーにある場合は、ファイル名をそのまま入力するが、別のフォルダーに保存されている場合は、その場所の情報も含めて記述しなければならない。場所の指定の仕方には絶対パスと相対パスの 2 種類があるが、ここでは詳細な説明を省くので、興味のある人は調べてみてほしい。

画像を閲覧できない環境や視覚障害者がテキストリーダーと呼ばれるソフトウェアで Web ページを閲覧する場合、alt 属性で指定された代替（alternative）テキストが読み上げられる。alt 属性は HTML5 では必須ではないが、読み上げられてもその画像の様子がわかる内容にして、できるだけ指定したほうがよい。一方、よく似た属性に title 属性がある。これは画像の説明文を指定する属性であり、ブラウザーに吹き出しの形で表示される。

ちょっとしたコツ (63)

自分で作成したグラフなどを Web ページに表示するには？

Word などの描画機能で作成した図形、Excel で作ったグラフなどは、そのままでは HTML で取り扱うことができません。画像編集ソフトがない場合、どうしたらよいのでしょう？

このようなとき、Windows 標準のソフトウェアであるペイントや、PowerPoint を使うと、簡単に JPEG 形式や GIF 形式などのファイルを作成することができます。ペイントは、[スタート] →すべてのプログラム→ Windows アクセサリ→ペイント〔W11 [スタート] →すべてのアプリ→ペイント〕で起動します。

① ペイントまたは PowerPoint を起動する。
② Word や Excel などで図形やグラフを選択→[コピー]
③ ペイントまたは PowerPoint に戻って貼り付ける。→画像サイズを調整する。
④ [ファイル名を指定して保存]→ファイル形式として、JPEG、GIF、PNG のいずれかを選択して、保存する。

Macintosh PC にも標準搭載ではありませんが、PowerPoint などのアプリがあります。オリジナルのロゴなどを自分でデザインして Web ページに表示させてみませんか！

一般的に、1024 × 768 pixel 以下の画像ファイルであれば、多くの PC で画面をスクロールせずに表示できる。画像が大きすぎる場合、width 属性や height 属性で画像の表示サイズを実際のサイズを指定することになっている。width 属性や height 属性を利用する場合は、元の画像と縦横の比率を一致させるように注意する。また、ファイルサイズの大きな画像ファイルは、Web ブラウザーで表示するときに時間がかかるので、画像編集ソフトで編集して適切な画像の大きさ、ファイルサイズとしてから使用する（→第 1 章）。

```
画像要素の記述例：
<img src="sample.jpg" width="400" height="300" alt="これは～です">
        画像ファイル名        画像の幅      画像の高さ      画像の代替テキスト
```

Web ページでは、JPEG、GIF、PNG 形式の画像ファイルが使用される（→第 1 章）。多くの場合、写真データにはフルカラー表現が可能な JPEG 形式が用いられ、ロゴマークやアイコン、イラスト画像などでは多くの色は不要なので 256 色の表現が可能な GIF 形式が汎用される。GIF 形式や PNG 形式では透明色の指定ができるため、Web ページの背景に画像を溶け込ませることも可能である。また、GIF 形式では 1 つのファイルに複数の画像を保存して、アニメーションのように表現させることができる。一方、PNG 形式は、アニメーションはできないが、フルカラー、透明色を取り扱うことができ、W3C が推奨する画像形式である。最近ではアニメーションをサポートする APNG 形式や WebP 形式などが用いられている。

F 他のファイルへのリンク

ハイパーテキストの特徴である「ある文書から他の文書へ自由自在に渡り歩く」ことを実現させるためには、リンクを設定する必要がある。

もっとも基本的な要素は、錨（anchor）から名付けられた a 要素である。さまざまな属性と共に使用されるが、他の文書などへのリンクを参照するための属性は hypertext reference を意味する href 属性で、リンク先の Web ページの URL などをダブルクォーテーションで囲んで指定する。参照先には、他の HTML 文書や、PDF ファイル、画像ファイル、同じ HTML 文書内の特定の位置などを指定できる。同じフォルダー内の HTML 文書を指定する場合は、ファイル名を拡張子も含めて記述すればよい（HTML の拡張子には html と htm がともに利用できるため、注意が必要）。特に設定をしていなければ、Web ページには <a> タグに囲まれた

説明用の文字列が下線付で表示される。

リンクタグの使用例：

① `<a href="http://abc.xyz.ac.jp/index.html">`XYZ 大学へのリンク`</a>`
　　　　　　　↑外部サーバーの html ファイル

② サンプルについての説明は`<a href="sample.html">`こちら`</a>`へ
　　　　同じフォルダ内の html ファイル↑

説明用文字列

表示 ① XYZ大学へのリンク

② サンプルについての説明はこちらへ

---

　a 要素の href 属性にはメールアドレスも指定でき、実際に使用している Web ページは多い。しかし、ここで記述したメールアドレスは、インターネット上で自動的に収集され、迷惑メールの宛先として利用されてしまう場合がある点に注意しなければならない。説明用文字列を画像にする、@ を全角文字にする、などの対策をとったとしても、`<a>` タグの中に、テキスト文字としてメールアドレスを記述するため、結果的にインターネット上にそのメールアドレスを公開することになる。不用意に自分のメールアドレスあるいは他人のメールアドレスへのリンクを作成すると、いつのまにか大量の迷惑メールを送られることになる。それでもよいというアドレス以外は絶対に記述しない。

G 箇条書きを作成する

　箇条書きを表現するときに使う要素として ul 要素（unordered list）と ol 要素（ordered list）があり、それぞれの開始タグと終了タグの内側に箇条書きリストの項目（list item）を `<li>` タグで囲んで列挙する。ul 要素を利用すると、順序に関係ない箇条書きが作成でき、リストの項目には ○ などの行頭文字が付加される。一方、ol 要素は順序立てたリストを作成するために用い、項目の行頭には順番に

ちょっとしたコツ ⑭　リンク先のページを別ウィンドウで開くためには？

　Web ページから別の Web ページへ移動するために、リンクをクリックしたときに、新しいウィンドウが開いて表示されることはありませんか？　これは、リンクタグの中に target 属性が指定されているためです。リンク先を指定するときに、`<a>` タグの属性の最後に target="_blank" と入力してみましょう。さて、どうなりましたか？

番号が振られる。リストの内側には、さらにリストを入れ子にして作ることで階層化できるため、多彩な表現が可能になる。

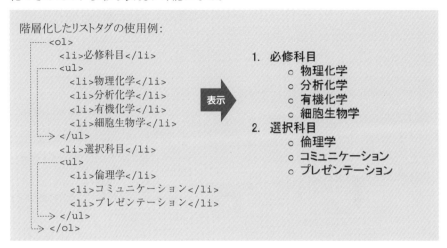

※ol 要素によるリストの開始番号は start 属性、番号の種類は type 属性で変更可能。

この他に、記述リスト（description list）と呼ばれる要素がある。dl 要素は、ある用語を説明文とともに表記する場合などに使用する。dl 要素によるリストを構成するのは、用語の名称（description term）を表す dt 要素と、その用語の説明（definition description）を表す dd 要素であり、次の例のように <dt> タグや <dd> タグを入れ子構造にして複数の説明を並べることができる。

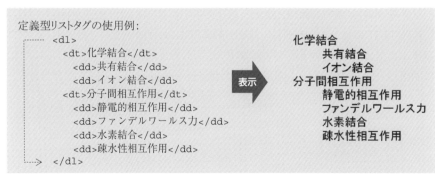

H 表を作成する

Web ページ内の表は table 要素で作成する。開始タグと終了タグで囲まれた中には、表の中の各行（table row）を定義する tr 要素が入る。もし 3 行の表を作成

するのであれば、<tr> タグで囲まれた 3 つの項目が必要になる。さらに、同じ行に含まれる各セルの内容（table data）は td 要素で指定する。<td> タグの代わりに <th> タグを使うと、そのセルは、行や列の見出しセル（table header）となり、文字列が太字で表示される。また、表のタイトルや説明文は、table を宣言した直後に caption 要素を一つだけ追加することができる。

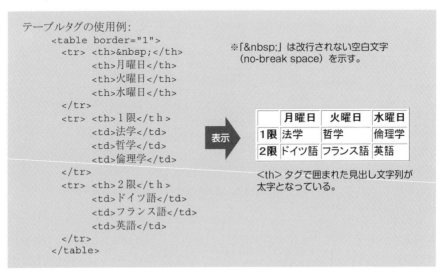

table 要素に指定できる属性の一つに border があり、border="0" と記述すると、罫線のない表になる。このほか、th 要素、td 要素には、横方向のセル結合を指定する colspan 属性、縦方向のセル結合を指定する rowspan 属性が指定できる。

HTML5 において表をデザインするときは、CSS のプロパティで指定する。プロパティで定義する内容として、罫線の色やサイズ（border）、表やセルの横幅（width）、セル内の余白（padding）、表の背景色（background-color）などがある。

```
テーブルレイアウトの CSS 記述例：
    table {
      width: 300px;           ← 表の幅
      border: 2px #FF0000;    ← 罫線のサイズと色
      background-color: skyblue;  ← 背景色
    }
```

※プロパティに対する複数の指定値は、半角スペースで区切って記述する。また、一般的に、上の例のように、セレクタの後でいったん改行し、一行ずつセミコロンで区切りながら宣言ブロックを記述する。

▌ ページ全体のレイアウト

　p. 280 で説明したように、CSS を利用して Web ページの見た目を調整し、さまざまなイメージを作り出すことができる。CSS ファイルには、Web ページ本文を表す body をセレクタにして、複数の宣言ブロックを指定する。例えば、背景色を指定するときは、CSS に、body｛background-color：＃XXXXXX｝という規則集合を記述する。背景色を設定するときは、文字色と背景色のコントラストに注意し、読みやすい色を選択するとよい。画像も background-image プロパティで背景に指定できるが、読み込みに時間がかからないように、ファイルサイズに注意する。なお、文字のサイズや色などは p. 282 を参考にして p 要素（セレクタ）に対して指定する。

3　メモ帳を利用した Web ページの作成

　HTML ファイルや CSS ファイルはテキスト形式であるため、専用のソフトウェアでなくても、メモ帳などのテキストエディタで作成、編集できる。

　本節で解説する方法に必要なソフトウェアは、Windows 標準のテキスト編集ソフトであるメモ帳と、Google Chrome などの Web ブラウザーである。メモ帳は HTML/CSS ファイルの編集、Web ブラウザーは編集中の Web ページの表示を目的として使用する（次ページの図参照）。写真などを表示する場合は、あらかじめ Web ページのデータ用のフォルダーをドキュメント内に作成し、HTML ファイルと画像ファイルを同じフォルダーに保存しておくとよい。

■1 新規に Web ページを作成する

◆ HTML ファイルを作成する

　① ［スタート］→アプリのリストをスクロール→ Windows アクセサリ→メモ帳
※検索ボックスに「メモ帳」または「notepad」と入力して現れるアイコンをクリックしてもよい。

　② HTML の基本構造のタグ（p. 279）を入力する。

　③ p. 279 ～ 289 を参考にして、ヘッダー情報、本文などのソースを入力する。外部 CSS ファイルの名称は、次項で作成するものと一致させる。

　④ ［ファイル］→［名前を付けて保存...］

　⑤ 右下の文字コードのプルダウンから "UTF-8" を選択し、ファイル名を付けて作業用フォルダーに保存する。ファイル名は任意の文字列が可能であるが、半角英数字および半角ハイフン、半角アンダーバーのみとし、拡張子（html）

第 11 章

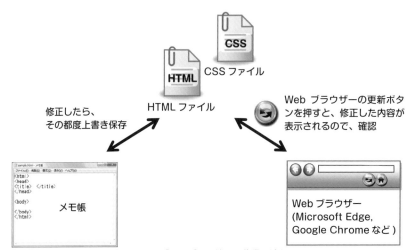

メモ帳と Web ブラウザーを使った作業の流れ

を忘れずにつける。（例：sample.html）

⑥ ソースの編集中は、メモ帳は終了せず、開いたままにする。

⑦ ソースを修正する都度、［ファイル］→［上書き保存］（または Ctrl+S）で HTML ファイルを保存する。

◆ CSS ファイルを作成する

① ［スタート］→アプリのリストをスクロール→ Windows アクセサリ→メモ帳

② 1 行目に文字エンコーディング「@charset "UTF-8";」を入力する。

③ p. 279 ～ 289 を参考にして、規則集合（セレクタと宣言ブロック）を入力する。

④ ［ファイル］→［名前を付けて保存...］

⑤ 文字コードに "UTF-8" を選択し、ファイル名を付けて HTML ファイルと同

ちょっとしたコツ ㉞

複数の CSS 設定が存在するときは、どれが適用されるのですか？

　スタイルシートの指定方法には 3 種類あることは、本文に記載した通りです。一つの要素に対して、複数の CSS が設定されているときは、以下の優先順位で適用されます。
　　1. 特定の要素内に記述されたスタイル
　　2. HTML ファイルのヘッダー要素内に記述されたスタイル
　　3. HTML ファイルのヘッダー要素から参照された外部 CSS のスタイル
　全体に反映されるような設定を行っていても、一部を変更したいときは、その部分だけスタイルを変えることができるんですね。

じフォルダーに保存する。拡張子 (css) を忘れずにつける。（例：sample.css）

⑥ 編集中は、メモ帳は終了せず、開いたままにする。CSS を修正する都度、上書き保存する。

2 作成済みの HTML ファイル／ CSS ファイルを編集する

① ［スタート］→アプリのリストをスクロール→ Windows アクセサリ→メモ帳

② ［ファイル］→［開く...］

③ 右下のファイルの種類を「すべてのファイル（*.*）」にする。

④ ファイルが保存されているフォルダーから目的のファイルを選択して開く。

⑤ 編集中は、メモ帳を終了せず、開いたままにする。

⑥ ①～⑤と同じ手順でCSS ファイルを開く。2 つのファイルは、メモ帳のタイトルバーに表示されるので、拡張子も含めて確認し、見分けるようにする。

⑦ ファイルの内容をを修正する都度、［ファイル］→［上書き保存］（または Ctrl+S）で HTML ファイルまたは CSS ファイルを上書き保存する。

編集中のファイルは拡張子で見分ける

3 編集中の Web ページを表示し、確認する

① HTML ファイルを保存したフォルダーを開き、編集中の HTML ファイルをダブルクリック。→ Web ブラウザーが起動し、Web ページが表示される。

② Web ブラウザーのアドレス欄の最後に、開いた HTML ファイルのファイル名が表示されているか確認する（ファイル名の直前の文字列は、そのファイルがある PC 内のドライブ、フォルダーを示している）。

③ そのまま Web ブラウザーを起動しておく。

④ メモ帳で HTML ファイルまたは CSS ファイルを更新、上書き保存。→ Web ブラウザーの表示を更新して、編集内容が反映されているか確認する。

第11章

4 HTML ファイル／ CSS ファイルを編集するときのポイント

- タグ、属性、セレクタ、プロパティなどは必ず半角で入力する。全角で入力すると、Web ブラウザーは認識しない。
- 開始タグを入力したら、すぐに終了タグを続けて入力し、その間に文字列や別のタグを入力していく。
- 編集しても、内容が思い通りに反映されない場合は、①終了タグがあるか、②タグの終わりを示す > の記号があるか、③ファイルの参照先が誤っていないか、などを確認する。
- リストや表の要素を組み合わせて階層化して使う場合は、行頭に半角スペースを入れてタグの開始位置をずらし、構造がわかりやすいようにするとよい。p. 294 のソースを参照。
- HTML では、ファイル内で何回改行しても、Web ページへの表示には影響しない。このため、改行をうまく利用して、構造を確認しやすいソースを作るように心がける。ただし、タグ中の属性の途中では改行しない。
- HTML では、半角スペースを連続させても 1 つの半角スペースとしか認識されない。文字列の中にスペースを入れるときは、全角スペースを使用するか、「改行しない半角スペース 1 個」を意味する   という特殊文字列を使用する。p. 294 のソースを参照。
- CSS では、改行や半角スペースを入力しても結果には影響しない。セレクタに複数のプロパティを設定するときはセミコロンを行末に入力しながら、わかりやすく適宜改行する。

5 編集の実際

　ここまでに説明した HTML と CSS でレイアウトした Web ページの例を p. 294 ～ 295 に示した。メモ帳で表示したファイルの内容と、実際に Web ブラウザーで表示させたものと比較しながら、どのようにタグ、属性、プロパティなどが使われているかを確認してほしい。

　これらすべてを同時に設定するのは、慣れるまでは難しく感じるかもしれないが、自分のイメージ通りの Web ページができるまで、メモ帳で編集するたびに HTML ファイルや CSS ファイルを保存し、Web ブラウザーで確認する、という作業を繰り返してみよう。

4　Web ページの作成と公開

　本章では、HTML の構造と基本的な Web ページを作るための最低限のタグや集合規則を説明した。HTML5 ／ CSS3 に関するさらに詳しい情報は、「HLML」や「ホームページ作成」などのキーワードでインターネット上を検索すると、さまざまな解説ページ、作成支援ページがあるので、それらを参照してほしい。

　Web ページを作成し、インターネット上に情報を公開するためには、作成したHTML ファイルを、インターネットから閲覧できる場所に置かなければならない。一般的に、大学にある共用 PC や家庭用 PC は、セキュリティの観点からインターネットから直接閲覧できないようになっている。では、Web ページを公開するためのデータは、どこに保存したらよいのだろうか？ Web サイトを公開するコンピューターはインターネットから匿名で閲覧できるので、Web ページのデータはセキュリティが管理された専用のコンピューターに保存する必要がある。

　Web サイトを公開する手段として比較的手軽に利用できるのは、Web サイトを作成できるオンラインサービスである。簡単なテンプレートが用意されている場合もあり、自分で HTML ファイルや CSS ファイルを編集しなくても見栄えのよいWeb ページを作成することができる。自由度の高い Web サイトを構築したいときは、共同で利用するレンタルサーバーを契約するという方法もある。自分で Webページを作り、公開したいと思ったときは、どのようなサービスが適しているのか調べてみるとよい。大学によっては、学生が利用できる環境を提供している場合があるかもしれない。

第11章

294

例：HTML5/CSS3 でレイアウトしたページの例

③ h1 要素のレイアウト（CSS）

```
h1 {
    font-size: 1.8rem;
    margin-top: 8px;
    margin-bottom: 10px;
    padding: 9px;
    border-top: 10px solid;
    border-bottom: 10px solid;
    text-align: left;
    color: #0000F0;
}
```

⑦ strong 要素のレイアウト（CSS）

```
strong {color: red;}
```

⑨ hr 要素のレイアウト（CSS）

```
hr {border-width: 2px;}
```

Webブラウザで表示

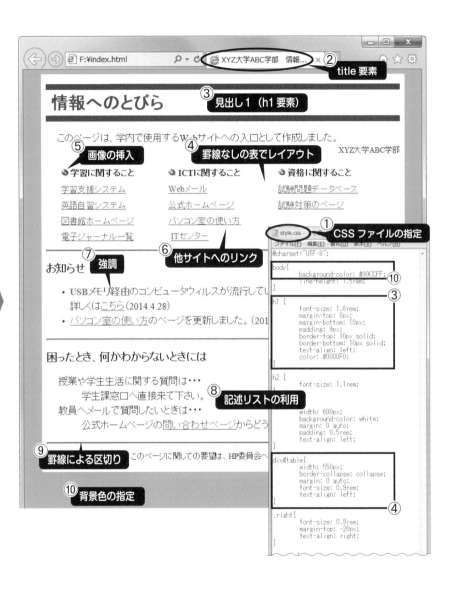

ちょっとしたコツ ⑥⑥

段落ごとに CSS の設定を変えたいのですが…
class 属性と id 属性

　CSS を使いこなしていくと、HTML の本文には手を加えずに、さまざまな Web ページをデザインできることがわかると思います。ふだん、閲覧している Web サイトのほとんどが CSS でそのデザインを実現しています。

　CSS では、HTML の要素ごとにフォントの色やサイズ、背景色や罫線などのプロパティを設定していきますが、段落を表す p 要素に一種類しか設定できないと、複数のページにわたった Web サイトですべて同じデザインにしなければなりません。このようなときに利用できる属性として、class 属性があります。CSS は属性にもプロパティを設定することが可能で、クラス名の前に "." (ピリオド) をつけて要素と区別します。例えば、

　　　p.blue {font-color:blue;}　　　p.red {font-color:red;}

と記述すると、<p class="blue"></p> で囲まれた文字は青、<p class="red"></p> で囲まれた文字は赤にすることができます。この設定を他の要素にも利用するなら、

　　　.green {font-color:green;}

のように、class 属性だけに設定を記述することもできます。

　同じように利用できる属性に id 属性があります。class 属性は HTML 文書の中で何度も使うことができますが、id 属性は 1 回だけという違いがあります。p. 294 のソースと p. 295 の CSS にも二つの属性が使われていますので、確認してみてください。

ちょっとしたコツ ⑥⑦

ブログ・Facebook・Twitter のはなし

　ブログとは Weblog (ウェブログ) の略で、日常の出来事を発信するなどに利用されています。この本の読者の多くにとっては Facebook や Twitter、写真の投稿に特化した Instagram などの SNS、LINE などのメッセージアプリの方が身近で、ブログは発信するというよりも閲覧する対象かもしれませんね。

　ブログは専門の知識がなくても簡単に記事を投稿できること、投稿記事が日付順、カテゴリ別に分類されて表示されること、閲覧した人がコメントできること、トラックバックにより Web ページからのリンクが自動的に貼られること、などが特徴です。Facebook は実名でアカウントを登録し、関係のある人と双方向の情報交換が可能です。Twitter は1 回あたり日本語で140 文字以内という制限がありますが、思いつきを気軽に発信できます。最近では、企業がSNS のアカウントで積極的に情報発信することが当たり前になってきました。

　これらは、いずれも人とのコミュニケーションを図るツールで、それぞれの仕組みを利用してインターネット上に情報を公開するということには変わりがありません。Web ページで情報を公開するときと同様に、発信する記事、発言には責任をもち、個人情報、激情的な記事や誹謗中傷などは絶対に投稿しないなど、これまで説明してきた情報モラルを守りつつ、楽しんでほしいと思います。インターネットの世界では何が起こるかわかりません。自分の行動で人に迷惑がかかることだけは、絶対に避けたいですね。

第12章

調べて、まとめて、発表する

　学術研究活動とは、今ある抽象的な問題点を定量化することで明確化し、それに対しての適切なアプローチを考えることである。それにより、新たな知見を見いだし、十分な証拠を揃えた上で、必要なデータを適切に提示し、わかりやすく他者へ伝えることが重要である。これを実現するためには、「調べる（実験する）」、「まとめる（整理する、考察する）」、「発表する（報告する）」というステップを踏む必要がある。これは、本書を読んできたみなさんにとって「何かを学ぶ」ということと同じではないだろうか。調べて、理解したことを、わかりやすくまとめて、さらに人に伝えることで、自分自身も、より深く理解することができるはずである。

　最終章では、情報通信技術（Information and Communication Technology, ICT）を活用して「調べて、まとめて、発表する」ことについての概要をまとめる。

1 調べて、まとめて、発表する

A 調べて情報を収集する

　何か行動しようと思ったときに、あなたが最初に行うのは「調べること」ではないだろうか。これには、自分で調べることも、人が調べたことを教えてもらうことも含まれるだろう。「調べる」という言葉には、「わからないことや不確かなことを、いろいろな方法で確かめる」「調査する」「研究する」「探索する」「分析する」「検査する」「点検する」などのさまざまな意味があるが、どれも、基本は情報を収集することである。ここでの情報には、図書やインターネットから得られる情報、資料もあるが、実験により得られたデータも一種の情報と言える。

　多くの情報が集まると、情報収集の目的を忘れてしまうことがある。実験を始めるときには何のために実験をして調べるのか、インターネットで情報検索するときには何のために調べるのかなど、行動するときには「何のために」という理由が必ずあるはずである。すなわち、常に情報収集の目的を明確とし、それを確認しながら進めることが大切である。

B 収集した情報を整理してまとめる

　インターネットがなくてはならないものになり、莫大な情報を瞬時に収集することが可能となった。しかし、情報を収集したままでは、後日、利用しようとしても、内容の判別が困難になってしまう可能性がある。例えば、新聞記事をスクラップしておいても、いつの、どのテーマで書かれた記事なのか整理されていないと、参考にすることができない。同様に、実験データをメモ用紙に書いたままでは、いつの、どのようなデータかを忘れてしまう。すなわち、収集した情報は、きちんと整理して保存することが不可欠である。

　多くの情報を収集して整理するためにはさまざまな手段がある。例えば、文書情報などを日付別に並べておくと、「いつ」という項目を利用して必要な情報を探し出すことができる。また、テーマ別、キーワード別にまとめておく方が便利な場合もある。情報の整理は、文書をファイリングしたり、その情報をカードにまとめたりして行うが、Excelなどのソフトウェアを活用し、情報ごとに必要事項を書き留めておくだけでも、後に検索可能なデータベースを作成することができる。情報を整理してまとめるときに重要なことは、情報源を明記すること、情報の信憑性を自

分で確認することである。それによって、まとめた情報の信頼性が高まり、いつで
も元の情報と照合することが可能になる。情報検索のための必要事項、情報の信
憑性、書誌事項については、もう一度、第 10 章で確認してほしい。

　実験を行ったときに、データが得られただけで安心してしまう人がいる。しか
し、得られた実験データは、目的から考えて妥当な結果なのか、予想とは異なる結
果なのかなどを考察しなければならない。たとえ学生実習の実験だとしても予想通
りの結果が得られなかった場合は、なぜ異なったデータになったのか、そのデータ
から得られるものはないかなど、考えられることがたくさんあるはずである。同様
に、何らかの目的を持って、信憑性の高い情報を収集、整理しただけでは、その情
報をただ持っているだけになってしまう。自ら収集し、まとめた情報（実験データ）
を活かすためには、その情報がもつ意味を吟味し、事実関係をわかりやすく簡潔に
整理して、自分なりの見解を導かなければならない。このようにして、自分で入手
した情報について、さまざまな面から十分に考え抜き、論理的にまとめると、それ
が自分自身の財産となり、社会へ発信する価値が生まれてくる。

Ⓒ 情報を発信する

　あるテーマについて調査が必要となり、時間をかけて図書館やインターネットで
さまざまな情報を収集し、整理したとしても、その情報を自分で持っているだけで
は、自己満足で終わってしまう。学術研究活動も同様である。研究を行って新たな
知見を得ても、それを公表しなければ社会へ還元することができない。

　重要な情報は、それに合わせた公開方法を考えて積極的に発信した方がよい。
それにより、さまざまなフィードバックが得られ、また新たな知見が得られる可能
性がある。その際には、偽りのない情報を責任をもって発信してほしい。

2　レポート・報告書を作成する

Ⓐ 実験ノート、レポート、報告書の重要性

　実験を行う時には、必ず実験ノートにその過程を記述する。例えば、実験前に
は、その実験の目的や実験操作の予定を書き、実験の進行に合わせて、変更した
操作や、秤量結果、色の変化、操作時に気づいた点、機器データの結果などを書
く。ここまでは事実であるが、さらに得られた結果について自分で考えたことを考

察として付け加える。それらに基づいて、次の計画を練り、今後の予定などを記載する。実験中は操作が煩雑で忙しく、ノートを書くのを後回しにしがちである。しかし、すべての実験が終わってからでは忘れてしまうことがあるので、忙しいときでも、実験の前、あるいは実験を進めながら、ノートにあらゆる情報を記録する癖をつけよう。このことは、あるテーマについて調査する際も同様である。どのようなキーワードを使って、いつ、どのような手段で調べたのか、インターネットであれば、どのようなサイトで調べたのかなどを記録しておかないと、後から同じ検索を繰り返すことになりかねない。時間を無駄にしないためにも、常に記録することを心がけよう。

　実験ノートには日々の実験について細かく記載するが、一連の実験がある程度まとまった時点や、テーマについて一段落ついた時点で研究レポートを作成し、考えをまとめることが大切である。研究レポートとは、目的や方法のほか、実験結果、つまり、明らかとなった事実を客観的に記述し、それに基づく自分の意見をまとめたものである。作成したレポートは指導者や先輩、同僚に見せるだけではなく、実験の進め方や結果の考え方などについて、意見を交わすことが重要である。自分では気づくことのできない点を指摘してもらうことで、行き詰まっていた研究がスムーズに進み出し、さらに効率的な実験計画を立てることが可能になる。このようなレポートの積み重ねが、その先の論文作成につながる。

Ⓑ レポート作成上の注意点

　実験データ、自分の意見などのレポートに記載する情報は、わかりやすく整理し、人に理解してもらえるように留意しなければならない。レポートは、他の人が読むということを忘れず、提出前には十分に推敲し、文章の構成、誤字・脱字などがないように気を付ける。文書作成ソフトの利点は、このような推敲を効率よく繰り返せることにある。レポートの構成は、目的、方法、結果、考察、参考文献などのセクションに分け、筋道を立て、各項目のバランスを考えて書く。この項目は基本的には学術論文の構成と同じであるので、もう一度、第10章で確認してほしい。また、参考文献は必ず記載し、レポートを読む人も同じ論文を探せるように、また、自分があとからレポートを見直したときにも困らないように、書誌事項を明記する。引用に関する条件は第5章、書誌事項の記載については第10章を参照。

　学生である間には、講義で行ったグループワークの成果発表、研究室で定期的に行われる研究報告会や卒論発表会など、数回のプレゼンテーションを行う機会があるだろう。大学院に進学して研究活動を続けることになると、プレゼンテーションの範囲も広がってくる。研究発表の第一の目的は、結果の報告と指導者、同僚との意見交換であるが、学会などで発表する場合は、同じ研究分野の研究者との意見交換が大きな目的になる。それによって、研究がさらに進展し、研究者としての自分をアピールする機会にもなる。また、自分には関係ないと思っていたテーマも、学会で他の研究者の発表を聞くと、新鮮な知識として吸収できる場合があるため、学会参加は貴重な勉強の機会でもある。

　成果発表の方法には、大きく分けて、口頭発表（oral presentation）とポスター発表（poster presentation）の 2 つの形式があり、それぞれに特徴がある。大学内での発表会などではあらかじめ発表形式が指定されていることが多く、学会発表などの場合は、発表要旨を提出する際に、どちらの形式で発表するかを考えなければならない。それぞれの形式の特徴を理解し、効果的な発表ができるように準備しよう。発表当日の心がまえについては、表紙袖のちょっとしたコツも参考にしてほしい。

　近年では ICT を活用したオンラインでの発表も増えている。しかし、オンラインと言っても対面で発表する場合と準備すること、注意することは変わらないので、以下を参考にしてほしい。

Ⓐ 口頭発表

　口頭発表では、スライドを提示しながら決められた時間で発表し、その後、質疑応答の時間が設けられている。この形式の特徴は、一度に多くの人へ自分の研究成果について説明できる点である。このときは、発表時間が決められているため、発表をコンパクトにまとめ、発表原稿を作成して十分なリハーサルを行う必要がある。また、一般的な発表時間は 10 分前後と時間が短く、重要な事項についてのみ質疑応答が行なわれるため、その場では多くの討論を行うことができない。

　学会発表での口頭発表というと、PC を使ったプレゼンテーションがほとんどである。次の手順に従って、十分に時間をかけて準備を行い、発表に臨むとよい。

口頭発表の準備手順

① スライドの枚数を決める。	発表する時間に合わせて、おおよその枚数を決める。枚数の目安は基本的に1分間あたり1枚だが、タイトルスライドやスライド内のデータ量によっても異なるので、適宜スライドの枚数を調整する。
② アウトラインを考える。	発表要旨に従い、背景、目的、実験結果、考察、結論（まとめ）などのバランスを考えて、発表のアウトラインを作成する。必要な分だけスライドを作り、タイトルを入力して目次を作るとよい。限られた時間内で発表の内容を聴き手に理解してもらうために、重要な結果だけに絞ることが大切である。
③ スライドのデザインを決める。	大体のアウトラインができたら、第9章を参考にしてデザインを決める。プレゼンテーションの目的、相手、会場などを考慮して、シンプルな背景、配色を選択する。
④ 詳細な内容を入力する。	使用する可能性のある図表について、すでに作成したものがあるか、新しく作る必要があるかを確認する。同時に、スライドの詳細な内容を考えて入力する。
⑤ スライドの内容を確認する。	すべてのスライドの内容が揃ったら、スライドの順序を確認し、指導者の意見を仰ぎ、修正作業を繰り返す。最終的に、目的と結論が矛盾していないか、話の流れはわかりやすいか、について確認する。
⑥ 発表原稿を考える。	スライドが完成したら、発表原稿を考える。話すスピードは、1分間に350字程度がよいと言われている。このときに注意したいのは、実際に話す状況を考えながら原稿を考えることである。原稿を書いたら、スライドを見ながら声に出して読み、スライドの内容をきちんと説明できているか、説明していないデータはないか、話しづらい文章ではないか、などをチェックする。1枚あたりのスライドにかける時間も、このときに確認する。一言しか説明しないスライドは、本当に必要なスライドなのか考えてみる。
⑦ スライドの効果を追加し、全体の進行を確認する。	スライドに設定するアニメーション効果は最小限とし、聴き手にとって効果的と考えられるもののみ設定する。アニメーション効果を用いると、同じ長さの発表原稿でも発表に必要な時間が長くなるので、時間を再考して調整する。
⑧ 発表練習（リハーサル）を行う。	学会前などには発表練習（リハーサル、予演会）が行われることが多い。指導者も含め、自分以外の人に発表することで、スライド内容だけでなく、発表原稿の内容、発表の仕方を確認し、想定される質問に対する返答などを考える。発表練習での指摘事項を活かして、さらに準備を進める。

⑨ スライドを最終調整する。	PC を使って発表する場合は、いつまでも細かな部分が気になり、最後まで修正を続けてしまいがちである。発表の目的は、きれいに作成されたスライドを他の研究者に見せることではない。致命的な誤りでない限り、リハーサル後はスライドを修正せず、発表練習や他の研究者の抄録に目を通すことに時間をかける方がよい。
⑩ ひたすら練習を繰り返す。	ここまで来ると、発表目前になっているだろう。あとは、スライドの順番、アニメーションの動きなどを、原稿と共に頭に入れるように、練習を繰り返す。練習のときは、原稿を目で追って黙読するのではなく、PC 上でスライドショーを行い、スライドの送り方、ポインタの使い方などに気をつけながら、声を出して練習する。これを繰り返すことによって、自然に原稿を覚えることにもなる。発表当日に原稿を手元に置くのは、それを見て発表するためではなく、覚えたはずの原稿を万が一忘れてしまったときに動揺しないためである。練習する時間が多すぎて困ることはない。時間が許す限り、原稿を暗記するくらい練習しよう。

　多くの学会では、発表に使用する PC があらかじめ用意されており、発表者は決められた時間までにスライドの電子データを提出しなければならない。使用する PC の OS、PowerPoint のバージョンなどはあらかじめ確認しておき、適切なデータを持参する。また、万が一に備えて発表データのコピーを忘れずに用意する。

　発表当日は、シンポジウムなどの長時間の講演を除いて、演題の入れ替え時間が非常に短く、発表者にはスムーズな準備が求められる。初めて学会発表を行うときなどは特に、前の演者の発表が終わってからの PC の入れ替えや、スライドショーの開始方法などについても十分に練習を行い、本番に臨もう。

Ｂ ポスター発表

　ポスターを利用する発表形式では、体育館のような広い会場にポスターを掲示し、その前で発表者が説明する。定められた説明時間以外も、ポスターを掲示している場合が多く、発表者が不在でも発表内容をアピールすることができる。また、発表時間内では、そのテーマに興味のあるさまざまな研究者がポスターを見に来る。研究内容について質問された場合でも、ゆっくりと詳細に説明する時間があり、これがポスター発表の一番の特徴と言えるだろう。また、必要に応じて、ポスター以外の参考資料を用意しておき、説明に使用することが可能であり、質疑応答中に、他の研究者が加わり、交流の輪が広がることもある。もしかしたら、論文を読んだことのある有名な研究者があなたのポスターを見に来るかもしれない。その

第12章

ようなときにも、十分に準備していれば落ち着いて説明ができるはずである。

　ポスターを掲示している会場には、多くの人が出入りする。その中で、自分のポスターを見てもらうためにはどのようなデザインが良いのだろうか。スライドと同様に学術研究にふさわしいものにすべきであるが、前を通った人が「見てみよう」と思えるように、ポイントが強調されているメリハリのあるデザイン・レイアウトを心がけてみよう。このようなポスターは、レイアウト専用のソフトウェアで作成できるが、第 9 章で説明したように PowerPoint を利用すればよい。実際には、次ページの手順に従って準備する。

　学会に参加すると、1 枚の大きな用紙に目的、実験結果、考察などの情報を自由にレイアウトしたポスターをよく見かける。近年は、このようなポスターを出力するための大判プリンターを設置している大学も多く、手軽に大判ポスターを作成することが可能となってきた。大判ポスターは、レイアウトがその効果を大きく左右するため、作成するときは、全体のイメージをつかみながら、目的、方法、結果、考察などを効果的にレイアウトしなければならない。学会発表などでポスターを作る際には、指導教員と十分に相談してから、作業を始めた方がよいだろう。

　ポスター発表の時間は、ただポスターを貼っておくのではなく、プレゼンテーションの時間である。興味を持って見に来てくれた人に対しては、自分から積極的に説明するようにする。質問を受けたら、誰から、どのようなことを質問され、どのように答えたのか、忘れないうちにメモしておくと、今後の研究に役立つ。

ポスター発表の準備手順

① ポスターの形式を決める。	単票用紙にするのか、大判用紙にするのかを決める。研究室によってどちらの形式にするのか決まっている場合もあるので、指導者に相談するとよい。
② ポスターの内容を考える。	発表要旨に従い、目的、方法、結果、考察、結論（まとめ）などに含める内容を考え、必要なデータ（グラフ、写真など）を揃える。
③ 詳細な内容を入力する。	図表には通し番号を付け、本文を読まなくても理解できるようなタイトルや簡単な説明を付ける。また、本文には関連のある図表の番号を引用し、ポスターの本文を読みながら、同時にデータを確認できるようにする。
④ ポスターのレイアウトを考える。	ほとんどの内容が入力できたら、掲示スペースと、見る人の目線に合わせたレイアウトを考える。単票用紙で作成している場合は、実際に印刷して並べてみる。大判用紙の場合は、全体を A3 用紙に縮小印刷してレイアウトとバランスを確認するとよい。（→ p. 246）
⑤ 発表原稿を考える。	ポスター発表とはいっても、ポスターを見に来た人から説明を求められることがある。このとき、まったく発表原稿を考えていないと、重要な事項をまとめて話すことができない。このため、3 ～ 5 分間程度で発表できる簡単な原稿を作成しておくとよい。
⑥ 発表練習を行う。	ポスター発表の場合でも、発表練習（リハーサル、予演会）が必要である。実際に印刷したものを掲示し、掲示スペースに合っているかを確認する。また、ポスターの内容だけでなく、文字や図表の大きさが適切かどうか、誤字脱字がないか、見る人の視線に無理がないか確認する。また、発表練習と共に、質疑応答の練習を行う。
⑦ 最終版ポスターを印刷する。	大判プリンターの場合は、慣れるまではできるだけ試し印刷をした方がよい。また、万が一のために予備のポスターを 1 組作成し、共同演者が持参することを勧める。

4　論文を書いて成果を公表する

　研究がまとまったら、論文を書いて研究成果を公表することになる。論文は、レポート、研究報告書よりも格段に分量が多く、読者の対象が広がるため、研究の背景などについても十分に記述する必要がある。卒業論文、修士論文、博士論文も含めて、長い論文を書き始める場合、最初に目次と要旨（論文の要約）を考え、全体のアウトラインを作った方がよい（→ p. 129）。このアウトラインは、執筆を進めていくうちに推敲され、変化していくものと認識しておこう。

　アウトラインに沿って、詳細な内容を記述するときには情報収集を行うことになる。研究を進める際に収集した情報もあるだろうが、論文を執筆する時には改めて情報検索を行うようにする。博士論文や学術雑誌に投稿する原著論文の場合は、自分の研究内容に独自性があり、初めての知見であることを特に強く主張しなければならない。このため、関連した研究について、過去から最新のものまで十分に情報を収集しなければならず、論文の執筆中も随時情報検索を行い、不足している情報、新しい情報を追加する必要がある。追加する情報の多くは学術論文であるが、執筆中の論文が参考にする論文の一つとして適切か、情報が古くないかなどを見極める。また、参考論文の数が多ければよいというわけではなく、適切なものに絞ることが重要である。

　原著論文をはじめとした論文の書き方については、多くの成書が出版されている。その内容も参考にするとともに、指導者の意見も仰ぎながら、自分が調べたこと、実験したことをまとめて、自分で考えた重要なポイントが明確に表現された論文を作成してほしい。

5　現代の情報科学：インフォメーションとインテリジェンス

　多くの情報が氾濫している中で、自分で調べて得た情報の信憑性を判断することが欠かせなくなっている。インターネットだけではなく、テレビ、新聞、雑誌などの情報は、何の目的で、誰が発信しているかを知り、情報の出典をたどって、情報が歪んでいないかを確認する必要がある。このためには、公表されてから、かなり時間が経った論文まで遡ることもあるだろう。学生時代に多くの情報に触れ、情報の質を見極める力を養ってほしい。

　調べた情報の内容や実験結果は、自分のためだけに利用するのではなく、公表することにより科学が発展する。公表の方法として、研究発表会や学会などの発表、論文としての公表、Webページを利用して不特定多数に情報を公開することなどがあげられる。もしかしたら、本を出版する機会に恵まれるかもしれない。発信する情報が自分の研究成果の場合は、社会へ還元できる新規の実験結果であることを明確に説明し、主張することが大切であり、それに加えて、その結果を第三者が再現できる情報を提供することも必要となる。また、自分の研究成果以外の情報については、自分なりにまとめ、出典を明らかにし、容易に元の情報へ戻れるよ

うに心がけ、ICT を活用してわかりやすく提示することが重要である。

　情報という単語からは、インフォメーション（Information）ということばが想像できる。これは、いわゆる知識としての生の情報、事実であり、時間をかけることにより、多くの量を得ることができる。しかし、情報にはインテリジェンス（Intelligence）という第二の意味がある。インテリジェンスとは、インフォメーションを分析して評価し、活用することであり、情報社会では、「インフォメーション」を利用して、価値ある情報「インテリジェンス」を作り、それを発信することが求められている。

　インフォメーションとインテリジェンスは社会において注目すべきキーワードであり、その違いを意識しなければならない。確かにインターネットを駆使して必要な情報を検索することは一つの技術であるが、そこまでは、時間とお金をかければ誰でも行うことができる。本書を読んだあなたには、得られた情報について自分なりに解釈し、その情報がもつ本質や側面などを分析した上で、新たな質的価値をもつ情報（エッセンス）としてのインテリジェンスを作り出すことができるようになってほしい。作り出されたインテリジェンスによって、さらに新たな事実が明らかとなり、それが誰かのために役立つようになることが重要であり、現代社会を生き抜くために必須の技能・態度なのである。

　本書を読み進み、内容を理解し、実践する学生のみなさんは、世の中に氾濫している情報に振り回されることなく、目的に応じて情報を的確に使いこなすことができるようになっているだろう。本書を通して身につけた ICT スキルを役立てて、有意義な学生生活を送り、情報活用能力の大切さを実感してもらえれば幸いである。

第12章

参考資料

アカデミック・スキルズ 第3版．佐藤望，湯川武，横山千晶，近藤明彦．慶應義塾大学出版会；2020.

インターネットの光と影 Ver.6：被害者・加害者にならないための情報倫理入門．情報教育研究会 情報倫理教育研究グループ編．北大路書房；2018.

ウェブ進化論．梅田望夫．筑摩書房；2006.

科学技術情報流通技術基準（SIST）目的別メニュー：文献を引用したい．独立行政法人科学技術振興機構；2007［参照 2022/5/21］.
　　　https://jipsti.jst.go.jp/sist/menu_purpose/index.html

情報モラルを鍛える．赤堀侃司，野間俊彦，守末 恵．ぎょうせい；2004.

説得できる図解表現 200 の鉄則 第2版．永山嘉昭，真次洋一，黒田 聡．日経 BP 社；2010.

大学生のための「読む・書く・プレゼン・ディベート」の方法．松本 茂，河野哲也．玉川大学出版部；2007.

知へのステップ　第3版．学習技術研究会編著．くろしお出版；2011.

著作権って何？（はじめての著作権講座）．社団法人著作権情報センター；2019.
　　　https://www.cric.or.jp/publication/pamphlet/doc/hajimete1_201906.pdf

著作権に関する教材、資料等．文化庁［参照 2022/5/21］.
　　　https://www.bunka.go.jp/seisaku/chosakuken/seidokaisetsu/kyozai.html

伝わるデザインの基本 増補改訂3版．高橋佑磨，片山なつ．技術評論社；2021.

東大式 絶対情報学．伊藤 乾．講談社；2006.

ネット王子とケータイ姫．香山リカ，森 健．中央公論新社；2004.

ビジュアル版 コンピューター＆テクノロジー解体新書．ロン・ホワイト．トップスタジオ訳．SB クリエイティブ；2013.

プレゼンテーション Zen 第3版．ガー・レイノルズ．熊谷小百合，白川部君江訳．丸善出版；2021.

ポスター発表はチャンスの宝庫．今泉美佳．羊土社；2003.

理系のためのインターネット検索術．時実象一．講談社；2005.

よくわかるプレゼンテーション・テクニック．富士通オフィス機器株式会社．FOM 出版；2004.

より良い学会発表をするために．日本放射線技術学会；2018.［参照 2022/5/21］.
　　　http://www.jsrt.or.jp/gmeeting/soukai/?page_id=2

分かりやすい表現の技術．藤沢晃治．講談社；1999.

Welcome to Medical Subject Headings（MeSH®）U.S. National Library of Medicine; [updated 2021/12/6; cited 2022/5/21]. https://www.nlm.nih.gov/mesh/meshhome.html

ショートカットキー一覧

　ショートカットキーを利用すると、キーボードから手を離す必要がなく、作業を効率化できる。この一覧は筆者が繁用するものを中心としているが、Officeソフトウェアのみではなく、他のソフトウェアでも共通で利用できる場合が多い。また、ノートPCの場合、機種によってファンクションキー（F1〜F12）の機能を用いるためにfnキーを同時に押す必要がある。自分のPCの動作を確認して、試してみよう。

　この他にも多くのショートカットキーがあるので、興味のある人は調べてみてほしい。

◆ Windows OS のショートカット

A：Windows一般（デスクトップ）、W：Word、E：Excel、P：PowerPoint、日：日本語入力
括弧内の英単語はショートカットキーと関連した言葉を示した。★は特に利用頻度が多いもの。

	A	W	E	P	
Ctrl + A	A	W	E	P	★ドキュメントまたはウィンドウ内の項目をすべて選択（all）
Ctrl + B		W	E	P	選択箇所を太字（bold）に設定、または解除
Ctrl + C	A	W	E	P	★選択した項目をコピー（copy）
Ctrl + F	A	W	E	P	★検索（find）　　[Windowsではフォルダーウィンドウ内での機能]
Ctrl + H		W	E	P	置換
Ctrl + I		W	E	P	選択箇所を斜体（italic）に設定、または解除
Ctrl + N		W	E	P	新規ファイルを作成(new) [ブラウザーでは新規ウィンドウを開く]
Ctrl + O		W	E	P	ファイルを開く（open）
Ctrl + P		W	E	P	★印刷（print）
Ctrl + S		W	E	P	★上書き保存（save）
Ctrl + U		W	E	P	選択箇所を下線（underline）に設定、または解除
Ctrl + V	A	W	E	P	★選択した項目を貼り付け（ペースト）
Ctrl + X	A	W	E	P	★選択した項目を切り取り（カット）
Ctrl + Y	A	W	E	P	直前の操作をやり直す
Ctrl + Z	A	W	E	P	★直前の操作を取り消す（元に戻す）
Ctrl + ;（セミコロン）			E		今日の日付を挿入　　[：（コロン）だと現在時刻の挿入]
				P	下付き文字に設定
Ctrl + Enter		W			★改ページ
			E		選択範囲のすべてのセルに同じデータを入力
				P	テキスト枠を移動、その後新しいスライドを追加
Ctrl + マウスのホイール	A	W	E	P	★表示の拡大縮小
Ctrl + Shift + C		W		P	書式のコピー
Ctrl + Shift + V		W		P	書式の貼り付け
Ctrl + Shift + −		W			下付き文字に設定
Ctrl + Shift + ;（セミコロン）		W		P	上付き文字に設定
			E		「セルの挿入」ダイアログボックスを開く

Shift + Enter		W		P		★同じ段落で任意の改行
			E			カーソルを逆向きに動かす
Alt + Enter	A					選択項目のプロパティを表示する
		W		P		直前の操作を繰り返す
			E			★入力中→セル内で任意の改行
Alt + F4	A	W	E	P		現在のウィンドウを閉じる、または作業中のソフトウェアを終了
Alt + Tab	A					開いているウィンドウを切り替える
Alt + PrintScreen (PrtSc)	A					作業中のウィンドウのスクリーンショットを撮る
F3	A					ファイルまたはフォルダーを検索
F4		W	E	P		直前の操作を繰り返す
			E			式の入力中→セルの参照方法の切り替え
F5	A					作業中のウィンドウを最新の情報に更新する
		W	E			「ジャンプ」ダイアログボックスを開く
				P		★最初のスライドからスライドショー
F6	A	W	E	P		作業ウィンドウの画面要素を順番に切り替えてキーボードでコントロールできるモードに変更
					日	全角ひらがな変換
F7					日	全角カタカナ変換
		W	E	P		文章校正、スペルチェック
F8					日	半角カタカナ変換
F9					日	全角変換（ローマ字入力の場合は、全角英数字となる）
		W				フィールドの更新
			E			再計算
F10	A	W	E	P		メニューバーのコマンドを1文字の数字またはアルファベットで入力するモードに切り替え
					日	★入力中→無変換（ローマ字入力の場合は、半角英数字になる）　入力前→入力モードの切り替え
F12		W	E	P		「名前を付けて保存」ダイアログボックスを開く
Tab	A					ウィンドウ内で次のオプション、入力枠に移動する
		W				タブを挿入
			E			右のセルに移動
		W		P		箇条書きのレベルを下げる
Shift + Tab	A					ウィンドウ内で前のオプションや入力枠に移動する
		W		P		箇条書きのレベルを上げる
			E			左のセルに移動
Windows ロゴキー + A	A					アクションセンター（通知領域）を開く

Windows ロゴキー＋ D	A				デスクトップの表示、非表示
Windows ロゴキー＋ E	A				エクスプローラーを開く
Windows ロゴキー＋ L	A				PC をロックする
Windows ロゴキー＋ M	A				すべてのウィンドウを最小化
Windows ロゴキー＋ X	A				［クイックリンク］メニューを開く
Windows ロゴキー＋→	A				作業中のウィンドウを画面の右側半分にスナップする
Windows ロゴキー＋←	A				作業中のウィンドウを画面の左側半分にスナップする

◆ macOS のショートカット

A：macOS 一般、W：Word、E：Excel、P：PowerPoint、日：日本語入力
Windows OS のショートカットとは異なる動きをする場合がある。
括弧内の英単語はショートカットキーと関連した言葉を示した。★は特に利用頻度が多いもの。

	A	W	E	P	
command ＋ A	A	W	E	P	★ドキュメントまたはウィンドウ内の項目をすべて選択 (all)
command ＋ B		W	E	P	選択箇所を太字（bold）に設定、または解除
command ＋ C	A	W	E	P	★選択した項目をコピー（copy）
command ＋ F	A	W	E	P	★検索（find）
command ＋ H	A	W	E	P	現在のウィンドウを隠す（hide）
command ＋ I		W	E	P	選択箇所を斜体（italic）に設定、または解除
command ＋ M	A				最前面のウィンドウを最小化
command ＋ N	A	W	E	P	新規ファイルを作成（new）［ブラウザーでは新規ウィンドウを開く］
command ＋ O	A	W	E	P	ファイルを開く（open）
command ＋ P		W	E	P	★印刷（print）
command ＋ Q	A	W	E	P	★現在作業中のソフトウェアを完全に終了（quit）
command ＋ S		W	E	P	★上書き保存（save）
command ＋ U		W	E	P	選択箇所を下線（underline）に設定、または解除
command ＋ V	A	W	E	P	★選択した項目を貼り付け（ペースト）
command ＋ X	A	W	E	P	★選択した項目を切り取り（カット）
command ＋ Y	A	W	E	P	直前の操作をやり直す
command ＋ Z	A	W	E	P	★直前の操作を取り消す（元に戻す）
command ＋ ； （セミコロン）			E		現在時刻を挿入　［：（コロン）でも同様］
				P	表示スケールを拡大
command ＋ －				P	表示スケールを縮小
command ＋ Return		W			★改ページ
			E		選択範囲のすべてのセルに同じデータを入力
				P	現在のスライドからスライドショーを開始
command ＋ Tab	A				開いているウィンドウを切り替える

ショートカット	A	W	E	P	操作
command +スペースキー	A				Spotlight 検索を起動
command + shift + 3	A				全画面をスクリーンショット
command + shift + 4	A				選択範囲のスクリーンショット
command + shift + 5	A				スクリーンショットまたは録画
command + shift + C		W	E	P	書式のコピー　[Excel は目的のセルを選択すれば貼り付けになる]
command + shift + V		W		P	書式の貼り付け
command + shift + Return				P	最初のスライドからスライドショーを開始
option + Return		W			直前の操作を繰り返す
			E		★入力中→セル内で任意の改行
				P	発表者ツールでプレゼンテーションを開始
Shift + Return		W		P	★同じ段落で任意の改行
			E		カーソルを逆向きに動かす
Shift + Tab	A				ウィンドウ内で前のオプションや入力枠に移動する
		W		P	箇条書きのレベルを上げる
			E		左のセルに移動
Tab	A				ウィンドウ内で次のオプション、入力枠に移動する
		W			タブを挿入
			E		右のセルに移動
		W		P	箇条書きのレベルを下げる
control+ マウスのホイール		W	E	P	★表示の拡大縮小
control + クリック	A	W	E	P	★コンテキストメニューを表示
control + H		W			「検索と置換」ウィンドウを表示
control + K				日	★入力中→カタカナ変換
control + L				日	入力中→全角英字に変換
control + ；（セミコロン）			E		今日の日付を挿入
				日	★入力中→半角英字変換　[：（コロン）でも同様]

索　引

314

324

著者の現職

飯島史朗
文京学院大学保健医療技術学部 教授。博士(薬学)。
専門は臨床生化学、糖鎖科学、情報科学。

石川さと子
慶應義塾大学薬学部 准教授。博士(薬学)。
専門は生物有機化学、情報科学、薬学教育学。

生命科学・医療系のための情報リテラシー　第4版
～情報検索からレポート作成，研究発表まで～

平成 23 年 9 月 30 日	初版発行
平成 25 年 4 月 30 日	初版第 3 刷発行
平成 27 年 4 月 10 日	第 2 版発行
平成 28 年 5 月 10 日	第 2 版第 2 刷発行
平成 30 年 5 月 10 日	第 3 版発行
令和 2 年 3 月 20 日	第 3 版第 3 刷発行

令和 4 年 6 月 30 日　第 4 版発行

著作者　　飯　島　史　朗
　　　　　石　川　さと子

発行者　　池　田　和　博

発行所　　丸善出版株式会社

〒101-0051 東京都千代田区神田神保町二丁目17番
編集：電話 (03)3512-3261／FAX (03)3512-3272
営業：電話 (03)3512-3256／FAX (03)3512-3270
https://www.maruzen-publishing.co.jp

© Iijima Shiro, Ishikawa Satoko, 2022

組版印刷・株式会社 日本制作センター／製本・株式会社 松岳社

ISBN 978-4-621-30713-7　C 3040　　　　Printed in Japan